浙江省哲学社会科学重点研究基地课题（20JDZD075）
浙江理工大学科研启动基金项目（19092476-Y）

企业集群变迁中的环境成本管理研究

Study on Environmental Cost Management in the Transition of Enterprise Cluster

冯 圆 著

南京大学出版社

图书在版编目(CIP)数据

企业集群变迁中的环境成本管理研究 / 冯圆著. —南京 : 南京大学出版社, 2021.1
ISBN 978-7-305-23837-6

Ⅰ. ①企… Ⅱ. ①冯… Ⅲ. ①企业环境管理—成本管理—研究 Ⅳ. ①X322

中国版本图书馆 CIP 数据核字(2020)第 193823 号

出版发行 南京大学出版社
社　　址 南京市汉口路 22 号　　邮　编 210093
出 版 人 金鑫荣

书　　名 企业集群变迁中的环境成本管理研究
著　　者 冯　圆
责任编辑 范　余　　编辑热线 025-83686308

照　　排 南京南琳图文制作有限公司
印　　刷 江苏凤凰数码印务有限公司
开　　本 718×1000　1/16　印张 13.75　字数 237 千
版　　次 2021 年 1 月第 1 版　2021 年 1 月第 1 次印刷
ISBN 978-7-305-23837-6
定　　价 55.00 元

网　　址 http://www.njupco.com
官方微博 http://weibo.com/njupco
官方微信 njupress
销售热线 025-83594756

前　言

我国的企业集群诞生于改革开放的20世纪80年代初。40年来,企业集群发展已经成为带动我国区域经济发展的一支重要力量。在我国,企业集群现象分布在浙江、广东、福建、江苏、山东等许多省(区、市),其中浙江省以“块状经济”为代表的小企业集群众多,表现出特色的“专业化产业区”,如新能源特色小镇等。企业集群发展的同时,也带来一些问题。比如,忽视了集群内部各企业之间的有机联系和共生关系;部分企业的污染物随意排放,导致资源枯竭和环境恶化等。因此,加强生态文明建设,将“环境成本”作为权衡企业集群绿色转型的一个重要评价尺度,实现宏观层面的政府环境管制、中观层面的集群区域环境经营与微观层面的企业环境成本核算的有机融合,具有重要的理论价值和积极的现实意义。

环境成本约束机制是一种以“环境成本”为评价尺度的企业集群变迁中的环境管理机制,它通过宏观层面、中观层面与微观层面的环境成本管理构成“立体”式结构,具体通过触发子机制、博弈子机制和运作子机制加以实现。只有将“环境成本”作为企业集群变迁的一个重要变量来思考和设计,并将宏观环境管制、中观环境经营与微观环境成本核算嵌入企业集群的绿色转型路径及制度安排中才会实现目标。本书基于环境成本管理的控制系统和信息支持系统,结合企业集群变迁的“环境成本”尺度,从结构性动因和执行性动因视角构建环境成本管理的理论框架体系。本书主要研究企业集群变迁的成本基础,构建企业集群变迁的环境成本管理框架体系,提出企业集群绿色转型的评价标准,探讨企业集群变迁中的环境成本触发机制,实证检验企业集群变迁的环境成本效应,揭示企业集群变迁的“逆反性”现象。

基于相关的理论和博弈分析(结合实证检验),本书的主要研究结论如下:

(1) 企业集群变迁过程中的“环境成本”尺度,具有承上启下的功能作用。一方面,可以将政府层面的环境管制嵌入企业集群绿色转型的环境经营活动中,使宏观的环境政策、管制措施等有一个具体的实施载体,将单一企业的绿色理念上升为企业集群层面的绿色理念。另一方面,"环境成本"这一尺度有助于促进集群区域企业自身的环境成本管理,激励微观主体的企业开展清洁生产,并调动企业主动实施环境经营的积极性。

(2) 构建宏观、中观与微观结合的环境成本约束机制。宏观的环境管制能够对企业集群产生"环境成本约束",使企业集群在中观层面积极倡导集群区域的企业开展环境经营,同时微观的企业环境成本核算也能对集群产生"环境成本约束"的反作用。这样在宏观的"环境管制"、中观的"环境经营"与微观的"环境成本核算"共同作用下,促进整个企业集群区域构建基于环境成本管理的"环境成本约束机制"。即以"环境成本"作为企业集群变迁的评价尺度,通过触发子机制、博弈子机制和运作子机制等的协调配合,合理引导企业集群实现绿色转型。

(3) 企业集群变迁中的环境成本效益要大于集群区域单一企业环境成本效益的总和。这是因为,集群层面在宏观政策与政府财政税收等的支持下,通过环境治理设备的集中投入和治污技术等的升级,其环境治理效果或效益要远大于单一企业的环境成本管理效益,这也是吸引企业主动加入集群的动因之一。对单一企业而言,加入企业集群可以更好地实现经济效益、组织效益与环境效益的统一。

(4) 将"环境成本"尺度融入企业集群变迁的路径之中,可以弥补现有环境成本管理理论研究滞后以及企业集群升级路径探索不足的局限,即有助于深化对环境成本管理、产业绿色转型与企业可持续发展之间的理性认识。此外,采用演化博弈等方法构建企业集群变迁的环境治理"走廊理论",提高了企业集群变迁的执行效率和绿色转型的结构性效果。

企业集群绿色转型是企业集群变迁的内在要求,也是全球价值链分工体系中的必然选择。从企业集群内生的环境成本约束机制视角完善宏观政府环境管制与微观企业环境成本核算,有助于扩展环境成本管理的理论内涵与外延,也对中观的集群区域环境技术创新下的环境经营提供有效的驱动。换言之,新时代的环境成本管理在促进企业集群绿色转型过程中大有作为,现有的环境成本管理方法也正在不断创新与发展,以决策成本法框架体系为代表的新型成本管理手段也开始将企业集群的绿色转型作为一项重要变量加以设计与规划。企业集群变迁过程中的绿色转型经验必将为国家的产业政策制定提供积极和有益的参考依据。

作者是浙江理工大学的青年教师,本书为其主持的浙江省哲学社会科学重点研究基地课题(浙江省生态文明研究中心"省规划"重点课题)(编号20JDZD075)的研究成果之一。

目　录

表索引

图索引

第一章　绪　论

本章首先介绍研究背景，并提出研究问题，阐明研究的理论和实践意义；其次，对相关概念做出界定，同时对文章的研究内容和写作结构以及研究方法和技术路线等加以阐述；最后总结本研究的创新之处。

第一节　研究背景

随着中国经济进入“新常态”，企业集群的变迁已成为一种趋势。无论是现有的企业集群，还是正在形成的企业集群（如各种特色的产业小镇等），其发展过程中均有一个共同的特征是引导集群区域实施产业的绿色转型。它表明，传统的以牺牲环境作为区域经济发展的老路已经行不通了（Yang 等，2012）。针对现有的企业集群变迁，加快绿色经营与可持续发展的变迁管理，积极研究集群区域经营主体的产品特征及环保要求，并在此基础上构建企业集群的环境成本管理战略具有重要的理论价值和积极的现实意义。

一、问题的提出

经济新常态的一个重要标志就是产业结构不断优化升级。中国以丰富的劳动力资源支撑了强大的制造加工行业，且这些行业往往形成各种不同形式的集聚，以区域为代表的产业集聚是中国最为典型的企业集群的表现特征之一（曹丽莉，2010）。企业集群是产业聚集的一种特殊形式，通常由大量小企业集聚而成，主导产业清晰，空间区域相近。狭义地讲，企业集群是指以一个主导产业为核心的相关产业或某特定领域内大量相互联系的中小企业及其支持机构在该区域空间内的集合。广义地讲，企业集群还可以包括产业明确的大型集团公司、基于互联网平台的小企业集聚组织，以及地方政府引导打造的特色产业小镇等。企业集群的目的是实现资源的优化配置，即通过互相竞合推进集聚的企业组织之间实施创新驱动，降低诸如物流成本与环境成本等的运营费用。实践中的企业集群主要有 3 种方式（徐玲，2011）：一是上中下游产业链中的企业集群，如上游是原材料零部件；中游是集成制造；下游则是物流运输、销售、金融、结算，也就是说从产品诞生到销售回款，整个产业链形成了集群。二是同类企业集聚共生的集群。三是制造业和生产性服务企业形成的集群。因为生产配套的需要，制造业的生产过程需要有物流企业、金融企业、贸易公司等生产服务性企业，各种服务业的配套便形成了一种集群的新形式。现阶段，中国经济已进入工业化中后期的发展阶段，长期积累下来的结构性矛盾日益凸现，产业发展正面临"低端侵蚀、高端抑制"的困境。以制造业为主体的企业集群必须适应全球化经济发展的新形势，加快转型升级的步伐。从国际视角考察，发达国家不断强调提升本国制造业竞争力，开始实施"工业 4.0""第三次工业革命""再工业化"等国家发展战略。新一代信息技术与制造业的深度融合，引发了一场深远的产业变革，新的生产方式、产业形态、商业模式和经济增长点正不断涌现（刘志彪，2015）。在此背景下，我国《中国制造 2025》规划也提出了产业转型升级的创新要求，企业集群变迁正在成为一种新潮流。

客观地讲，我国以产业集聚为特征的企业集群产生了巨大的生产力，从 20 世纪 90 年代起，企业集群创造了"世界商品中国制造"的奇迹，但因产业长期处于全球价值链的低端，加之对环境保护的重视不够，以廉价初级生产要素为优势的企业集群逐步走向衰落。因此，加快产业结构转型升级，实施企业集群变迁变得越来越重要。从产业集聚到企业集群的转变是产业发展的内在规律，企业集群变迁是为了更好地适应产业结构绿色转型的需要，它凸显出生态环境在企业集群变迁中的重要性。改革开放以来，随着我国经济发展的突飞猛进，环境的负面效应开始显现，有些环境损害甚至是不可逆转的。在经济新常态下，面对资源约束趋近、环境污染严重、生态系统退化的严峻形势，我们必须树立尊重自然、顺应自然、保护自然的生态文明理念，把生态文明建设放在突出地位，融入经济建设、政治建设、文化建设、社会建设等各方面和全过程（谢东明、王平，2013）。中国要实现工业化、城镇化、信息化、农业现代化，必须走出一条新的发展道路。习近平总书记说，我们既要绿水青山，也要金山银山；宁要绿水青山，不要金山银山，而且绿水青山就是金山银山。绝不能以牺牲生态环境为代价换取经济的一时发展，要建设生态文明、建设美丽中国，给子孙留下天蓝、地绿、水净的美好家园。经济新常态下的企业集群变迁只有与企业的环境成本管理相融合，才能发挥出积极的作用，或者说才能实现环境效益与经济效益的统一。嵌入环境成本管理的企业集群变迁相对于以往的产业结构转型而言，更强调适应企业集群整体的环境意识及绿色文化理念的培育。进一步讲，企业集群变迁就是从环境成本约束的视角，在符合政府宏观环境管制的前提下重新思考原有的企业集群文化，是一种基于企业集群环境文化的经营模式变迁。

无论从承担应尽的社会责任，还是从我国经济结构不断优化升级、建设美丽中国的现实需要看，都必须在企业集群变迁中强化环境成本管理，以更好地促进集群区域经济社会的发展。随着新环境法的全面实施以及环境保护税的征收，企业开展绿色经营、清洁生产的驱动力越来越大，将环境保护活动融入企业集群变迁的战略规划中，减少集群区域企业产品在整个生命周期中的环境污染是企业集群变迁管理的主要内容。而与此同时，企业集群变迁也遭遇到各个方面的巨大压力，由于信息不对称的存在，加上国内对环境信息实行自愿披露原则，集群区域企业有动机通过减少披露、甚至不披露排污等环境信息的策略来减轻环境经营压力，减缓外部成本内部化的进程（李建发、肖华，2004）。企业集群变迁作为产业升级过程中重要的一环，通过强化宏观层面的环境管制，加强集群内部的环境成本约束，将环境成本逐步或完全内部化并且实施有效益的环境经营（冯圆，2016），将有利于调动集群区域实施产业升级的动力与积极性。

二、研究的问题

企业集群变迁是产业结构升级的基础和保障，以环境成本管理为载体实施企业集群的绿色转型，就是要将宏观环境管制中的环境意识与环境技术手段等嵌入企业集群变迁的过程之中，通过环境成本控制系统和信息支持系统来提高企业集群环境经营的能力以及降低集群区域企业的环境代价。环境管制与环境成本约束机制的协调与配合有助于中国特色环境成本理论与方法体系的构建，国内企业的一些环境成本管理实践为丰富企业集群变迁起到了积极的示范或引导作用。

1. 企业集群变迁与绿色转型

企业集群变迁涉及的内容较为丰富，必须在全面分析企业集群影响因素的基础上，优化企业集群的变迁管理。本书研究的重点是企业集群变迁中的绿色转型问题，从这一视角观察，影响企业集群变迁的因素包括宏观（政府）、中观（集群组织）与微观（企业）3 个层面，如图 1－1 所示。

图 1－1 中的政府与社会因素，本书拟以环境管制为代表加以阐述，而企业集群因素与企业个体则以环境经营与环境成本核算来反应，三者共同构成宏观、中观与微观的环境成本管理。总之，企业集群变迁在充分考虑政府与社会因素的基础上，必须结合集群企业环境文化和绿色产品设计等的具体情况，通过集群

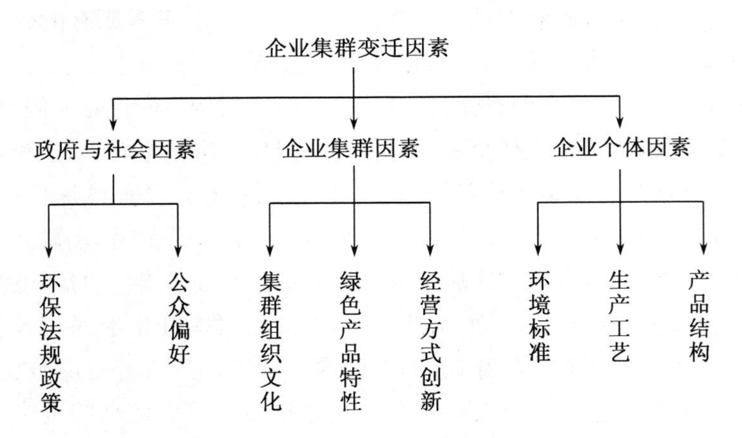

图 1－1　企业集群变迁的影响因素

层面的经营方式创新来提升企业个体的满意度，使集群区域中的企业愿意留在集群区域之中。我国制造类企业与世界发达国家相比差距很大，同时受到资源、环境、能源消耗的制约。据统计，我国制造业能耗约占全国能耗的 63％，单位产品的能耗平均高出国际先进水平的 20％—30％，单位产值产生的污染远远高于发达国家，全国二氧化碳排放量的 67.6％是由火电站和工业锅炉产生的（葛建华，2012）。一些制造型企业集群构成了污染环境和破坏生态的污染物的主要来源。这些污染企业排放出各种废弃物，对环境产生了许多不利于人类及其他生物健康的物理、化学变化，从而威胁着人类的生存与发展（周守华、陶春华，2012）。最近几年，国家通过供给侧结构性改革，正在逐步优化这类制造型企业，即通过宏观的环境管制来扭转和影响企业集群变迁的轨迹。

企业集群的绿色转型不仅仅是集群区域范围内的转型，而且是要围绕供应链、价值链实施全产业链的绿色转型。对于制造业而言，企业集群是在生产及工艺上相互关联的一组企业或在一定地域范围内相邻的多企业相互集聚。通常它们在共同开发利用某种自然及矿产资源或共同使用某种公用基础设施的基础上，按不同的生产及工艺组织原则建立起来。前者如钢铁企业群、水泥企业群、化工企业群和机械制造企业群等；后者以某一核心企业为主，其他小企业则围绕它而形成企业群，即星系企业的集聚等。随着供应链的发展，围绕供应链形成的企业集群也成为一种重要的企业集群形式。此外，“互联网＋”的推进，基于网络经济、移动通信技术支持的网络企业集群也在迅速地形成，这种企业集群将实体价值链与虚拟价值链相互联结，给企业集群变迁提供了新的机遇及新的模式，同时也为企业集群的变迁管理带来了新的挑战。企业集群变迁是一种嵌入环境成本管理的绿色转型，从结构性动因视角观察，其受到的宏观环境成本管理是政府的环境管制，以及中观集群区域的环境成本管理（即开展环境经营）；集群区域的企业个体则广泛实施环境成本核算。环境问题产生的根源在于其外部不经济性，即由于外部性引起的市场失灵而使社会资源未能得到有效配置。因为环境具有公共物品的特性，许多企业生产经营所必需的资源（如空气、水、排污的空间等），都能以较低的代价甚至无偿取得，因此结合企业集群绿色转型的要求，从集群内部入手，强化集群区域内企业的环境经营，努力解决集群区域企业经营活动中存在的外部不经济性，这是企业集群变迁及其绿色转型的基本目标要求。

2. 环境管制与环境成本约束

随着工业化和市场经济的飞速发展，环境保护和节能减排的需求越来越凸显。目前，以污染环境和低效率的资源利用为代价的经济增速，已经严重阻碍了可持续发展战略（张先治、李静波，2016）。一方面，由工业发展带来的大气污染、水污染、土壤污染、垃圾处理问题和持久性有机污染日益严重，令国家的环境保护形势十分严峻；另一方面，加入世界贸易组织后国家又面临绿色贸易壁垒，同时我国也在签订《巴黎协定》时对国际社会做出了减排承诺，减排任务任重而道远。这两方面的因素都促使国家、社会和企业在经济发展的同时，必须将解决环保和节能问题作为不可忽视的重心之一。从经济分析的角度看，环境问题主要是一个经济问题，但它的理论渊源却根植于马歇尔（Marshall）和庇古（Pigou）的外部性理论以及科斯（Coase）的产权经济学理论。西方经济学中，经济活动的外部性是用以解释环境问题形成的基本理论，而“公地的悲剧”和经济活动的外部性是两个十分相似的概念。通过政府宏观的环境管制手段使集群区域的企业重视生产对环境的影响，一方面，需要引导集群企业严格遵循宏观环境法规的要求，按照国家标准对企业行为产生的环境因素进行计量；另一方面，结合企业集群变迁趋势，从绿色转型的视角主动转型，积极配合全产业链的绿色发展进行生产与经营。

然而，政府环境管制方法与手段在集群区域企业的实践中往往效果不尽理想，其主要原因在于，环境成本因素尚无法有效纳入企业集群整体的评价活动之中，集群区域企业通常会放弃环境来追求高额利润（Gray、Shadbegian，1998；Farzin、Kort，2000）。基于企业集群变迁的环境成本管理，就是试图将环境成本约束及其管理机制融入企业集群变迁及其变迁管理之中，以弥补环境管制的不足。客观地讲，集群区域的企业由于环境成本形成的结构性与执行性动因的差异，其经营活动或者其他事项对环境造成的影响或破坏往往很难避免，从单一企业视角研究环境责任，并采用诸如环境成本内部化等措施，其环境成本控制难以获得理想的效果。为了实现企业集群变迁的可持续发展，并取得持久的竞争优势，必须正确开展企业集群环境成本约束问题的研究和探讨。加强生态文明建设，将“环境成本”作为权衡企业集群绿色转型的一项重要评价尺度，实现政府宏观层面的环境管制、企业集群中观层面与微观企业层面的环境成本约束的有机融合变得十分迫切同时也非常重要。

企业集群变迁中的环境成本约束要求集群区域企业充分考虑外部环境成本分配及生产的全过程，充分开展环境经营；其目的是要完整地反映企业环境成本的构成，谋求环境成本的全过程控制，为企业的环境成本管理提供技术与方法手段。从国内来看，企业集群的现状是区域内的环境成本被潜在地存在于或有负债中，必须加快环境成本约束机制研究，为企业集群变迁提供强有力的制度保障。从国际视角来看，许多环境问题之所以产生，大都是因为市场未能反映其商品和服务、生产与消费中的环境成本，导致消费价格未能弥补产品的完全成本，进一步还可能导致国际贸易活动的障碍。因此，企业集群绿色转型无论是集群整体，还是群内个体企业，强化环境经营，从全球化视角实现环境成本内部化必将是获取企业集群竞争优势、打破贸易保护主义的客观选择。将环境成本管理嵌入企业集群变迁的具体行动之中，就是要将外部环境成本体现在集群企业的产品成本之中并广泛实施环境经营，以避免过去低价格、高补贴的环境成本管理做法。环境成本约束机制应从资源环境的效用性、稀缺性、替代性、非交易性等特点出发，突破传统环境成本管理中的货币计量理论。目前的环境控制受资源、环境的计量所涉及内容特殊性的影响，决定其计量单位仍以货币计量为主，必要时可用实务指标、劳动指标或数学模型甚至文字说明，对环境造成的损害及所取得的环境业绩的大小进行衡量。这种企业集群变迁中的环境成本约束机制有助于引导企业集群绿色转型，从环境成本管理的结构性动因上寻求企业集群变迁的路径选择，真实诱导企业集群绿色转型的行为优化。

第二节　研究目的与意义

企业集群的迅速发展导致了能源和资源消耗的高增长，以及随之而来的高污染。如何有效治理环境污染，已成为产业结构优化升级及各级政府不得不认真面对的紧迫问题。

一、研究目的

本书的研究目的是发挥环境成本管理在企业集群变迁中的基础与支撑作用，提高企业集群绿色转型的效率与效果。具体的研究目标主要有：

1. 构建企业集群变迁的环境成本管理框架

结合企业集群变迁中绿色转型的内在要求，总结和归纳出宏观环境管制与中观的企业集群环境经营，以及微观企业的环境成本核算融合的理论模型，并围绕企业集群绿色转型的演进规律提出环境成本管理的影响因素及对策措施。

2. 采用博弈论理论，如演化博弈等方法分析企业集群变迁的环境动因

通过环境成本战略实施中的合作与竞争条件及其对企业集群绿色转型的影响，进行相关问题的博弈分析，以寻求企业集群变迁的优化路径。

3. 在环境管制的基础上，研究“环境成本”这一评价尺度的经济效应

通过构建企业集群利益协调机制，利用“环境成本”尺度来寻求产业绿色转型的制度路径与环境经营的优化方案。比如，借助于相对容易获得的碳信息及其成本作为企业集群变迁的“环境成本”替代变量，研究宏观环境管制背景下企业集群空间聚集度的影响效应等。

二、研究意义

本书的研究有助于促进产业结构的优化升级，引导企业集群变迁向绿色经营与可持续发展的方向转型。通过集群区域环境成本管理的控制优化和信息共享，减少或规避传统产业发展模式对生态环境造成的负面影响，推进区域经济的绿色发展、循环发展，提高企业集群变迁的声誉和形象。

1. 理论意义

目前，国内基于环境成本博弈视角的企业集群变迁及其区域利益协调研究的文献相对较少，而生态环境问题的严峻性、集群绿色转型的紧迫性，说明这一领域还是亟待探索和研究的新领域。从理论上看，本书研究的理论意义表现在：

（1）从环境成本博弈视角考察企业集群变迁中的区域企业环境成本效益问题。从宏观角度讲，环境成本博弈就是政府的环境管制与“腾笼换鸟”的财政成本等在环境治理效益与效率之间的协调与均衡；从微观角度讲，就是企业的环境成本与生产成本、交易成本、文化成本等在产业集群及其区域企业的利益协调过程中实现博弈均衡。本书通过构建“环境成本”的评价尺度，力图将企业集群变迁中的环境经营稳定在合理适度的范围内，以达到不同企业集群变迁对“绿色转

型”要求的一致性，提高理论研究的有效性和学术价值的延展性。

(2) 以企业集群变迁和环境成本管理作为纵横轴，构建基于结构性动因与执行性动因的集群区域绿色转型的理论模型。这一理论模型不仅加深了人们对企业集群变迁的认识，也进一步扩展了环境成本管理的内涵与外延，提高了环境成本管理的理论“增量”，为中国特色环境成本管理体系建设提供了理论支撑。

(3) 将企业集群变迁中的环境成本管理归结为 3 个方面：一是宏观的环境管制，二是集群区域的环境经营，三是微观企业个体的环境成本核算。如果说环境管制是一种“硬”的绿色转型，则环境经营与环境成本核算就是一种“软”的绿色转型。嵌入环境管制的环境成本博弈就是要探寻一种新的机制，使产业绿色转型“软硬兼施”，相得益彰。

2. 现实意义

已有的产业绿色转型围绕环境管制，重点强调科技推动、开发利用新能源、建设生态工业园，以及经济激励和绿色就业培训等战略路径(蓝庆新、韩晶，2012)。本书研究的现实意义表现在：

(1) 有助于引导国内产业集聚区域的绿色转型。本书在企业集群变迁的研究过程中充分考虑了区域经济特征和创新驱动环境，通过构建环境成本约束机制将环境经营融入企业集群的发展战略之中，形成了一套环境管制、环境经营与环境成本核算相结合的“立体”环境控制体系。

(2) 为地方政府在产业集聚环境下的结构优化升级提供合理化建议，使企业集群变迁更注重环境成本的影响，比如分析企业集群空间区域效应、集聚效应对企业碳成本和碳信息披露水平的影响等，深化对环境成本、环境绩效与经济发展之间的理性认识。

(3) 结合企业集群变迁构建环境成本管理的约束机制，使宏观环境管制的“治标”效果与中观环境经营与微观环境成本核算的“治本”效益相结合，为产业结构优化升级提供操作指引或指南。

第三节　主要概念界定

本书围绕企业集群变迁和环境成本管理，从宏观的环境管制、中观的环境经营与微观的环境成本核算视角考察企业集群的绿色转型，以及集群区域内企业的环境成本活动。主要视角是从区域经济学、产业经济学及环境经济学，尤其是成本管理学的角度进行分析与探讨。本书中涉及的相关概念主要是 4 个，即企业集群变迁、环境成本管理、环境管制与环境成本约束机制。

一、企业集群变迁

企业集群变迁是指企业集群的绿色转型，这一转型过程受外部宏观环境管制的推动，以及内部环境成本约束机制的支撑。① 如上所述，企业集群是产业集聚的基础，广义地讲，企业集群也是一种产业集群。产业集群是指同一产业在某个特定地理区域内高度集中，产业资本要素在空间范围内不断汇聚的一个过程。这里，将那些在某一特定领域中(通常以一个主导产业为核心)大量产业联系密切的中小企业以及相关支撑机构在空间上集聚，并形成强劲、具有持续竞争优势的现象，称之为"企业集群"。可见，企业集群是产业集群的一种特殊形式，它们在产业集聚的特性(如产业属性和地理集中度等)上具有高度的一致性。企业集群变迁需要发挥环境成本管理的优势，克服集群企业之间在环境保护理念与行为上的不一致性，以及在竞争与合作关系上的不平衡性。嵌入环境成本管理的企业集群变迁不仅节约了大量的交易成本，还带来了外部的绿色经济效应，使企业集群整体具有了环境经营的优势和企业管理柔性，带来了极大的企业集群活力。

企业集群变迁需要强化管理，通过新的管理意象(managerial schema)探索新的企业集群变迁框架、工具指引，并不断平衡企业集群变迁的节奏和频率，提升变迁的效率与效果。比如，从企业集群绿色转型的视角考察，需要在绿色经营与可持续发展战略中实现集群企业的价值增值，以及环境管制与环境经营的"零成本"环境约束目标，并在经济学"外部成本内部化"和"内部成本外部化"等的"环境成本转化"中寻求平衡。企业集群的变迁管理，是要引导企业集群向节能环保的绿色产业实施转型升级，重塑集群区域的产业价值链，合理规划变迁的路

① 企业集群的绿色转型就是谋求集群区域内产业的绿色转型。本书提及的产业绿色转型都是作为企业集群变迁的驱动力来展现的。基于全书系统性考虑，本章虽然没有将"产业绿色转型"作为概念界定单独列示，但在文献综述等部分对企业集群的绿色转型等进行了归纳与述评。从企业集群变迁的环境成本管理角度考察，本书对产业绿色转型的理解重点放在集群区域企业适应政府产业结构转型升级需要，主动开展集群层面的绿色经营和可持续发展，即实施环境经营。与宏观的环境管制和微观的环境成本核算相对应，可以将企业集群的绿色转型理解为中观环境成本管理的重要载体，是一种适应环境经营方式的内在要求，即借助于"环境成本"这一变量，将其视为权衡企业集群绿色转型的一个重要评价尺度，使政府宏观层面的环境管制与企业微观层面的环境成本核算与集群区域倡导的环境经营(中观层面的环境成本管理)实现有机融合。

径与规则。从企业集群变迁中的企业间关系考察,传统的集群区域企业生产过程中的社会根植性和网络复杂性必须克服,即通过以清洁生产和绿色经营为代表的环境经营,使企业间既竞争又合作,降低集群内彼此之间的分歧,控制环境保护的机会主义行为发生。企业集群绿色转型增强了区域企业的凝聚力,使集群区域内的“单边学习竞赛”得到纠正①,提高了企业集群变迁的稳定性。

二、环境成本管理

环境成本管理的目标是为了协调环境成本与环境效果及经济效益之间的关系,以最少的环境成本投入取得最佳的环境保护效果和经济效益。这一目标在企业集群变迁中是借助于环境成本的管理控制系统和信息支持系统来实现的。尽管人们对环境成本管理有不同的认识,但基本理念和核心内容是相近的。联合国国际会计和报告标准政府间专家工作组第15次会议的《环境会计和报告的立场公告》将环境成本定义为“本着对环境负责的原则,为管理企业活动对环境造成的影响而采取或被要求采取的措施的成本,以及因企业执行环境目标和要求所付出的其他成本”。而在“改进政府在推动环境管理会计中的作用”专家工作组的第一次会议的报告文件中,环境成本被广义地定义为“与破坏环境和环境保护有关的全部成本,包括外部成本和内部成本”。我国会计学界对环境成本的定义也有不同的观点,比较具有代表性的有:其一,郭道扬(2013)将环境成本定义为:① 由于环境恶化而追加的治理生态环境的投入;② 因重大责任导致生态环境恶化所造成的损失,以及由此而引起的环境治理费用和罚款;③ 未经环保部门批准,擅自投资项目所造成的罚款;④ 环境治理无效率状况下的投资损失和浪费。其二,王立彦(2015)认为:环境成本是指为控制环境污染而支付的费用以及污染本身造成损失之总和,其计算公式为:环境成本=污染控制费用+污染损失=污染治理费用+污染预防费用+污染物流失损失+污染损害价值,等等。环境成本有别于传统成本会计,主要有强制性、突发性、一体性、增长性等特点。

本书认为,环境成本管理包含如下几方面的内容:一是环境资源是有价值的。随着人类环境污染的加剧,人们的环保意识不断增强,原本认为取之不尽、用之不竭的环境资源,均会随着人类的盲目使用和开采而枯竭。企业只有通过保护和再生,才能使得环境资源不枯竭,这就要投入,而投入就会涉及价值和计

---

① 力图快速地学会并掌握企业集群合作方的环境成本管理知识和技能,一旦达成学习目标后就开始减少资本的投入或实施企业外迁等行为,从而导致企业集群的不稳定性。

价问题。二是环境资产的使用和损耗必须由使用的企业支付相应的成本和费用，以便公共部门进行全面保护和再生。三是资源资产保护和再生不只是政府的责任，在企业生产经营相关的范围内，也是企业的责任（钟朝宏、干胜道，2006）。短期来看，作为企业对环境资源保护和再生的支出，也就构成了企业环境成本的一部分。长期来看，企业环保和再生会改善环境，形成环境资源，原来的支出积累形成企业的资源资产，进而可以带来收益。

三、环境管制

环境管制是政府管制的重要方面，它通过政府颁布的法律，以及采用行政、经济等手段对企业集群区域及企业主体的环境问题实施的管理与控制活动。环境具有特殊公共产品的性质，为保护环境，实现企业集群变迁过程中绿色经营与可持续发展，政府层面的环境管制必不可少。经济学中的外部性是环境管制形成的基础，即环境管制是由环境治理的外部性引发的。企业集群变迁的路径选择及经济行为必须符合绿色转型的基本要求，集群企业的经营活动必须符合环保节能的客观需要。随着我国经济的高速发展，环境形势日益严峻，环境管制作为解决环境问题的有效途径，在我国取得了一定成效，同时也面临着一些问题的挑战。

环境管制存在不同的观点，代表性的观点认为，环境管制是政府强制权的使用，是政府应一些利益集团的需要而制定和实施的一种规则（施蒂格勒，1989）。政府因为环境污染的外部性理论而实行环境管制，环境污染的负外部性会造成企业实际发生的成本与社会成本之间存在一定的差异。此时，政府为了经济发展与环境保护能够达到和谐发展会制定出调节企业经济活动的一系列措施和政策，这就是环境管制（沈芳，2004）。环境管制属于政府管制的一种类别，是政府为了使环境成本内部化，针对环境污染问题而制定的环境保护相关的法律法规，是一种针对企业破坏环境而实施的规制（彭海珍，2006）。长期以来，我国政府的环境管制主要体现的法律有《环境保护法》《水污染防治法》《大气污染防治法》《固体废物污染环境防治法》《海洋环境保护法》《环境噪声污染防治法》《排污费征收使用管理条例》等，环境管制中包括的制度有基建项目的“三同时”制度、环境影响评价制度、排污申报与登记制度、排污收费制度、限期治理污染制度等，这些管制措施对于减少环境污染、保护环境质量起到了积极的作用。本书认为，环境管制必须从综合的视角加以考察与应用，在企业集群变迁中，环境管制只有与集群内部的环境成本约束（包括环境经营与环境成本核算）相互配合才能发挥出最大的功效。

四、环境成本约束机制

环境成本约束机制是企业集群变迁过程中形成的环境治理与环境保护等的技术手段与方法的内在机理或规则。企业集群绿色转型既受宏观政府的环境管制牵引，更需要企业集群内部环境经营与环境成本核算等环境成本约束机制的支撑。环境成本约束机制是由企业集群变迁的环境成本管理内生的环境控制技术与方法引发，其涉及面广，除了清洁生产、绿色经营外，还需要考虑集群企业的可持续发展，同时也需要借助于环境管制的配合实施环境成本的内部化，以及构建集群区域的环境文化等。绿色经营与可持续发展是企业集群变迁的内在要求，也是环境经营的核心内涵。因此，本书在研究过程中将环境经营与环境成本核算（环境成本内部化）作为企业集群中观层面、企业微观层面环境成本约束运作机制的主要内容。

通过企业集群变迁，在宏观环境管制的诱导下将环境成本纳入产品成本之中，在微观企业中推行环境成本核算，以消除集群区域企业的外部性，即为环境成本内部化。从会计角度考察，就是将具有稀缺性的环境视作一项生产要素，通过合理的确认与计量将集群企业生产产品和提供服务中内含的环境损耗或影响，采用某种成本核算方法加以计提并反映在产品成本中的一种过程。由于环境成本内部化通过市场将它的价格机制反映出来，其对资源的有效利用，阻止过度消费，保护环境具有巨大的吸引力。目前，环境成本内部化有征收环境税、排污权交易、生态补偿金等相关的法规和经济工具。环境经营作为一种新的经营模式，从企业的生产活动着眼，它是指企业在生产过程中，以提高资源利用率为核心，借助于生产流程优化、技术水平提升，以及高效的监管手段等来控制环境污染，全面推行清洁生产，以达到实现企业经济效益、环境效益和组织效益并重为目的的一系列管理活动。换言之，企业集群变迁的环境经营要求集群企业在经营活动中选择有利于环境保护或减轻环境负荷的产品，以及提供环境保护方面的服务。围绕环境经营的资源利用，有助于探索优化企业集群区域环境、提高集群企业环境资源节约以及促进环境成本制度建设的发展规律，使企业集群变迁向更有利于企业与社会共享价值增值的方向发展，并推动企业集群绿色转型向价值创造与价值增值的领域进一步扩展。

第四节 研究方法、技术路线与结构安排

一、研究方法

本书的研究方法主要是：

1. 文献演绎法

围绕企业集群变迁、环境成本管理等有关研究成果，在文献阅读和理论知识梳理的前提下，提出自己的学术视角。

2. 博弈分析与实证研究

针对企业集群的现实背景和情境假设，对企业集群变迁的环境成本管理进行博弈分析。同时，针对企业集群变迁中的绿色转型过程进行模型构建，对转型中环境成本及空间集聚所产生的协同效应提出研究假设和实证检验。

3. 理论归纳分析

本书应用经济学、管理学、社会学等相关理论，通过理论分析、逻辑推论等规范研究方法，归纳、提炼出适合企业集群变迁的框架结构，并在此基础上探讨环境成本约束机制形成的内在逻辑及实践价值。

二、技术路线

本书的研究路线如图 1-2 所示。

三、结构安排

本书围绕企业集群变迁这一主线，在环境成本管理的价值观指引下，寻求环境管制与环境经营、环境成本核算融合的具体实践和经验方法。主要结构安排如下：

第一章，绪论。阐述本书的研究背景和研究意义，确立研究主题和研究思路，明确本书的内容梗概和创新点。

第二章，文献综述与理论基础。涉及企业集群与企业集群变迁、环境管制与环境成本管理等内容，以及解释企业集群变迁与环境成本管理实践的理论依据和知识基础。

第三章，企业集群变迁中的环境成本管理框架。本章在分析企业集群变迁与环境成本管理内在联系的基础上，结合环境成本的管理控制系统与信息支持

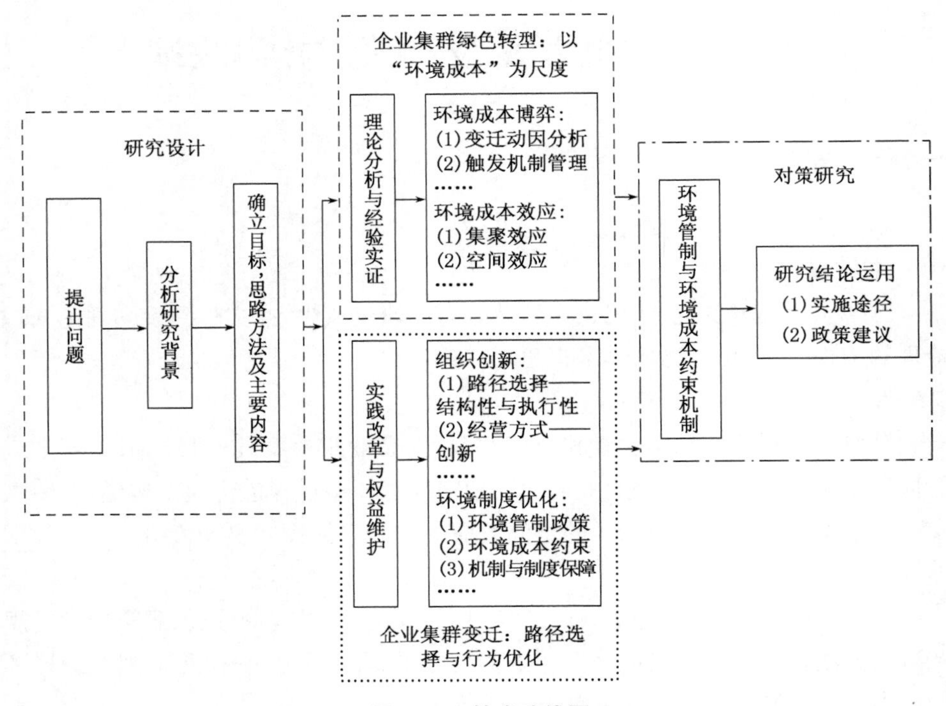

图 1-2　技术路线图

系统,从企业集群变迁的结构性动因与执行性动因视角设计了企业集群变迁的环境成本管理理论框架,并结合企业集群环境成本管理的活动轨迹研究了集群变迁的路径及其具体行为的优化等。

第四章,企业集群变迁中的环境成本约束机制。本章结合企业集群变迁的环境动因,探讨了环境管制与环境经营、环境成本核算共同形成的环境成本约束机制。以环境管制为导向的企业集群绿色转型,有助于促进企业集群环境经营等的实施,提高集群区域生产活动的效益与资源利用效率。以“环境成本”为评价尺度的触发子机制设计,使环境成本约束机制在集群绿色转型中发挥出积极的作用。同时,对企业集群绿色转型中的环境成本控制进行了博弈分析,并对运作子机制展开了探讨。

第五章,企业集群变迁中的环境管制与环境成本效应。企业集群变迁是一个复杂的系统工程,在集群变迁过程中环境管制发挥着极为重要的作用。本章基于集群变迁中环境管制的重要性与定位展开了探讨。同时,还从环境管制入手分析了碳信息披露在集群变迁的空间效应上对集群绿色转型的影响。

第六章，企业集群变迁中的环境成本管理实践。本章是对上述章节的总结，重点就企业集群变迁的结构选择与行为优化，从环境成本内部化与企业环境成本管理的逆反性入手展开了讨论。在结构选择上，列举了环境成本内部化的几种路径，如征收环境税、实施排污权交易、生态补偿机制、推行环境标志制度和普及 ISO14000 标准等。在“逆反性”方面，重点围绕企业之间的逆反性博弈，提出了一种分层控制的方法，即针对逆反性现象从 5 个方面寻求解决对策。

第七章，结论与展望。企业集群变迁是全球经济发展的需要，也是全球价值链分工体系中的必然选择。环境成本管理在促进企业集群绿色转型中大有作为，环境成本约束机制也正在不断从内涵与外延上加以深化，以决策成本概念框架为代表的新成本方法也将对企业集群的绿色转型带来积极的效果。

为加深对本书结构安排的认识，将上述内容概括为表 1－1。

表 1－1　本书框架

本书的章节安排	本书的研究流程
第一章绪论	确立研究主题，明确本书的内容梗概、研究意义与方法步骤
第二章文献综述与理论基础	理论与文献回顾，凝练本书的研究视角与路径
第三章企业集群变迁中的环境成本管理框架	构建理论框架，为后续章节研究奠定基础
第四章企业集群变迁中的环境成本约束机制	在第三章的基础上，提出适应企业集群变迁的“环境成本约束机制”
第五章企业集群变迁中的环境管制与环境成本效应	在第三章的基础上，提出环境管制对企业集群变迁的重要性与定位，并检验企业集群的环境成本效应
第六章企业集群变迁中的环境成本管理实践	对第四、五章的总结，即宏观的环境管制、中观的环境经营与微观的环境成本核算的融合，形成了企业集群变迁中的环境成本约束机制。并且，从结构选择与行为优化入手对企业集群变迁进行了分析
第七章结论与展望	总结本书的主要内容，提出存在的不足，并对未来发展进行展望

第五节　研究创新与不足

本书主要关注企业集群变迁下环境成本管理的路径与行为优化问题;将环境成本管理以管理控制系统和信息支持系统的形式加以具体化,并在博弈理论的指导下对企业集群变迁中的环境成本等进行了博弈分析,同时采用实证与规范研究方法验证和总结了企业集群绿色转型的积极意义。

一、研究创新

具体可以概括为以下 3 点:

1. 丰富了环境成本管理的理论内涵

围绕企业集群变迁的环境成本控制系统和信息支持系统,将环境成本管理从结构性与执行性动因视角进行了划分。在结构性动因方面,提出了环境成本控制系统的结构性配置,即将企业集群变迁的环境控制因素分为宏观层面的环境管制、中观层面集群区域的环境经营与微观层面企业的环境成本核算,并由此形成企业集群的环境成本约束机制。规避了企业集群绿色转型落入"环境成本无序"的陷阱,进而降低了企业集群变迁中的环境负担,增强了企业集群或企业的环境竞争力。在执行性动因方面,提出了企业集群变迁中的环境资源配置思路,并借助于环境技术创新等来规划绿色经营与生态保护,进一步提高集群区域环境资源的利用效率与效果。同时,强调要处理好国内生产经营与跨国经营中的环境成本问题,并且引导企业集群区域普及和推广以清洁生产为代表的环境经营模式,实现企业的可持续发展。

2. 突出了环境成本约束机制的功效

结合企业集群变迁的环境成本管理框架,提出了宏观政府层面的环境管制、中观企业集群层面的环境经营,以及微观企业层面的环境成本核算等相互结合的环境成本约束机制的"立体"结构,这是本书的创新之一。一般的理解,环境成本约束既可能来自政府的环境管制,也可能是企业集群区域倡导的环境经营,以及企业自身围绕集群区域环境经营而开展的环境成本核算与控制等管理活动。企业集群变迁在"环境成本"尺度的权衡要求下上升为"环境成本约束机制",分为 3 个子机制,如触发子机制、博弈子机制和运作子机制。或者说宏观的环境管制与微观的环境成本核算是显性的,而中观企业集群变迁中的环境经营等约束机制可能是隐性的。对于这一创新观点,值得今后进一步开展研究。

3. 提出了企业集群变迁的环境“走廊理论”

结合企业集群绿色转型中的环境成本博弈，借鉴演化经济学中的走廊理论，尝试着构建了一种基于环境管制与环境经营和环境成本核算等融合的“走廊理论”，即以环境管制为上限，环境成本核算与环境经营为核心内容，“环境成本”评价尺度为下限的走廊结构。结合政府的环境管制、企业集群绿色转型中的环境经营，以及企业自身的环境成本核算(如环境成本内部化等)，从结构选择与行为优化入手，为集群区域的环境成本管理提供理论基础。

二、研究不足

本书的不足之处主要表现在：

1. 实证检验尚需完善

面对企业集群变迁的新事物，相关资料的获取存在难度，致使本书的实证研究无法全面和深入检验，同时在研究成果(经济后果)的表述上也可能存在一定程度的主观性与内生性等问题。

2. 研究内容仍需强化

一是企业集群变迁的“环境成本”尺度需要进一步结合宏观的环境管制、中观的环境经营及微观的环境成本核算等“立体”的环境成本约束机制展开定量方面的研究；二是企业集群变迁的环境“走廊理论”需要从理论上做出进一步的提炼与升华……以上这些也正是笔者未来努力研究的方向。

第二章　文献综述与理论基础

本章围绕本书研究的核心主题，对国内外有关企业集群变迁与环境管制、企业集群绿色转型与环境成本管理等文献资料进行梳理，并在此基础上提出研究的理论基础。同时，结合对企业集群变迁与环境成本管理关系的简要评述，指出现有研究存在的不足，揭示本书的研究方向。

第一节　国内外文献综述

一、关于企业集群变迁与环境管制的相关文献

企业集群是21世纪中国经济发展的模式之一，它以块状经济为特色，整合区域资源，形成具有空间相邻、供需相接的产业集聚，实现互补共生的协作关系，由以往"口袋式"的分散发展提升到"拳头式"的集群经济发展。当我国进入世界第二大经济体，并达到中等收入国家发展水平后，产业结构定位就要由比较优势转向竞争优势（洪银兴，2017），需要通过产业创新推动企业集群变迁，提高企业集群的竞争优势。

1. 企业集群及其变迁

1990年，美国战略管理学家迈克尔·波特（Michael E. Porter）在其著名的《国家竞争优势》中，提出了产业集群的思想，用来定义以某一主导产业为核心的相关产业或某特定领域内大量相互联系的企业及其支持机构在该区域空间内的集聚。企业集群是产业集群的一种特殊形式，许多中小企业集聚在某一特定领域中，通常以一个主导产业为中心，企业之间协作生产、联系密切，并形成强劲、具有持续竞争优势的现象（冯巧根，2005）。企业集群或者称企业群（enterprises cluster）是指一组在地理上靠近、同处一个特定的产业区域、由于具有共性和互补性而联系在一起的相关公司和关联机构（王缉慈，2001）。地理上的接近性和相互之间的联系性是企业集群的根本特征。以马歇尔为代表的经济学家是以经济的外部性概念来解释企业集聚现象，他们认为，集中在一起的企业之所以比单

个孤立的企业更有效率，是因为企业地理上的集中能够通过专业化供应商队伍和专业劳动力市场的形成以及企业间的“知识外溢”等产生外部效应，从而节约成本，提高效率。广义地讲，企业集群与产业集群是同一个概念，主要差异在于内涵与外延上有所区别(冯圆，2016)。波特(1990)认为，企业集群能够对产业的竞争优势产生广泛而积极的影响。集群能够提高生产率，能够提供持续不断的公司改革的动力，促进创新，能够促发新企业集群的诞生。目前，我国的企业集群大致有3种发展模式：一是横向分工的企业集群发展模式；二是卫星平台型集群发展模式；三是衍生型企业集群发展模式。自进入21世纪以来，企业集群受“互联网+”等外部环境的冲击也在发生变迁。罗珉、李亮宇(2015)认为，在“互联网+”时代下，传统的价值链中以供给为导向的商业模式正在逐渐走向消亡，需求为导向的互联网商业模式和价值创造正在出现。它预示着传统的企业集群模式正在向网络模式转变，而这一转变必然是基于环境成本需求的绿色网络集群的变迁。

企业集群变迁是产业结构创新的内在要求，是提升我国经济发展能级的必然选择。有关企业集群变迁的研究有内源式变迁和嵌入全球价值链变迁两种思路。内源式变迁观点强调集群内部的关联性，主张从集群内部寻找变迁升级的源泉。然而空间上的集聚优势以及集群内部企业间的强关系优势虽然促成了地方集群的产生与发展，但同时也使地方集群产生了严重的路径依赖，从而陷入了本地的功能性锁定与认知锁定(Grabher, 1993)。随着经济全球化的推进，在内源式变迁升级路径受阻的情况下，集群变迁的视角由集群内部联系转向外部联系，全球价值链理论被广泛应用于地方集群变迁的研究中(于左、吴绪亮，2013)。Gereffi(1999)认为，发展中国家集群可以通过嵌入全球价值链而获得变迁升级。然而，学者们发现嵌入全球价值链是一把双刃剑，发展中国家企业集群对主导企业所产生的过度依赖以及主导企业对核心技术的封锁造成地方企业集群功能升级障碍，也使链条升级更加困难，发展中国家企业集群被锁定在全球价值链低端(Schmitz，1995、1999；Gereffi，2003)。Bazan 和 Navas(2011)在对巴西 Sinos 鞋谷集群的研究中发现，集群中的大型生产商不但自己不主张变迁，甘心处于低附加值生产环节，还会利用在鞋类制造商协会中的地位阻止整个企业集群的变迁升级。学者对于集群变迁路径的研究大致可分两类，一是针对制鞋(梅述恩、聂鸣，2007)、电子信息(杨鑫等，2007)、海宁皮革(陈董媛，2009)、嵊州领带(吕丙，2009)、慈溪家电(智瑞芝，2010)等具体的企业集群进行分析，研究其演化过程，总结其升级的经验与教训；二是从比较优势演化(张其仔，2008)、价值链链接模式(胡卫东等,2008)、知识扩散(赵君丽等,2009)、供应链(曹丽莉,2010)、网络结构(王晓霞等,2010)、价值星系(徐玲,2011)等不同角度对我国集群变迁进行研究,提出自主创新、逐步提升核心能力、构建吸收能力、供应链融合、嵌入全球产业网络等应对策略。

2. 环境管制及其对企业集群变迁的影响

在企业集群变迁中,由于微观企业环境管理行为的不规范,其难以充分地整合并拓展到宏观层面的环境保护行为之中,使得缺乏微观企业运行基础的宏观层面生态环境保护并未达到理想状态。换言之,必须重视环境管制在企业集群变迁中的作用。Manuel 和 Lucia(2008)将环境管制分为正式环境管制和非正式环境管制,认为两者之间存在着差别。正式环境管制指的是传统的制度形式,由国家或当地政府制定的法律规章、管理条例等。然而,上层制定的法律制度体系到了地方,执法的力度就会因地域差别而不同,不同的区域法律环境对企业集群变迁有着不同的影响。王成方、林慧、于富生(2013)的研究结果也证明了政治关联和政府干预都会在一定程度上对企业社会责任信息披露造成影响,且这种影响具有地域特征,会因当地的政治干预程度不同而使影响程度存在差异。王建明(2008)的研究也指出环境信息披露状况受外部环境监管制度压力的显著影响,环境信息披露水平在重污染和非重污染行业之间存在明显差异,而且这种差异与行业间外部制度压力差异的相关性十分明显,外部监管制度约束对提高环境信息透明度功不可没。而当外部监管制度约束力度不能满足当地群众的需求时,非正式的环境管制就出现了,即当地群众或环境组织团体等,通过协议、游说管制者或直接对企业信息披露提出建议和要求等。但是,我们无法确定协议与游说的方向一定是加强环境管制,提高信息披露的强度,一旦过严的环境制度损害了利益相关者的投资利益,他们就会激励游说管制者降低管制程度。

有些学者认为,环境管制对企业集群变迁会产生积极影响,能够推动集群区域的企业发展,使其拥有更良好的成长环境。波特(1990)提出,设计适当的环境管制将会促进企业应用新的技术,进行技术创新,从而降低费用,提高生产效率。Mitsutsugu(2006)以污染控制支出、研发投入分别代替环境管制成本、技术创新,通过实证研究发现日本在 20 世纪 60—70 年代高污染产业的污染控制支出和企业的技术创新呈正相关。李小平、卢现祥(2010)通过对我国 30 个工业行业在 1998—2008 年的数据进行经验分析,得出了工业行业环境管制强度能够提升产业贸易比较优势的结论。企业集群变迁与环境管制的结合,有助于推进微观主体的企业或中观的企业集群尝试以"环境成本"为尺度评价自身的绿色转型活动。比如，对于环保投资的减排效应，国外学者 Antoci 和 Galeotti(2007)认为，如果社会资金投资到环保产品上，环境质量在不断提高的同时，也能促进经济发展。而针对我国环保投资的运行状况，尹希果等(2005)、杨竞萌等(2009)研究认为，从总体上看，我国环保投资的运行效率低下，其治污效果与投资量不成正比。此外，我国环境污染重心与环境投资重心存在一定偏离，导致环保投资不能充分发挥保护环境的作用。王亚菲(2011)通过实证研究发现，环境治理投资对污染治理有积极作用，且存在地区差异，即环保投资对于企业集群绿色转型有积极的正向引导作用。或者说，在环境管制的情境特征下，环保投资能促进企业集群区域的企业减少工业废气的排放，且其减排效果具有一定的滞后性。Dasgupta 等(2002)利用环境库兹涅茨曲线(Environmental Kuznets Curve，EKC)研究发现，实施严格的环境管制可以降低污水排放水平，且随着实施强度的提高，EKC的拐点可能提前出现，并在较低位置趋于平缓。李永友、沈坤荣(2008)利用跨省工业污染数据，通过实证检验发现，我国实施的环境政策能够有效减少污染排放，但这种效果主要来自污染收费制度的实施。

也有些学者认为，环境管制对企业集群变迁的影响是消极的，会对集群企业的盈利能力产生负面影响。比如，Sancho、Tadeo 和 Martinez(2000)以西班牙家具制造业与木制品的效率指数为基础开展实证研究，得出的结论是环境管制对该产业的生产效率存在负面作用。Shadbegian 和 Gray(2005)运用实证研究方法，对 1979—1990 年的美国钢铁、石油和造纸三产业的样本数据进行检验，结果发现环境管制强度与产业生产率负相关，说明环境管制对产业生产存在负面的消极作用。姚蕾和宁俊(2013)运用计量经济模式进行实证研究也得到了类似结论，纺织服装的出口贸易量会随着环境管制严格度的加强而萎缩。

另外一些学者则认为，两者之间存在影响，但其影响形式比较复杂。比如，Lanoie、Patry 和 Lajeunesse(2001)在研究环境管制对企业全要素生产率的影响时将企业分为面临竞争强与面临竞争弱两类，结果显示企业面临的竞争愈强环境管制对企业全要素生产率的正面影响就愈显著。张倩(2011)进行实证分析后得到的结论为：环境保护强度与我国纺织服装业的显性比较优势指数和 MI 指数呈负相关的同时，与该行业的国际市场占用率以及贸易竞争指数呈正相关，说明环境保护对产业国际竞争力既有消极影响也有正面影响。张成等(2011)采用面板数据，对我国 30 个省(区、市)的工业部门在 1998—2007 年的环境管制强度和企业生产技术进步之间构建的模型进行了研究。结果表明，在东中部地区，企业的生产技术进步率在起初较弱的环境管制强度下被弱化了，但随着环境管制强度的增加却逐步提高，即该两者之间呈现出“U”形关系，而在西部地区这两者之间尚未形成在统计意义上显著的“U”形关系。Busse(2004)在HOV模型上以参与国际协调的努力程度和环境管理作为环境管制强度的替代变量，在对2001年119个国家的数据进行分析后发现，除钢铁业之外，比较高的环境管制标准并没有导致高污染行业国际竞争力的降低。傅京燕(2006)实证分析了影响环境与竞争力关系的各个因素，并且比较了环境成本内部化对一些产业国际竞争力的影响幅度，发现无法判断出环境管制将会对产业竞争力产生何种影响。郭红燕、刘民权等(2011)经过研究认为环境管制对国际竞争力的影响无法确定，环境管制将会通过多种要素以及多个途径影响经济，综合这些效应才能显示出环境管制对国际竞争力的最终影响。

二、关于企业集群绿色转型与环境成本管理的相关文献

随着企业集群的绿色转型，环境成本管理也应该随之不断发展。如何在企业集群变迁中协调环境管制与环境成本管理的关系，对充分发挥规模经济带来的好的外部性，并且最大限度地挖掘企业集群变迁与环境成本管理的协同效应具有积极的意义。

1. 企业集群的绿色转型

Carraro(1996)的研究表明，恰当的绿色政策不会对经济增长和就业产生负面影响，反而会带来就业与环保的“双重红利”。Vachon Klassen(2008)提出了绿色集成的概念，即定义为一个企业与其供应商和顾客共同计划实现环境管理和环境解决方案。企业绿色集成分3个维度，即企业自身的绿色集成、供应商绿色集成和顾客绿色集成。前者为内部集成，后两者为外部集成。企业自身绿色集成是通过绿色环保实践，降低企业在生产环节中环境损害并提高资源利用效率，具体包括实施绿色包装、绿色设计以及绿色生产等，同时强调内部各部门之间围绕绿色管理加强合作与沟通等。供应商绿色集成意味着在上游采购和运营的过程中，通过协助供应商来达成环保要求。顾客绿色集成是通过与下游顾客合作来确保流通和销售环节符合环保要求。Porter、Vander Lind (1995)等认为，严厉的环境管制及相应的遵纪成本会迫使企业进行绿色转型，从而提高资源配置的效率和企业的生产率。同时，他们还认为环境管制能够通过开辟环保型产品和技术市场来提高企业的资产周转率和利润。因此，企业可以用绿色转型带来的收益补偿因执行环境管制而花费的成本。Jaffe等(1997)则认为，环境管制可能会刺激企业开展生态技术的研发，但只有在一些特殊的情况下，这种努力

才可能抵消其机会成本。景维民、张璐(2014)也认为,技术进步具有路径依赖性,合理的环境管制能够转变技术进步方向,有助于中国工业走上绿色技术进步的轨道。同时,在目前较弱的环境管制和偏向污染性的技术结构下,对外开放对中国绿色技术进步的影响可以分解为正向的技术溢出效应和负向的产品结构效应。为了协调上述两种观点,Mohr(2002)、Roediger-Schluga(2004)运用委托代理理论、有限理性理论和溢出效应理论等对以往被忽略的环境管制可能创造的双赢机会进行了更为深入的理论解释。然而,单一的环境管制只是一种"硬"的绿色转型政策,容易导致政府的高代价。以国内的"腾笼换鸟"政策为例,它会带来诸如就业成本、闲置成本、协同成本和迁移成本等的"不经济"(刘志彪,2015)。通过环境意识的导入及环境成本报告制度的普及,以环境成本管理来引导产业集群绿色转型,能够极大地调动企业治污和环境保护的内在积极性,是企业绿色转型的"软"政策。Barney(1986)指出,只有当外部环境纳入企业资源的考虑范围内的时候,才能体现资源的真正价值。环境成本管理体现了环境资源优化的内在要求,Porter(1991)、Hart(1995)分别从企业内部及其企业对环境影响的外部视角衡量了环境成本战略的价值。同时 Hart(1995)认为,随着外部社会对环境成本的重视,环境成本管理在企业集群绿色转型中的重要性愈益提高。Micheal(2014)从公司资源配置的角度,探讨了企业环境管理绩效和企业转型升级的相关性,环境成本效益与效率对产业绿色转型的绩效回报有积极的意义。

但与此同时,也有学者指出企业集群的形成使得产业结构趋同化,产业空间布局的不合理会带来资源的不合理利用和环境污染叠加等生态环境问题的加剧(盖文启等,2000;王树功等,2003)。大型城市群产业布局优化,有助于促进集群区域企业环境保护与环境成本管理的最优化(Quinn, 2014; Lukka, 2007)。就小企业集群区域的主体而言,为增强产业结构调整的环境适应性,集聚区域或政府管理当局可以采用奖励或补贴等方式调整企业环境成本管理的边际收益,减少企业或企业集群的盲目发展(或者不良环境行为)产生的边际代价,以实现区域利益协调的最佳效果(Vander Lind, 2015;胡靖等,2015)。近年来,围绕企业集群的绿色转型,研究成果主要集中在路径的选择上。比如,规避环境污染由东向西、由发达地区向欠发达地区转移等(赵增耀,2015)。然而,针对相同区域不同行政管辖的集群转型中的环境保护研究则相对较少,使环境成本管理出现无序与混乱(冯圆,2013)。以"长三角"为例,同为太湖流域浙江一侧的蓄电池产业遭遇政府环境管制而停产或转型之际,江苏一侧的某些地域可能存在照常运转或进一步扩张的情境,这种环境管制政策的地区差异,使博弈双方出现利益方面的苦乐不均现象，并有可能蔓延至更多的产业或区域，使环境战略发展产生新的障碍（王立彦，2015；张钢等，2011）。

2. 环境成本管理与环境经营

企业集群变迁使得企业所在区域的公众对集群中环境成本管理的关注度大幅提升。就企业集群维护公众形象而言，Wong 和 Fryxell（2004）的研究指出，随着外界对环境保护、大气污染的关注不断提升，企业集群倾向于树立一种参与环保和减排的形象。他们将主动披露环境信息和碳信息作为提高公司形象和声誉的一种重要途径。以环境成本管理实践为例，现实中因管理视角不同，其概念扩展存在一定的差异。Nakajima（2011）将“环境成本”从环境保护视角（形成“环境成本管理”）以及物料与能源视角（形成“物料流量成本管理”）等进行了概念扩展，等等。国外关于环境成本的研究可追溯到 20 世纪 70 年代，1971 年比蒙斯（Beams）撰写的《控制污染的社会成本转换》和 1973 年马林（Marlin）的文章《污染的会计问题》揭开了环境成本研究的序幕。

环境成本管理的研究领域较为宽泛，经济学、社会学、环境学等领域的研究者往往会站在更宏观、更深远的视野考察环境成本及环境成本管理。李国平等（2004）在李嘉图模型中将环境成本用追加的劳动投入来衡量，发现环境成本的引入将修正传统的比较优势格局，在 H－O 模型中附加环境因素，所形成的比较优势将建立在包含环境要素真实价格的基础之上，并指出环境要素的真实价格与现实价格的脱离，使“显示的比较优势”有可能偏离真实的比较优势。杨青龙（2011）提出包括生产成本、交易成本、环境成本和代际成本在内的“全成本”是构成一国参与国际分工和贸易比较优势的基础。程名望等（2005）、曲如晓等（2006）指出在制定国际贸易政策时，应考虑环境成本，也就是把环境成本内部化到贸易总成本中去，使环境污染和生态破坏的解决获得资金来源，真实反映产品的实际价值，以协调好环境与贸易的关系。环境成本内部化程度是各国根据本国国情选择的结果，行业差异以及环境外部性存在领域的差异是影响环境成本内部化程度最优水平的重要因素（李爱军等，2007）。贾建霞（2009）分析了环境成本内部化对产业竞争力的影响，短期将提高产品成本从而使产品价格上升，影响产品及其企业的竞争力，但长期来看会刺激企业采用技术创新提高企业竞争力。环境成本内部化将迫使资源和污染密集型的产业萎缩甚至淘汰，使我国的产业结构日趋合理化（吉利、苏朦，2016）。因此，中国应当加强实施环境成本内部化政策，包括进一步提高环境标准、推进自然资源价格改革、改变排污收费政策等（杨丹萍，2011）。

从会计视角考察，1998 年 2 月在日内瓦召开的联合国国际会计和报告标准政府间专家工作组（ISAR）第 15 次会议上，有关环境成本在此次会议的报告中有了明确的定义，即“本着对环境负责的原则，为管理企业活动对环境造成的影响而采取或被要求采取的措施的成本，以及因企业执行环境目标和要求所付出的其他成本”。当前，在环境成本管理研究方面，重点在于如何确认和控制环境成本、如何利用环境成本信息制定环境决策（Beer、Friend，2006；Kunsch 等，2008；Papaspyropoulos 等，2012；周守华、陶春华，2012），以及企业采取的环境成本管理行为措施能在多大程度上带来经济收益（Lohmann，2009），也即环境成本管理的绩效评价问题。长期以来，由于国内“先污染，后治理”的发展模式，环境成本一直游离于企业成本核算之外（罗喜英、肖序，2011），早期的环境问题也只是社会责任会计的一个方面（Mathews，1997）。近年来，随着环境危机的不断深化以及世界各国对于生态环境问题的日益关注，环境成本管理在理论界的关注度日益提升。如 Russo（2014）在公司的资源视角下，研究得出企业环境成本管理绩效和经济绩效正相关，且高增长的行业有更高的环境绩效回报。李钢（2010）认为，加强环境监管，企业在付出一定的经济成本的条件下能取得更大的环境保护效益。Bebbington 和 Larrinaga（2014）提出，从战略的视角考察，组织与社会、经济、环境之间有着不可割裂的联系，尤其是自可持续性成为考量组织业绩表现的多维度规则以来，环境成本管理将被赋予更多的历史使命。冯巧根（2011）的案例研究表明，企业实施环境成本管理是符合其内在的战略发展要求的必然选择，并且能够获得一定的经济与社会效益。

生态环境具有外部性，环境影响具有长期性，这就要求环境成本管理必须在一个更广阔的时空背景下进行，充分考虑环境成本的外延，才能获得准确的环境成本信息，进行科学的环境绩效评价。从已有研究看，目前学术界对于环境成本确认、计量、记录的分析，大多停留在以传统财务会计研究框架为支撑的理论探讨层面，研究方向缺乏指导性强的规划，特别是微观企业与宏观层面的横向交流少（许家林，2009），这就阻碍了对企业环境成本、经济绩效与环境保护之间关系的深刻认识。敬采云（2011）研究认为，环境成本的递减是推动企业集聚演进的主要动因之一。国外学者已经开始从企业层面考虑环境成本管理的区域性及空间相关性，例如 Matthew（2013）在对日本企业环境行为的研究中指出，企业碳排放强度除了受公司规模、资本劳动比率、R&D 支出、外贸出口以及环境规制的影响外，还会受企业间空间相关性的影响。而国内的环境成本管理与企业集群变迁相关性研究仍然集中于宏观角度，例如许和连等（2012）通过构建环境污染综合指数，研究显示我国省域 FDI 和环境污染均存在显著的空间自相关性，两者在地理分布上具有明显的“路径依赖”特征并形成了不同的集聚区域。同样，新经济地理学认为，集聚区域内产业的相关性、异质性和外溢性使得企业之间的环境管理具有一定的示范作用（肖宏伟，2013）。企业集群变迁使集群区域企业能利用范围经济和创新环境，进行专业化分工，共同应对外在环境的不确定性，同时增强自身创新能力，带来市场扩大效应、价格指数效应和外部性（陈建军等，2009）。

环境经营是适应环境成本管理而形成的一个新概念，扩展环境成本管理的内涵与外延，必然会涉及环境经营的理论与实践问题。1991 年，野村综合研究所发表了一份题为《环境保护活动的新思考：从成本向资源与竞争优势的转换》的研究报告，第一次使用了“环境经营”这一概念（葛建华，2012）。早期的环境经营主要倡导企业的环境保护意识，并将这种意识嵌入企业的商品经营与资本经营之中。目前，环境经营已成为一种独立的经营模式并应用于企业实践。环境经营的重点是在环境成本内部化过程中体现环境管理的效率与效益，合理规划排污等环境问题，科学制定相关的环境政策（Papaspyropoulos 等，2012）。在现有的环境经营与经营绩效的实证研究中，存在正相关与负相关等不同观点。Onishi、Kokubu 和 Nakajima（2009）等的研究表明，环境经营与经营绩效之间具有一定的正相关性，即环境经营能够促使企业或企业集群区域以技术创新等手段驱动环境成本活动，寻找企业新的市场定位，开发新的产品；而技术与产品的创新必然会给企业带来丰厚的回报，这些收益不仅可以抵偿环境经营的支出，还可以带来净收益的剩余。

环境经营作为一种创新经营模式，是相对于商品经营与资本经营而提出的。环境经营表明，企业集群的绿色转型不再局限于单一的商品经营或资本经营的价值创造形式，而是开始探索独立于商品经营或资本经营之外的其他价值创造形式。企业集群变迁的实践表明，无论是商品经营、资本经营，其实都离不开环境经营。环境经营可以独立形成一种经营模式，也可以融入商品经营与资本经营等活动之中。此外，环境经营从应用面上观察，它既可以在一家企业中实施，也可以在整个企业集群区域的企业群中推广和应用。由于集群区域具有政府宏观与企业微观的“承接者”角色，所以结合宏观的环境管制与微观的环境成本核算，环境经营可以理解为是企业集群变迁中的一种“中观的环境成本管理”手段（冯圆，2018），它通过将外部成本负担来计算出环境收益的形式（最终计算环境经营利润）转化为一种环境投资，是一种正向的经营要素转化。环境管制的增强和环境经营的实施推动着企业的环境成本管理，它们共同构成环境成本管理中的宏观、中观与微观结合的“立体”形态，使环境成本约束机制更具科学性与有效性。

第二节　理论基础

企业集群变迁是制度与组织共生关系的体现，引导企业集群绿色转型、强化环境成本管理需要相关的理论知识的支撑。本书选择以下理论作为研究的基础。

一、外部性理论

外部性理论主要是由英国剑桥大学教授马歇尔和庇古在20世纪中提出来的，也称“庇古”理论。庇古认为，外部性的存在导致了市场机制的失效，造成了生态破坏和环境污染。外部性分为外部经济性和外部不经济性两个方面。排污等形成的环境污染就是经济活动的外部不经济性。因为企业集群的经济活动对集群区域外企业和周围环境造成负面影响，而在没有其他外力的影响下，企业集群不会将这些负面影响纳入市场交易的成本与价格之中，集群企业从经济活动中受益，但其排污行为造成的治理费用转嫁给社会和他人，从而使污染受害者蒙受损失，导致企业花费的成本与社会花费的成本之间的差异，形成所谓的外部不经济性。英国经济学家庇古据此认为，在这种情况下，只有国家或政府进行干预，采取税收的形式，将污染成本增加到产品的价格中去，即将外部不经济性实施企业的内部化（如环境成本内部化），才能促使污染者采取措施防治污染。然而，戴尔斯认为，未必要采用庇古手段（庇古税）才能解决污染的外部不经济性问题。他认为，单独依靠政府干预，或者单独依靠市场机制，都不能得到令人满意的效果，只有将两者结合起来才能有效地解决外部性，把污染控制在令人满意的水平。他又认为，环境是一种商品，政府是这种商品的所有者。作为环境的所有者，政府可以在专家的帮助下，把污染物分割成一些标准单位，然后在市场上公开标价出售一定数量的“污染排放权”。政府不仅应允许污染者购买这种权利，而且如果受害者或者潜在的受害者遭受了或预期将要遭受高于价格的损害，为了防止污染，政府也应允许他们对“污染排放权”进行竞购，有的公司出价可能会高于前者愿意支付的价格，甚至高于已经被购买的“污染排放权”的价格。在竞争中，一些能用最少的费用来处理自己污染问题的公司则都愿意自行解决，使外部成本内部化。戴尔斯主张,政府应该有效地运用其对环境这个商品的产权,使市场机制在外部性的内部化问题上发挥最佳作用,这一理论也是排污权交易形成的经济学理论基础之一。

从企业集群变迁的视角考察,经济外部性是指集群企业从事经济活动时,其产生的成本及形成的效益并不全部由该经济主体负担。经济的外部性也包括外部经济性与外部不经济性两种情况,前者是指一个经济主体的行为对社会产生了良好影响,使得社会从中收益,但该经济主体却未得到相应的补偿;后者是指该经济主体的某种行为使得社会遭受了损失,而其本身却未承担应有的责任,环境污染问题就是外部不经济性的典型。企业集群变迁的目的是减少环境污染对集群区域企业的影响,实施绿色转型,并最大限度地提高区域企业和员工的生产环境与生活质量。环境管制与环境成本内部化的结合可以提高企业对环境保护的重视,避免或降低生产过程中对环境造成的损害。以往,企业不重视环境控制,相关的环境污染损失往往由社会来负担,解决外部不经济性问题的途径之一,就是将外部成本内部化,通过环境成本约束构建由排污主体(企业)来承担相应责任。目前,环境成本管理实践中的环境成本内部化行为就是外部成本内部化的一种具体实践,环境控制工具中应用比较多的方法是物料流量成本管理等。

二、可持续发展战略理论

《增长的极限》一书(罗马俱乐部于 1972 年提交的研究报告)中明确提出了"持续增长"和"合理的、持久的均衡发展"的概念。1983 年,联合国成立一家专门对可持续发展问题进行研究的机构,即联合国世界环境与发展委员会(WCEP)。1987 年,该委员会发布了一份"布伦特兰报告",其中对"可持续发展"的概念界定为:"可持续发展是指既满足当代人的需要,又不损害后代人满足需要的能力的发展。"1992 年 6 月,联合国环境与发展大会在巴西里约热内卢召开并通过《21 世纪议程》,提出 21 世纪人类社会应该走可持续发展的道路。在这次大会上,要求各家企业关注环境问题引发的社会成本问题,并利用这些制定长远的企业发展战略,以服务于企业的可持续发展。此议程标志着可持续发展已经超越国界、意识形态、文化、民族,获得了全世界最广泛的认同。1994 年,我国政府经过详细论证,率先推出了《中国 21 世纪议程》,决定将可持续发展作为指导国民经济和社会发展中长期计划的一项重要内容。

企业集群变迁中的可持续发展是指企业集群通过绿色转型,积极追求集群区域企业经营利润最大化的同时,致力于社会责任的担当,努力实现集群区域企业与社会永久性和谐发展的生存状态。可持续发展战略与绿色经营的结合是企业集群环境经营模式产生的源泉或基础，以环境经营为代表的企业集群环境成本约束是弥补政府环境管制及其市场调节失灵的保证。国际上很多组织也在积极推进企业可持续发展战略的实施，如道琼斯公司、斯达克斯（STOXX）和永续资产管理公司（SAM）于1999年联合推出的道琼斯可持续发展指数（DJSI），就是国际上第一个把可持续发展融入公司财务表现的指数。DJSI关注企业发展对环境保护、社会和经济发展的三重影响，入选道琼斯可持续发展指数门槛非常之高，许多企业都以被列入该指数为荣；2006年10月，全球报告倡议组织（GRI）发布了《可持续发展报告指南》，获得了迄今社会各界最为广泛的认可。目前，越来越多的企业采用GRI《指南》编制可持续发展或社会责任报告。可持续发展战略理论可以为企业集群整体层面的绿色转型提供战略发展路径，并为集群区域企业的环境经营提供理论指导。

三、绿色经营理论

绿色经营理论主要由绿色集成与绿色供应链等理论构成。从绿色集成视角考察，企业集群绿色转型就是要实现集群企业及组织间生产经营活动的清洁绿色经营和可持续发展。企业集群变迁为企业绿色集成提供了新机遇，首先，要将集群区域的产业集成与供应商和顾客达成绿色转型的一致目标，集群区域的绿色转型是内部集成，而供应商和顾客的集成则是外部集成，绿色经营要求实现内外集成的统一。企业集群的内部绿色集成要求集群内企业不仅要关注自身的环境保护和清洁生产，还需要在满足顾客需求的同时，将集群区域的组织战略、生产实践和生产流程进行协同，如共同处理环境问题，实施循环经济利用。外部绿色集成是企业集群与外部供应商和顾客等协作设计清洁生产方案，满足产业整体的"绿色"需求。

从一定意义上讲，企业集群绿色转型就是实现生产过程的绿色化，协同管理顾客、供应商以及集群企业内部的资源以及能力，使其生产过程对环境的负面影响最小化。从外部的供应商绿色集成来讲，由企业集群组织出面雇用第三方来监控供应商的生产场所条件、对供应商的产品设计提出具体细致的环保要求、鼓励供应商提高生产过程的环保水平、让供应商参与内部生产流程的重新设计和供应商共同开放对环境污染小的产品等。顾客绿色集成的方式主要有：企业与顾客共同设计开放绿色的产品和生产流程以及竭力协助客户实现他们的环保目标。近年来，将绿色环境因素嵌入供应链管理活动已成为一种常态。随着人类所处环境日益恶化、污染日益严重，对环境友好的可持续发展也逐渐成为人们关注的焦点，绿色供应链作为企业实现环境可持续发展的重要方法进入人们的视野。绿色经营需要以绿色供应链为基础。绿色供应链综合考虑供应链活动对环境的影响和资源的使用效率，使产品从原料获取、加工、包装、仓储、运输、使用到回收的全过程对环境的负面影响最小、资源利用率最高。绿色供应链与传统供应链的区别在于绿色供应链以降低供应链对环境的负面影响，提高资源利用率为目标，从全生命周期的角度综合考虑供应链活动的环境影响，并在管理流程上增加回收环节，从而实现“开环”到“闭环”的转变(卫振林等，2013)。绿色供应链不仅应关注企业集群内部的绿色环保，如从物料获取、加工、包装、运输、使用到回收处理，从而减少生产过程以及产品对环境的负面影响，还关注企业集群与其关联组织之间的协同，如共同遵守环境法规的同时，加强绿色经营。

四、资源稀缺理论

当稀缺资源成为商品时，会比一般商品更具有交换价值。在生产力水平低且人口少的时候，土地、空气、水和其他环境因素的多元价值能够同时体现。它的容量资源十分丰富，无论在资源的价值上还是在数量上，都既能满足人们的生活需要，同时又能满足人们的生产需要，因此被认为是取之不尽、用之不竭的免费材料。随着生产力的提高、人口的增长和日益增长的环保意识，环境资源的多元价值开始抵触，稀缺的环境资源难以容纳人类排放的各种污染物。稀缺资源理论的核心思想是：一种资源只有在稀缺时才具有交换价值，即随着生产力水平的提高、人口的增加，人类的生产和生活行为对环境功能的需求开始产生竞争、对立、矛盾和冲突，环境资源多元价值的矛盾和环境功能的稀缺性日益显露。企业集群的绿色转型可以说是适应资源稀缺性的一种客观反映，它可以通过多种形式来实现资源的利用效率。

首先，环境成本内部化体现了资源稀缺性理论的要求，排污权交易是其中的典型代表。环境容量(即环境容纳污染物的数量)是有限的，正是环境容量的有限性导致其成为稀缺性的“资源”，这种容量资源的稀缺性使其具有价值和使用价值，从而使其具备了商品的一般属性，可以在市场上进行交换。另外，环境净化功能难以满足人类生产、生活所排放污染物的需要，环境容量资源特别稀缺。这种环境功能的稀缺性和环境容量资源的稀缺性是导致可交易排放许可权的经济原因。从资源稀缺理论的角度来看，可交易排放许可权是排污者所享有的一部分环境容量的使用权，即在合法取得的环境容量范围内排放一定性质的污染物，也是一种财产性权利。

其次，提高资源利用率是资源稀缺理论的重要体现。在传统经济学的研究范围内，资源是无价值的，这也使得人们不加节制地挥霍资源，造成了许多动植物、矿藏等资源的灭绝，产生了巨大的浪费与损失。所以，企业集群变迁过程中内生的环境经营就是从资源利用率提升的视角设计的。环境经营通过强化环境资源的价值实现，改变集群企业对环境资源的固有观念，建立科学合理的环境经营价值评估体系，从而达到优化配置环境资源，提高环境成本管理效率与效益的目标。环境经营体现了两个理论要求：一是效用价值理论。该理论认为，资源的价值是由人们对其产生的满足程度来确定的。人们认为能够以效用价值论为基础确定环境资源的价值，主要因为：① 无论是否凝结人类的劳动付出，环境资源本身就具有一定的价值，人们愿意支付相应的价格，来获得使用环境资源的权利；② 水资源、矿物资源等环境资源很容易直接进入市场，具有直接的使用价值，由市场的供求关系来决定其价格；③ 部分环境资源的价值，如地表的植被，无法由市场来体现，应通过机会成本收益法等合理地估算其环境资源价值。二是经营价值理论。环境资源中是否包含了人类的劳动与付出，是经营价值论研究分析环境资源价值的关键。人类为了追求经济发展与保护自然的平衡，付出了大量的生产与劳动，例如在高原、深海的探索，研制开发了各种清洁能源、高效材料等。人类的劳动付出已经融入了许多环境资源之中，两者密不可分，后者应当具有相应的价值。所以，环境资源所蕴含价值的评价标准，就是其在转变过程中人类所付出的社会必要劳动量。基于经营价值理论我们可以发现，企业在运营过程中，需要将环境成本内部化与排污权交易成本等环境资源纳入相关的成本核算中，并将其嵌入环境经营的价值体系之中。

五、权变理论

权变是文化融合的内在要求，权变理论是企业集群变迁的学术基础。普遍认为，权变理论产生于 20 世纪 60 年代，主要观点认为，传统的组织管理理论过于片面地强调组织效率，难以解释某些企业或某些情况下管理失效的现象，而权变理论可以比较好地克服这种片面性。所谓权变性，就是通常所讲的灵活性，权变即权宜应变。一般认为，系统管理学派和经验管理学派是权变理论的两大渊源。哈罗德·孔茨于 1980 年在《管理学会评论》上发表《再论管理理论的丛林》，提出管理学派异彩纷呈的“管理理论丛林”至少产生了 11 个学派，权变理论就是其中之一。权变理论认为，在企业管理中必须依据环境和内外条件的变化随机做出反映，灵活地采取相应的、适当的管理措施或方法，不存在一成不变的、普遍适用的、所谓“最好的”管理理论和方法，也不存在普遍不适用的“不好的”管理理论和方法。为了提高权变理论的适用性，该学派力图通过广泛的案例研究和实践总结，寻求出企业权变管理的规律，并将实践中存在的不同情况进行归类整理，对每一类型设计出一种理想的模式。这实质上是试图找出一种针对某一种环境的最有效的管理对策。权变理论的实质是用函数方式(变量之间的相互影响关系)研究企业管理规律。从集群区域企业的环境经营角度讲，权变管理是根据环境经营中的变量(环境自变数)，以及环境经营中的管理思想、管理技术之间的计量关系等来构建相关的数学方程式，并据此来检验企业环境经营的效率，进一步促进企业管理方式的优化。

权变理论认为，集群企业的内在要素和外在环境条件是各不相同的，企业管理实践也不存在适用于任何情境的原则和方法。企业经营活动要具有灵活性，要能够根据企业面临的环境和内部条件的发展变化而随机应变，即企业管理实践没有什么一成不变的、普适的管理方法。环境经营成功的关键在于充分掌握企业的内外部状况，并能够有效地采取应变策略。系统论对权变理论的影响深远，是其存在的理论基础。从系统性、整体性的视角考察企业集群变迁问题，增强了权变理论的实用性，使环境管制与环境成本约束的可操作性得到了极大的改善。权变理论的核心是通过改善集群企业内部和企业之间的相互关系，理顺企业集群整体与企业各自环境成本管理间的联系，以便确立各种变数的关系类型和结构类型。它强调在管理中要根据企业所处的内外部条件随机应变，针对不同的具体情境寻求不同的最合适的管理模式、方案或方法。企业集群变迁的权变性特征表现在：① 涉及的变量多，包括政治、经济、文化、社会心理、形势与政策的变化。② 需要与时俱进。必须适时地调整企业集群的战略决策与管理行为，确保集群企业取得最大的经济效益、环境效益与组织效益。

第三节　本章小结

文献研究表明，环境成本因素对企业集群变迁有着重要的传导作用；宏观的环境管制、中观的集群区域环境经营与微观的环境成本核算均会影响企业集群的绿色转型。从环境成本管理角度考察，许多企业集群的变迁大都局限在排污成本等管理行为及其优化活动之中，而难以体现绿色经营与可持续发展对企业集群整体的生态保护要求，强化集群区域的环境经营则对企业集群绿色转型起到了更为积极的促进作用。以“环境成本”为尺度，积极实施环境成本内部化，以及开展环境经营，是企业集群变迁中环境成本管理的重要体现。

文献研究为本书的研究指明了方向，以上述文献中将“环境管制分为正式环境管制和非正式环境管制”的观点为例，借此可以将政府的环境法规政策等的环境管制作为一种正式的环境管制，而将企业集群变迁中倡导的环境经营和企业的环境成本核算等作为非正式的环境管制。本书后续的研究将结合“环境成本”这一评价尺度，使宏观层面的环境管制、中观层面的环境经营与微观层面的企业环境成本核算得到进一步融合与扩展。此外，本章提出了本书研究需要依赖的5个基础理论。广义而言，本书的理论基础还应当包括组织学理论、环境经济学理论、环境会计理论、产权理论等，它们可以从认知（感知）上为企业集群变迁及绿色转型提供建设性的指导思想或理论依据。但限于篇幅，本书仅列示了上述5种理论。

第三章 企业集群变迁中的环境成本管理框架

企业集群变迁的环境成本管理目标是实现集群区域的绿色转型，满足产业政策层面“生态文明建设”的客观需要。企业集群变迁应当在环境管制、环境经营与环境成本核算等构成的环境成本约束机制的共同作用下，合理有效地利用集群区域的生态资源，进一步提高企业集群生态要素的效率与效益。环境成本管理体系由环境成本控制系统和环境成本信息系统构成。从绿色转型角度考察，企业集群变迁就是要将“环境成本”作为转型的一个尺度。集群变迁的环境成本管理理论框架可以从结构性动因与执行性动因两个视角加以设计与探讨。

第一节 企业集群变迁中环境成本管理的重要性

企业集群变迁中的绿色转型是由其结构性与执行性动因支撑的，它通过两个维度的环境成本要素，即环境成本控制系统与环境成本信息系统来实现集群区域的环境成本管理。基于集群区域绿色转型的环境成本管理的理论框架，必须符合企业集群变迁的内在规律，体现产业不断优化升级的情境需求。

一、企业集群环境成本管理的内在联系

集群内部的企业因规模与能力的差异，其在集群变迁的环保理念和内在动机上容易产生分歧。对于企业主体而言，由于法律法规的不完备，环境成本的外部化动因客观存在，以排污费为例，若遵循集群环境成本管理的要求，积极主动地采取各项环境治理措施或行为，则其成本可能大于通常采用的直接交纳排污费的开支(许家林等，2004)。在这种情况下，集群区域企业主动治理环境污染的积极性往往表现得并不高。

环境成本管理是以环境效益与效率为核心，以环境成本信息系统和环境成

本控制系统为手段的一种管理活动。[①] 其中,环境成本信息系统是以环境成本核算为手段,以多元化的信息披露为核心的一种管理体系;环境成本控制系统则是将环境成本管理的控制要素嵌入企业集群的清单管理等活动之中,以企业集群区域整体环境管理水平提升为目的的管理体系。从企业集群层面考察,环境管制是集群绿色转型的外在驱动力,是企业集群变迁与环境成本管理有机融合的助推器。外部环境管制必须与企业集群内部的环境成本约束有机配合,通过环境成本的控制系统与信息支持系统的沟通与协调来推进集群区域的绿色转型。企业集群变迁中的环境成本管理为环境管制与环境成本约束的融合提供了基础和保障[②],是清洁生产等环境经营理念嵌入企业集群变迁活动之中的一种表现形式[③],或者说,它是环境成本理论与方法创新的"新常态"。企业集群变迁中的环境成本管理的内在联系如图 3-1 所示。

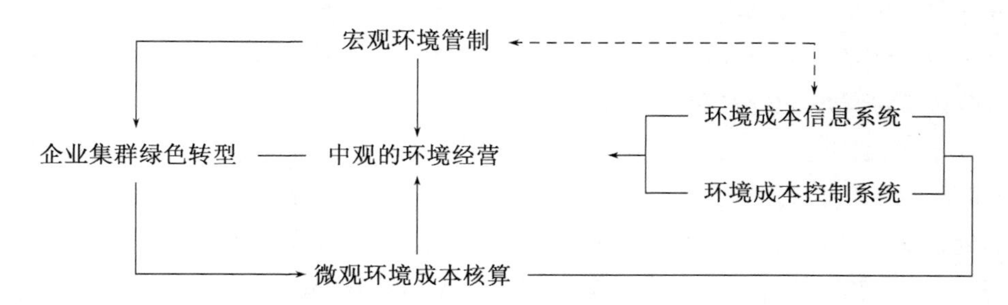

图 3-1 企业集群变迁的环境成本管理体系

图 3-1 表明,体现为绿色转型的企业集群变迁,其环境成本管理具有完整的体系结构,体现为宏观、中观与微观的"立体"结构。宏观层面环境管制的绿色生态文明建设迫使企业集群变迁必须倡导环境经营,引导企业开展环境成本核

① 按照美国环保署(EPA)的《全球环境管理动议》(GENII)的权威分类方法,环境成本分为 4 类:一是常规运营的环境成本(如环境设备投入成本、材料成本、直接人工成本、直接环境管理费用等);二是隐藏成本(集中列示在管理费用中,没有具体的环境成本明细信息);三是未来可能发生的或有负债和费用;四是企业形象和公共关系成本。

② 这里的"环境成本约束"包括集群区域的环境经营与企业个体的环境成本核算。"环境管制"与"环境成本约束"既是一种宏观、中观与微观控制的统一,也是一种强制与自愿的结合,更是一种经营边界与能力边界的扩展。

③ 笔者认为,环境经营至少包含绿色经营与可持续发展这两项内容。若一味强调绿色经营,而使企业无法获利,则可持续性发展将受到影响。可进一步参阅笔者发表在《会计研究》上的《企业文化与环境经营价值体系的构建》一文(2013 年第 8 期)。

算。同时，环境成本管理的两大系统，在与企业集群变迁的相互配合过程中，通过环境成本信息系统传递环境管制所需的集群区域的环境信息，促进相互之间的沟通与交流；通过环境成本控制系统促进环境成本核算与环境经营在企业集群变迁中发挥积极的作用。

尽管企业集群区域环境成本创新也在不断地推进，集群区域的企业出于自身利益考虑，对环境成本创新的积极性仍缺乏动力和激情，具体表现在：一是环境成本管理带来的收益难以全部内部化为集群区域环境创新企业的收益，即企业环境成本创新的动力激励不足；二是企业之间存在的竞争性使集群内企业相互进行环保知识溢出的效率降低。对此，通过企业集群的变迁管理，从集群层面进行经营方式创新，采取诸如清洁生产等的环境经营，以及环境成本核算（环境成本内部化）要求等方式使企业从集群内部获得有效激励。换言之，从企业集群变迁与环境成本管理内在联系的视角引导集群区域企业开展经营方式创新，有助于促进集群区域企业环境保护的主动性与积极性，提高企业集群整体环境成本管理创新的有效性和可持续性。

企业集群变迁的目标是实现集群区域的绿色转型，并由此推动产业结构和产品结构的优化升级。“绿色”被认为是一个显而易见的概念，至今没有一个明确的定义。综合国内外的研究，我们认为“绿色”是一个与环境影响紧密相关的概念，是一个相对概念。在企业集群绿色转型过程中，体现环境管制、环境经营与环境成本核算的环境成本约束机制至关重要，环境成本管理如何在环境治理中协调政府层面与集群层面的利益关系，是企业集群变迁管理中的一项重要课题。对于集群区域的企业而言，企业集群的绿色转型最好由政府出面，采取诸如加大环境投资等措施来实施环境治理；而作为政府来说，企业集群变迁应当主要通过环境经营等环境成本约束手段来实施绿色转型，尽量减少政府的环保投资。因此，企业集群变迁的环境成本管理必将在多方博弈中稳步推进。

企业集群作为一种自治组织，其本身并没有雄厚的资本。因此，如何有效地管理集群组织，并开展集群企业的经营方式创新就变得十分重要。首先，相较于传统组织，集群变迁在技术上的要求会更高（吉登斯，2015）。比如，传统的焚烧与填埋对于绿色转型而言已不再具有优势，企业集群只有从整体上强化环境技术创新，才能实现生态保护与资源效率提升的要求。其次，在管理上需要提供制度依据。必须强化企业集群区域的环境成本制度建设，以提高集群内企业对未来环境收益以及成本内部化的预期。在环境管制的基础上，通过企业集群倡导的环境经营，解决集群区域企业存在的环境成本外部化与环境创新收益外部化的不对称现象，明确环境行为的责任担当，积极推进环境成本技术与方法的创新。同时，通过集群制度创新，使环境创新收益能够实现内部化。此外，集群内的企业应在环保理念、企业文化与经营战略上保持一致性，遵循与环境相容原则；引导企业具备持续的创新能力、知识的吸收能力和信息沟通的交流能力，同时共同维护企业集群的核心竞争力。并且，在满足企业集群变迁管理的过程中，结合绿色转型的特征设计企业的环境成本管理体系。在企业集群与外部关联的合作过程中，充分考虑环境文化与理念的认同以及环境成本管理战略的相容性等具体要求，以最大限度地在核心战略上呈现互补性和共生性特征。

二、基于企业集群变迁的环境成本管理功能优化

环境成本管理是由环境成本控制系统和环境成本信息系统组成的结合体。企业集群的绿色转型只有充分发挥这两大系统的功能，才能彰显环境成本管理的重要性，以及有效发挥其内在的功能作用。

（一）企业集群变迁中的环境成本控制功能

从集群区域企业主体角度考察，环境成本管理的控制系统包括污染治理的环境成本控制、包装物的环境成本控制、废弃物的环境成本控制以及能源消耗的环境成本控制等（国部克彦、伊坪德宏等，2014），提升环境成本管理中的“管理控制”功能，应重点抓好以下几项工作：

1. 围绕清洁生产创新环境成本管理工具

联合国工业与环境规划中心（1982）认为，清洁生产是指将综合预防策略应用于生产过程和产品中，以便减少对人类和环境的风险性。清洁生产的内容包括生产过程和产品两个方面。对于生产过程来说，清洁生产意味着节约原材料和能源，取消使用有毒材料，在生产过程进入废弃物排放之前减少废物的数量并降低其毒性。对于产品来说，意味着减少和降低产品从原材料到最终处置这一全生命周期过程中的不利影响。清洁生产除了在环境保护方面优于“末端”治理之外，还体现在经济效益、环境效益与组织效益的统一，它是从根本上降低环境污染等环境成本的一种战略管理工具。比如，Trumpp 等（2015）结合 ISO14031 构建了基于清洁生产的环境成本评价指标体系；钟朝宏和干胜道（2006）则对包含清洁生产在内的可持续发展报告原则、形式及其评价指标等做了系统的介绍。江浙一带中小企业中较为流行的“有效益的环境成本管理（EoCM）”就是清洁生产方式下延展出的一种新工具。

2. 以绿色供应链为基础的环境成本控制创新

传统的供应链管理强调在正确的时间和地点以正确的方式将产品送达顾客,但它仅仅局限于供应链内部资源的充分利用,没有充分考虑在供应过程中所选择的方案会对周围环境和人员产生何种影响、是否合理利用资源、是否节约能源、废弃物和排放物如何处理与回收、环境影响是否做出评价等等。绿色供应链是由目标、对象、内容和技术构成的一个完整体系,它融入供应链各环节中的环境因素,注重对企业集群变迁中环境的保护,促进经济与环境的协调发展。绿色供应链要求企业集群变迁将“无废无污”和“无任何不良成分”及“无任何副作用”等环境要求作为产业结构调整的目标之一,最大限度地提高资源利用率,减少资源消耗(王立彦等,2014)。将绿色供应链嵌入企业集群变迁的活动之中,可降低集群区域企业制造过程中的成本,降低或消除环境污染,减少或避免因环境问题引起的罚款,以及其他不必要的开支。换言之,绿色供应链借助于环境成本的管理控制系统,从采购、生产、销售、物流与消费等不同环节,将供应商与制造商、销售商、物流商、回收商和顾客等相互融合,提高资源利用效率(Burritt、Saka,2006),并共同实现企业集群变迁过程中的经济效益、环境效益与组织效益。

3. 围绕内部价值链完善环境成本约束功能

从企业集群绿色转型视角考察环境成本约束机制,企业集群内部价值活动的相互关联性是内部价值链运作的基础。根据价值链理论,集群区域企业的价值活动可以分为设计、采购、生产和销售等具体环节(格瑞、贝宾顿,2004)。在设计环节,应注重企业集群整体的生态效率与效益,各经营主体在产品开发阶段要将保护环境、人类建康和安全意识融入设计方案之中,具有源流控制理念。在采购环节,要充分搞好市场调查,掌握资源情况,确定绿色环保材料,选择经济合理的供应渠道,组织订货,并及时运输、检验入库,从原料的数量、规格、质量、时间和配套等各方面保证生产的顺利进行。在生产环节,要全面推行清洁生产,把废物的产生降到最低,避免不必要的环境成本,即从事前预防、事中控制和事后清除的视角强化环境成本管理,把环境成本的控制理念深入企业生产活动的方方面面。在销售环节,要站在消费者的立场寻求环境成本管理和提升企业价值的相关性,并从中把握机会。从传统销售转向绿色服务,积极与购买者进行沟通与交流,使价值链顺利地向下延伸,进而降低整条价值链上的环境成本,实现企业集群变迁过程中价值增值的目的。

4. 结合外部价值链构建环境成本控制的共生系统

企业集群变迁过程是动态发展的,集群企业的数量也是不断变化的。作为集群区域中的企业,其价值增值可以从内部价值链的变迁管理与外部价值链的变迁管理两个层面加以延展(Schaltegger、Zvezdov, 2015)。集群区域的企业需要在优化内部价值链的基础上,协调好外部价值链上下游之间的协作关系,通过战略合作有效控制环境成本。对于集群内的企业而言,首先,合理选择上游合作企业。一是确定企业标准,既可以根据自身情况加以确定,也可借助于ISO14001标准确定;二是从控制环境成本、减少环境风险等视角进行企业调查,拟选择的企业不仅能够提供高质量的产品或服务,还能够满足本企业的环境管理标准。其次,加强与上游企业合作,即让这些企业(供应企业)介入集群区域企业的多种活动中来,建立双方的信任关系,共同解决环境成本控制过程中涉及的问题。对于下游企业而言,最主要的是进行废弃资源的回收,达到减少环境成本的目的。选择下游企业要注重企业之间的战略共生,重点选择下游经销商和外包企业。选择好下游企业后,建立战略联盟关系,共同规划对废弃物收集、分拣、稠化或拆卸、转化处理、递送和集成等方面的环境成本控制(Barney, 1986)。实际上,上下游价值链可以连成一个整体,通过技术上独特的生产、分配、销售,以及其他经济步骤,形成资源多极化利用的组合,达到降低环境成本的目的。

(二) 企业集群变迁中的环境成本信息支持功能

为了提高集群区域环境成本管理信息系统的功能,企业集群变迁不仅需要在内部构建适时的信息管理系统,还需要与外部供应商与销售商之间构建敏捷的响应能力系统。

1. 明确企业集群变迁中环境信息的重要性

企业集群要借助于信息支持系统宣传集群区域的环保状况、产品绿色要求等社会责任,引导消费者的消费偏好;同时在集群内部企业之间就工艺、材料、包装等信息加强交流,促进集群区域环境管制等环境成本约束机制的有机融合及普及应用。企业集群不仅需要规划集群区域内的各项资源,还需要将清洁生产等环境经营的各个方面紧密结合,形成全产业链的绿色转型,并准确及时地反映各方面的环境动态信息,规范和引导集群区域内企业的环境投入和资金流向,提高企业集群整体应对市场灵活性和树立集群竞争优势的能力。环境成本的信息支持功能,是企业集群价值链的重要组成部分,它能够为集群区域的环境经营、企业的环境成本核算,以及环境成本预测、决策等提供帮助(井上寿枝等,2004)。例如,可以通过环境信息资源的共享,开展绿色转型的财务评价、环境效益与经济效益的预测等,也可以进行风险的预警,揭示企业集群经营主体在环境成本管理中存在的问题和潜在风险。

2. 增强环境信息在企业集群变迁中的效应

环境成本信息系统的支持功能，一方面，通过对绿色物流信息、客户和供应商的绿色选择、环境预算的编制与控制等多维度信息记录，实时地将环境信息传送到宏观层面的政府，为环境管制提供决策支持(Burnett、Hansen，2008)；另一方面，将环境信息反馈给集群区域业务最前端的企业，强化企业集群变迁过程中环境经营，以及企业环境成本核算的内在约束机制。这种多维度、实时性的“信息支持”功能使环境成本监督、控制的范围从局部控制扩展到经营活动的全过程，包括企业集群区域企业的产品研发、采购、仓储、生产、销售等，在空间范围上，延伸到企业每一个生产部门，包括业务部门、管理部门，在监督、控制形态上，真正实现了从事后控制到实时控制的重要转变。

3. 通过成本管理的整合推动企业集群变迁

将多种成本方法嵌入企业集群变迁的环境成本管理之中，能够扩展环境成本信息的内涵。比如，将作业成本法嵌入环境成本的信息系统之中，可以提高环境控制的作用：一是提高了环境成本信息的可靠性。作业成本法建立在传统成本核算方法的基础上，对环境成本进行作业层次上的分析，并选择多样化的作业动因进行环境成本的分配，从而提高了环境成本的对象化水平和环境成本核算信息的准确性。二是满足环境成本信息的相关性要求。作业成本法在作业层次上对环境成本进行了动因分析，保证环境成本分配准确地追溯到各个产品，揭示出环境成本发生的原因，有助于企业管理部门加强环境成本控制，挖掘成本降低的潜力及准确计算产品的盈利能力。

第二节　企业集群变迁中环境成本的管理过程

环境成本的管理过程在一定程度上反映了企业集群绿色转型过程，对于企业集群中的大多数企业来说，将环境成本降低至零几乎是不可能的，但把环境成本逐步削减则是有可能的。

一、企业集群环境成本管理的活动轨迹

对集群区域的企业而言，实现企业集群变迁的可持续发展是环境成本管理的主要目标之一。从环境成本管理的运行过程来看，就是要倡导集群区域企业清洁生产，实现以绿色经营为主导的环境经营(杜静，2010)，并将企业集群中的环境成本有效地控制在一个较低的水平上，不断探索提高资源利用效率的路径，

如图 3－2 所示。

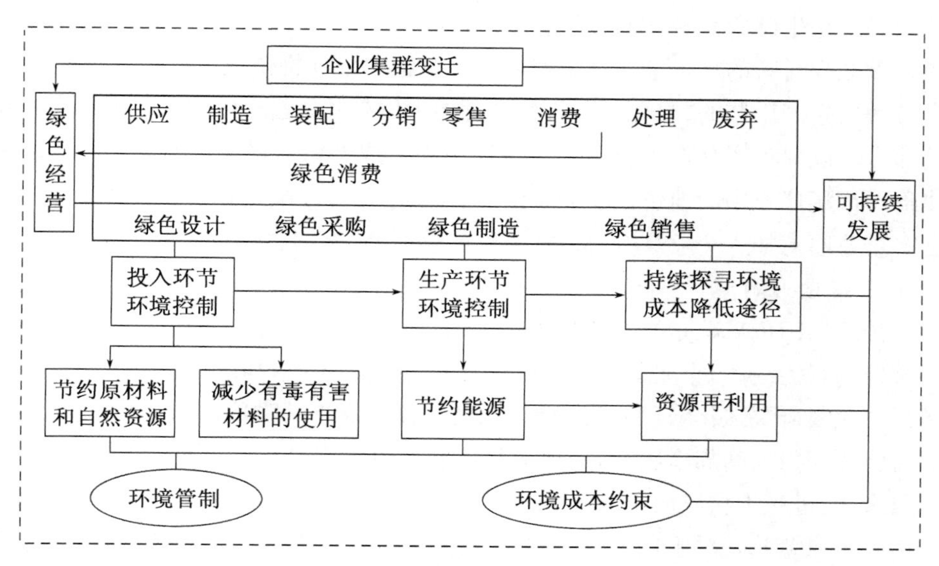

图 3－2　企业集群环境成本管理的运行过程

图 3－2 表明，企业集群变迁中的环境成本管理是由环境管制与环境成本约束（集群区域的环境经营与企业个体的环境成本核算）加以综合控制的。绿色经营强调绿色采购、绿色制造与绿色销售，可持续发展则强调资源的高效利用。将环境成本管理嵌入企业集群变迁的绿色经营与可持续发展过程之中，促进了环境成本内涵与外延的不断丰富与发展。

二、企业集群变迁中绿色经营的特征

绿色经营向社会公众传递企业集群环境友好的生态理念，对集群区域的产品和企业形象树立绿色的定位，增强了决策的科学性和有效性。就集群区域的某一企业而言，在产品生产设计阶段，尽可能使用节能环保材料、环保生产工艺，针对生产中可能产生的废弃物，从最初的设计阶段就采用环保处理方案；生产过程中尽量采用清洁生产方式，充分利用资源，减少浪费和污染；销售环节，建立完善的环保处理措施。具体的绿色经营特征从以下 4 个方面加以描述。

1. 绿色设计

对于企业集群变迁而言，绿色设计是其变迁管理的重点。一般而言，绿色设计阶段的环境成本管理包括 3 个方面：一是采购材料类别或种类的管理。环保材料与非环保材料会影响售后产品的使用成本，也是环境或有负债产生的根本原因。二是生产所需材料的数量管理。设计关系到产品耗料能否循环使用，并大幅度减少材料的投入量。三是产品生产过程中废弃物排放量管理。设计阶段充分考虑生产工艺的“绿化”因素，并合理地加以处置，是减少后续大量治污费用的前提。以绿色产品作为企业集群变迁中环境成本管理的基本要求，能够提高集群在市场竞争中的地位，赢得顾客的喜爱，为集群区域企业带来超额利润，使更多企业愿意加入企业集群，促进集群变迁的稳定发展。

2. 绿色采购

传统的绿色采购是指企业的采购部门参与到废物减量、再循环、再使用和材料替代的行为活动，企业集群变迁中的“绿色采购”还要求在采购中融入生态理念。企业集群要强化绿色采购的制度规范，引导企业采购部门与相关的产品生产与服务部门之间加强联系，提高采购环节的环境绩效，即在采购行为中考虑环境因素，通过减少材料使用成本、末端处理成本，保护资源和提高企业声誉等方式提高企业绩效。对于化工行业的企业集群来说，任何化工材料都极易对周围环境造成污染，对人的身心造成伤害，不适当的采购活动会造成大量的运输包装费，还有储存保管和处置成本。因此，结合企业集群区域的特点，考虑各经营主体活动对企业集群环境的影响，实施绿色采购，有助于减少企业本身及集群区域的总环境成本，增加集群区域企业的价值增量。比如，通过及时和精确的材料追踪和报告系统，能够减少危险材料的使用；通过集群内外组织的合作，可以减少溶剂、颜料和其他化学材料的使用和废弃。此外，还可以显著降低废弃物、材料损失相关的成本，以及一些与危险材料有关的人员培训费和材料处置成本。

3. 绿色制造

绿色制造是企业集群变迁的基本要求，通过综合考虑环境影响和资源利用效率，绿色制造能够使产品从设计、制造、包装、运输、使用到报废处理的整个产品生命周期对环境的影响(副作用)最小，效率最高。如果说绿色设计决定着大部分的环境成本，则绿色制造就成为环境成本产生的直接动因。对于制造业集聚的企业集群，其生产过程中会排放出大量的废水、废气和废渣，需要集群内的企业对其进行处理；企业集群变迁的环境成本管理应在安全监控、防范有毒物质的外泄，以及生产工艺的选择上对集群内企业加以引导，保护人身安全和企业财产不受影响。以“清洁生产”为代表的环境经营是绿色制造的重要载体，清洁生产在满足企业需要的同时，可合理使用自然资源和能源并保护环境，将废物减量化、资源化和无害化，或消灭于生产过程之中。因此，清洁生产除了在环境保护方面优于“末端”治理外，还体现在经济效益、投资回报、治污费用等方面，其成本大大低于“末端”治理所需的费用，是从根本上减少环境成本的战略选择。

4. 绿色销售

销售作为经营活动中的最后一个环节，也是实现企业集群区域价值增值的最终路径。区别于传统销售，企业集群变迁中的绿色销售更加注重产品的社会责任，通过环境成本内部化等环境成本约束来提高集群区域的绿色形象，树立绿色产品的品牌和价格机制。绿色销售强调售后的绿色引导或服务，这是因为许多产品受其自身特性影响，只在销售后的使用过程中会对环境造成污染，如冰箱在使用过程中，排出氟利昂对大气层中臭氧层产生破坏，虽然这种污染表面上不需要企业支付费用进行治理，而由全社会负担，成为社会环境成本，但实质上，随着公众环保意识的增强，这种环境成本已经以削减企业利润的形式出现。因此，通过绿色销售可以促进企业集群变迁推动环境成本内部化活动，加强对购买者环境需求的考察分析，反过来促进设计活动、采购活动和生产活动的绿色化经营。

三、企业集群变迁中可持续发展的要求

企业集群变迁中的可持续发展强调资源利用效率的提升，通过投入产出中的资源控制，减少资源使用中的损失。通过集群区域的绿色经营，借助于资源的选用和定额管理，从资源进入企业之前进行控制，也就是指材料及能源采购过程中的控制，有助于促进企业集群的可持续发展。

1. 优化资源（能源）的选用，确保节能环保

企业集群变迁中的可持续发展需要从源头强化环境成本控制系统。首先，规范集群区域的资源选用。比如，对于若干种替代资源，引导集群企业选用可再生资源。虽然可再生资源的成本会高一些，但这类资源的选用可以促进资源效率的提升，进而达到环境收益大于环境成本的效果。资源利用率的提高是企业集群共同的目标，它需要在绿色转型过程中实施环境技术创新，将整个行业的创新与企业集群经营主体的创新融为一体。对于企业集群的经营主体而言，将企业集群的环境战略与自身的资源选用与更新相结合是环境成本管理的重要发展方向。“环境成本”尺度作为可持续发展的一个衡量标准，扩展了绿色经营的内涵与外延，企业集群变迁应协调好产业链上下游之间的关系，使企业集群更好地体现自身战略发展的需要。企业集群变迁中的环境成本约束机制拓宽了环境控制的空间范围，从单纯地关注宏观的环境管制对集群区域企业个体的影响，延伸到企业集群内外的环境成本；同时，它也拓宽了环境控制的时间范围，不仅关注

现阶段的环境成本的发生，还关注未来环境成本发生的可能性。这种时空观的环境成本管理，是可持续发展战略的要求，也是确保资源节能环保的基础，具体如图 3－3 所示。

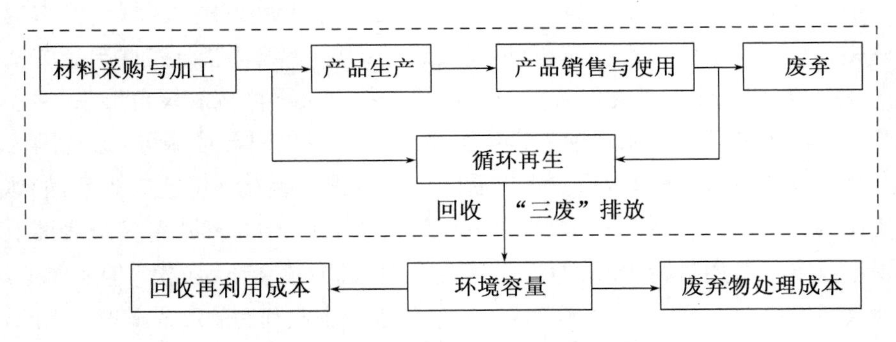

图 3－3　可持续发展中的环境成本管理

图 3－3 表明，资源（能源）的选用对于节能环保而言，不仅是企业集群变迁中可持续发展的重要一环，也是资源循环利用的基础和保证；并且还对传统价值链的管理范式产生积极的影响，有助于剔除价值链中非增值活动中的环境成本，即通过企业集群变迁中的价值链的重塑，优化环境成本管理的“管理控制”和“信息支持”系统，促进环境效益与组织效益和经济效益的统一，进一步加强企业集群区域企业的可持续发展。

2. 规范资源的定额管理，强化绿色经营的制度规范和操作指引

通过企业集群变迁，强化集群区域的资源定额管理，并从资源的执行性动因（如投入量等）与结构性动因（如投入种类等）视角实施环境成本控制，有助于规范绿色经营的制度体系，确保企业的可持续发展。物料流量成本管理就是这种资源定额管理下的创新产物。① 以定额用量来作为投入量的执行性动因，有助于对投入资源的用量进行定额管理。在集群区域资源既定的情境下，定额的制定是建立集群企业投入的资源及其对所有资源分类的基础之上的。从提高环境成本控制系统功能视角出发，需要筛选出集群区域的主要资源作为主要控制对象，并对其他资源实施一般性控制。在定额形成后，需要根据操作指引对实施过程中的行为进行记录，以此作定额完成情况的原始记录。对于存在的脱离定额

① 物料流量成本管理是一种系统的、追踪物料与资源在生产流程中的转化情况，使相关损失高度可视化，提升内部信息透明度的成本管理办法。

差异应从集群区域总量的角度加以分析，以寻求满足可持续发展的资源利用新路径。结构性动因中的主要控制点是资源（能源）中污染较为严重或者使用中流失较为严重的资源，这方面除了突出“前端控制”外，也不能放松“末端控制”。它是在做好资源的执行性控制基础上对资源利用程度的最后一道关口，其控制效果的好坏是对前端结构安排的检验，只有前端的合理结构再加上后端的有效控制才能取得理想的环境成本管理目标（沈洪涛、冯杰，2012）。具体方式包括：一是对企业污染物进行净化处理，使得排放到企业外面的有害物质最小。采用这种方法需要企业采用较为先进的净化技术或者购买价值较大的排污净化设备。二是使用循环技术把污染物进行最大化利用，进行二次循环使用。循环利用控制是末端控制中最为彻底的一种方式，原因是循环利用控制不但可以最小化对外排放的污染物，还可以产生经济效益。循环利用控制包括两种模式，即全面回收模式和部分回收模式。前者是指每个循环过后，资源损失全部被回收，重新投入生产过程。该模式是最为理想的控制模式，企业不但可以将资源充分利用，而且可以将对环境的影响减少至最小。后者部分利用模式所起的作用是对追加成本和净化成本的准确计量，为企业提供决策依据，这些决策包括部分回收的比例、净化设备的购置及排放措施的实施。它表明，环境成本管理本身也是一种可持续发展模式，只有企业集群整体树立绿色经营的理念，加强群体内部绿色转型的积极性与主动性的培育，才能搞好企业集群变迁过程中的环境成本管理。

3. 将全生命周期嵌入环境成本管理

企业集群变迁中的可持续发展必须以企业环境成本管理为基础。从全生命周期视角考察，环境成本在不同阶段具有不同的结构性配置（Guenther 等，2016）：① 设计阶段。在设计阶段主要是有关环境成本管理方面的研究支出，即环境事业费。② 材料准备阶段。在原材料获取阶段，主要是环境资源耗减成本与环境损害成本（如人体健康损失、运输过程中大气污染损失等）。③ 加工与生产阶段。在材料加工与产品生产阶段，主要的环境成本有“三废”治理费、超标排放费、环境培训费、环境负荷检测费、环境管理体系支出成本、企业绿化费、环境卫生费、环境设备改造支出。④ 销售阶段。产品销售阶段，主要的环境成本有环境预防费用（如环保包装材料支出等）、环境损害成本（如运输过程中的环境污染支出等）、环境治理费用（如消费过程中的污染支出等）。⑤ 回收再利用阶段。该阶段主要的环境成本有环保业务费（如再生循环项目投资等）、环境治理费用（如废品处置加工支出等）。⑥ 废弃阶段。在废弃阶段，主要环境成本有环境治理费用（如废弃物焚烧、填埋支出）等。具体构成如表 3 - 1 所示。

表 3-1 全生命周期视角的环境成本管理

全生命周期	产生的主要环境问题	可能产生的环境成本	典型事例
原材料获取	资源消耗和固体废弃物	获取原材料产生的环境成本、采购环境材料的追加成本、固体废弃物处理成本等	采购环境材料
材料制造与加工	温室效应、资源消耗、空气污染、固体废弃物、物种减少	污染物排放控制成本、污染物治理成本、环境管理系统成本、环境事故或公害的赔偿金和罚金、各种环境资源消耗成本等	能源消耗和工业“三废”
产品生产	温室效应、臭氧层裂化、空气污染与其他资源消耗		
产品使用或消费	温室效应、资源消耗、空气污染和固体废弃物	产品环保包装支出、运输过程中能源消耗成本、消费过程中产生污染的治理支出等	产品包装材料、交通运输和产品维护
再生循环	空气污染、水污染和资源消耗	再生循环项目投资费用与运营费用	再循环和再利用
废弃	温室效应、臭氧层裂化、资源消耗、空气污染、水污染和固体废弃物	废弃物的收集、运输、焚烧或填埋成本等	焚烧、掩埋等

第三节 企业集群变迁的环境成本管理理论框架

企业集群变迁遇到的突出问题是环境成本管理动力不足和结构失衡。通过环境成本结构选择与行为优化，借助于企业集群内在的结构性动因和执行性动因，从宏观层面的环境管制、中观层面的集群区域环境经营与微观层面的企业环境成本核算的综合视角，探寻企业集群变迁与环境成本管理的内在关联，促进集群区域的产业升级和绿色转型。

一、构建理论框架的指导思想

我国经济进入“新常态”，保护生态环境是新常态下经济发展的客观需要。企业集群变迁必须满足产业结构升级的内在要求，而环境成本管理则有助于促进企业集群的绿色转型。

1. 从企业集群变迁的结构性入手构建环境成本的控制系统

企业集群变迁必须坚持供给侧结构性改革的基本原则，从集群区域的企业端入手，积极探索企业集群变迁的路径选择，努力减少或规避产业结构转型升级可能带来的负面效应。从结构性动因考察，企业生产是环境污染的重要来源。企业集群变迁必须考虑环境保护，承担污染等造成的损失以及积极开展相应的环保投资，并将“履行社会责任，促进社会可持续发展”的理念传递给集群区域的每一家企业（凯伊，2014）。企业集群变迁的环境成本管理涉及外部的宏观环境管制和内部的环境成本约束（中观集群区域的环境经营与微观企业的环境成本核算）。企业集群变迁的环境政策涉及面广，以污染控制为代表的集群企业环境成本控制系统仅依靠宏观层面的环境管制往往效果不理想，尤其是可持续性较弱。通过集群区域内外部的结构性安排，在环境管制的同时提高集群区域环境成本约束的有效性，是企业集群变迁结构性改革的内在要求。

2. 从企业集群变迁的情境特征入手设计环境成本的信息支持系统

由于企业集群变迁本身的动态性，以及集群区域企业各自不同的情境特征，环境成本信息系统必须通过多样化的结构性信息安排才能满足信息使用者的需求。比如，集群变迁的空间特征需要提供有关碳信息的披露内容，帮助企业集群合理选择变迁的地理空间和产业发展路径。企业集群变迁的区域协同需要合理揭示企业排污成本的相关信息，从减少“三废”成本入手，改善集群区域企业的经营环境，通过资源要素向优势企业的集中，实现集群区域的绿色转型。通过企业集群变迁的结构性动因分析，可以从宏观视角帮助各级政府认识环境管制的政策边界和实施功效，避免政策或资金支持的靶向失误，减少环境资源浪费和要素损失（Micheal，1990）。基于市场化手段的环境成本管理，可以从微观视角激励企业提高环境资源利用效率，努力挖掘集群区域污染控制的潜力，同时加快绿色转型的技术投入，并在智能制造的配合下，使环境成本信息在提升集群区域环境资源效率上发挥重要作用。

3. 围绕绿色转型强化企业集群变迁的执行性动因

政府宏观层面的环境管制已经将环境与经济、生态与发展紧密联结在一起，这就要求企业集群变迁实施绿色转型，将环境成本约束纳入集群区域企业的产品经营活动之中。同时，通过环境资源效率的提升实现集群区域的可持续发展，并在环境技术创新的基础上实现环境信息共享。从执行性动因视角考察，应围绕绿色转型提升企业集群变迁的资源配置效益，在环境资源上挖掘集群区域的内部潜力，强化集群企业的内生动力，积极培植企业的环境竞争力，并在各类环境创新的项目支持与资金效率上实施政府层面的跟踪评价，使宏观上的环境管制真正转化为集群区域企业的自觉行动（张珊，2015）。同时，进一步完善企业集群变迁的环境成本控制系统，加快环境成本控制工具的创新驱动，为企业集群变迁提供全面、完整、系统、及时和有效的环境成本信息。

二、理论框架的构建思路

嵌入环境成本管理的企业集群变迁，可以从结构性动因与执行性动因视角引导环境成本管理体系的丰富与完善，借助于环境成本控制系统和环境成本信息系统探索企业集群变迁的路径选择与行为方式，促进企业集群变迁更好地实现转型升级。同时，在结构性动因视角配置环境管制等环境成本约束机制，通过集群内外的信息支持，合理选择企业集群变迁的具体路径；在执行性动因视角合理配置环境资源，通过环境政策引导实现企业集群的可持续发展。企业集群变迁的环境成本管理不仅对集群区域的产业绿色转型具有短期的影响效果，还能够在组织效率的提升，以及经济效益与环境效益的融合上实现长效机制。具体思路如图 3-4 所示。

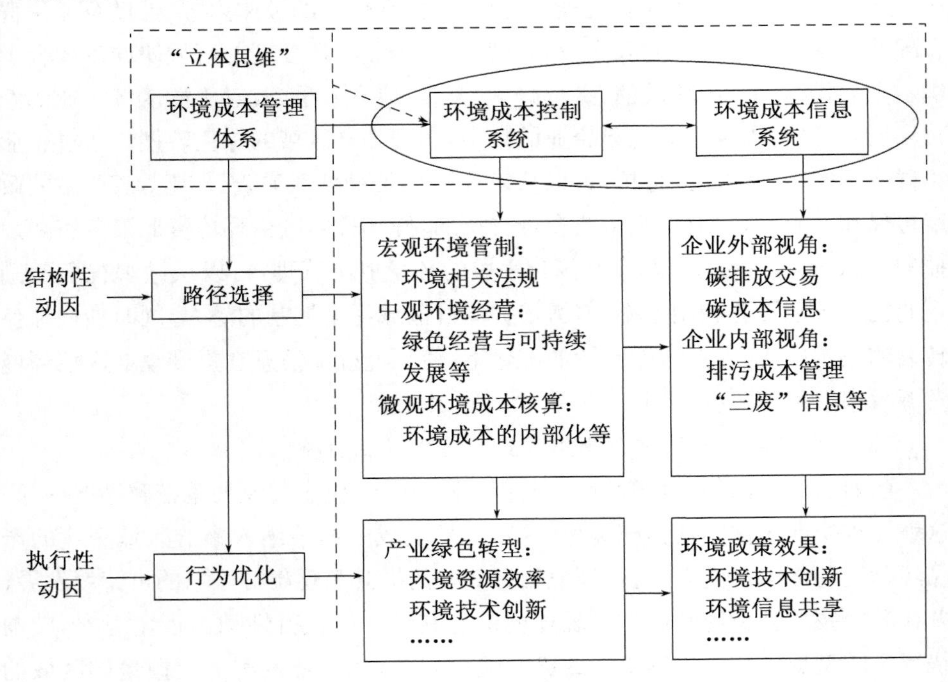

图 3-4　企业集群变迁的环境成本管理理论框架

图3-4表明，从结构性动因考察环境成本管理的路径选择，可以将环境成本控制系统归结为宏观的环境管制、中观的环境经营与微观的环境成本核算等“立体”的路径选择。宏观的环境管制是一种环境法规治理的制度路径，它以直接减少企业及其所在区域排污总量为目的，即通过法律或者行政监督的方式减少污染总量，从而达到环境控制的目的。中观的环境经营则是产业集群绿色转型的环境成本管理，它是微观企业环境成本核算的纽带，即以“环境成本”作为权衡尺度，实施诸如清洁生产等的经营方式创新，通过产业集群这一“中介”，摆脱传统企业与社会在承担环境成本责任上界限不清的困境，目的是实现环境成本的内部化。目前，由于环境的公共产品性质和会计准则的局限性，微观环境约束过于松弛，原本由企业承担的环境成本转嫁给了社会，加之由于计量等因素难以实现真正意义上的环境成本内部化。通过环境成本信息系统的行为优化，可以从企业内外部视角合理界定企业及其产业集聚区域的环境成本总量，并应用作业成本法和物料流量成本管理手段合理分摊企业应承担的环境成本份额，进而从根本上解决企业与社会就环境成本分摊的路径难题。同时，围绕企业集群变迁中的区域内环境经营与企业个体的环境成本核算，不仅为集群区域的绿色转型带来正向的社会效益，还可以为集群内企业的经营活动提供效益的支撑，进而实现经济效益、组织效益与环境效益的统一。

从结构性动因视角考察环境成本信息系统，可以将企业集群变迁过程中的信息分为内外两个层面。低碳发展是企业集群变迁的重要路径，也是新一轮产业升级及科技竞争的战略制高点，无论是集群区域本身还是企业主体，必须强化环境成本信息系统的支撑作用，提高碳信息(碳交易与碳成本等)的披露责任，通过低碳发展更好地促进企业集群的绿色转型。随着2014年《大气污染防治行动计划》的全面实施，以及2017年中国加入《巴黎协定》的承诺，注重并扩展企业集群变迁的碳信息披露，从企业集群变迁的空间效应视角考察宏观层面环境管制的效果，将环境保护活动融入集聚区域的经营活动和战略管理、激发集群区域环境经营功效的发挥、减少企业产品整个生命周期的碳足迹等是企业集群变迁的主要内容。企业集群内部视角的信息披露主要是“三废”信息和排污信息。传统的排污成本信息主要局限于企业内部，即借助于环境成本信息的识别与再分类加以规范与管理。随着环境污染的日益严重，传统的排污成本信息管理模式已经难以发挥出应有的作用，加之排污权问题受到全球会计界的广泛关注，排污成本信息管理模式需要进行变迁。控制排污成本对企业集群变迁而言，是实现生态经济效益、支持可持续发展的必要步骤，它有助于推动环境成本的内部化，加强环境污染的治理。

基于执行性动因的行为优化包括两项内容，一是从环境成本控制系统入手引导企业及其产业区域实施绿色转型；二是从环境成本信息系统入手强化环境政策的应用效果。就集群区域的企业而言，尽管环境成本难以从政府层面强行下达降低的目标，亦即不能通过降低环保标准来降低成本。然而，随着环境治理压力增加和生态文明建设的不断完善，环境治理的路径选择也必将成为环境成本管理的一项重要战略。为了确保企业及其所在区域的绿色转型，实现企业的可持续发展，并取得持久的竞争优势，必须主动获取清洁生产等环境经营的比较优势，通过环境收益大于环境成本的制度安排，提升企业及其集聚区域的绿色竞争力。要结合国家环境政策标准的变化，提高环境资源的利用效率，通过环境信息共享实现企业及其所在区域的可持续发展。随着环境技术的创新，环境成本内部化将是一种必然趋势，企业要创造条件，使集群区域内的经营主体率先开展环境成本内部化试点，强化环境经营，提高环境成本管理的科学性与有效性。

三、环境成本管理的路径选择

将环境成本管理嵌入企业集群区域绿色转型的目标之中，旨在优化集群区域企业的环境成本负担。通过企业集群变迁的环境成本约束机制的构建，能够获得更好的环境控制效果。政府相关部门可以利用企业集群区域共享的环境成本信息，制定更具针对性的环境政策和法律法规，促进宏观环境管制、中观的环境经营创新与微观的环境成本核算与控制的协调一致。作为企业集群经营主体的企业，通过主动参与清洁生产等环境经营，不仅能够扭转传统企业存在的被动、滞后的先污染、后治理的污染控制模式，而且通过在生产经营活动中提高环境资源的利用效率，能够进一步减少污染物的形成与排放，增进企业集群与环境的友好性。倡导集群区域的环境文化价值观，能够最大限度地减少原材料和能源等的消耗，同时借助于环境技术的升级改造提高清洁生产等环境经营的能力，使过去有毒有害的原材料或产品转变为清洁无害的受欢迎商品，实现了企业集群区域环境效益与经济效益、组织效益的统一，如图 3－5 所示。

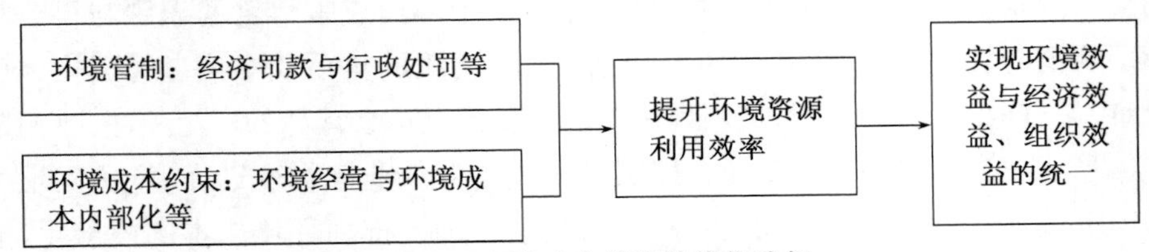

图 3－5　环境成本管理的优化路径

图 3－5 表明，环境管制在提升集群区域环境资源利用效率上具有重要的战略地位。长期以来，企业集群区域在追求经济利益过程中往往忽视排污等环境问题，环境意识和社会责任观念淡薄，生产、管理和经营普遍呈粗放状态，环境成本管理水平整体偏低。强化宏观层面的环境管制，将环境成本管理从单一企业向集群区域的企业内部延伸，并在采购、开发、设计、制造、废弃物处理等方面将环境战略逐渐具体化，使经营活动中投入的水、能源、原材料、化学物质等所带来的环境负荷尽可能最小化（Quinn 等，2014）。目前，这种环境管制行为已成为企业集群绿色转型的一项重要选择。换言之，随着环境保护理念由过去的注重终端污染控制、强调环境修复逐渐向现在的从源头减少污染排放、加强环境成本管理的方向转变，环境管制已成为一种有效的环境治理的手段，并成为企业集群变迁的一项重要环境制度安排。

环境成本约束主要表现在企业集群区域清洁生产的环境经营，以及企业个体的环境成本核算（环境成本内部化）的行为优化等的活动过程之中，它的功能作用需要与环境管制实现有机融合。环境成本约束机制作为企业集群主导的一种环境市场化行为与政府主导的环境管制相融合，是中国特色的环境成本管理的内在要求，它体现了政府主导性与市场自发性的有机结合。企业在环境管理活动中，单纯强调环境经营与环境成本核算等可能缺乏运行的基础，片面强调环境管制可能会成为“空中楼阁”。借助于环境成本约束形成一种宏观、中观与微观结合的机制，则有助于环境管制落到实处，进而使环境成本管理在宏观层面与中观、微观层面实现“多赢”。比如，过多地将环境管制中的“负面清单”应用于企业实践之中可能还会产生负面效应。[①] 政府的环境管制政策与集群区域及其企业个体的环境成本管理有效配合、合理规划，才能在环境管理的实践中起到事半功倍的效果。

---

① 20 世纪 90 年代中期，柯达公司设在纽约州的胶卷制造企业被当地环保部门投诉，指控该企业违反美国的《清洁水法》，排放了大量许可外污染物。而柯达公司辩称，该企业对纽约州许可的 25 种污染物的排放均控制在允许的范围内，无一超标。根据美国法律的负面清单制度，对于废水中存在的其他化学物质因没有列入监控名单，且柯达公司遵守了相应的报告制度，则其水处理是符合标准的。该案件的启示是：仅强调排污规范很难从根本上控制环境成本问题，必须从产业链、价值链等环节上树立环境保护意识，通过末端工程治理、发展循环经济、源头预防等，才能减少或杜绝污染的排放。

四、企业集群变迁的行为优化

从执行性视角观察，环境成本管理体系是动态发展的，它呈现出一系列特有的演进规律。现有的环境管制措施(如经济罚款与行政处罚等)主要是针对单一企业而言的，企业集群绿色转型需要将环境管制转向集群区域的企业主体，这需要从经济法规、环境政策等制度层面实施创新驱动。集群区域的企业在遵循环境管制的同时，需要优化环境行为。从环境成本管理对象考察，以往集群区域所依赖的环境经营(如排污成本管理等)是由外部的环境管制推动的，现在需要强调的是宏观环境管制与微观环境成本核算的综合推动，进而形成一种由宏观、中观与微观环境成本管理构成的“立体”结构。环境成本管理通过环境成本控制系统与环境成本信息系统来实现既定的管理目标，即由以往环境技术创新下的环境信息共享向企业集群绿色转型的可持续发展方向转变。它表明，企业集群绿色转型与环境成本管理的逻辑演进具有高度的一致性，它们通过纵横交叉的行为优化过程实现环境管制与环境经营、环境成本核算等的有机统一，丰富和完善环境成本管理的体系结构，具体如图 3－6 所示。

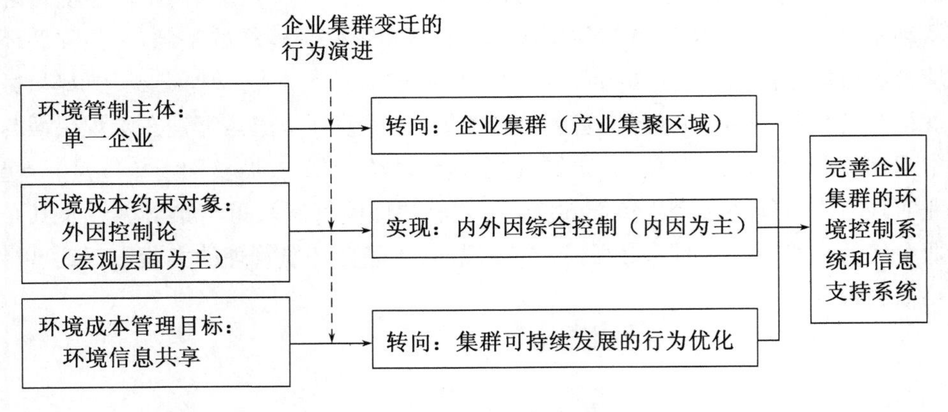

图 3－6　企业集群绿色转型的行为优化

图 3－6 表明，企业集群变迁必须遵循环境成本管理的演进规律。如从单一企业向企业集群的环境成本管理转变；从外因控制的被动式环境成本管理向内外因综合控制的企业自主式环境成本管理方向转变。从企业集群绿色转型规律看，其演进路径是由单纯的环境管制向“立体”式的环境成本约束机制演进。环境成本管理目标则由传统的环境成本信息提供向支持集群可持续发展的行为优化方向转变。如果图 3－5 代表企业集群变迁的路径选择，则图 3－6 为企业集

群变迁过程中的行为优化，但它们在完善企业集群的环境控制与信息系统方面的目标是一致的。

1. 对环境管制主体的思考

传统的研究视角着重于单一主体的企业及其与社会如何分摊环境成本，并在承担比例等问题上进行权衡与比较。近年来，为优化企业的环境行为，政府通过建立和健全法律法规，加强了对企业的环境管制。以《环境保护法》等为代表的环境管制手段起到了正确引导企业环境行为，树立环保理念的积极作用。然而，仅仅强调环境管制，而不充分调动中观与微观的环境成本管理积极性，其效果往往会大打折扣。结合企业集群变迁考察，我国环境损害的成因是由集群区域企业主体的自利性造成的，即企业对环境破坏所产生的环境成本大部分由社会来承担，而企业只承担了其中的很少的一部分。这与我国经济发展的特征相关，即它是由国家和地方管理层引导为主。在集群区域同样存在这种现象，即环境污染仍然以"边发展边治理"的环境管制模式占据主导地位。从成本收益的视角观察，理性的企业一般都会选择利润而无视环境破坏。其中，环境治理能力弱（如环境技术差等）与环境核算手段滞后、难以准确及时记录环境破坏的影响、无法报告环境成本的有用信息等是企业无视环境问题的重要原因。欲改变这种环境治理方式，必须强化企业集群层面的环境成本约束功能。

2. 对环境成本约束的思考

传统的企业集群变迁往往是由外部政府的环境管制引发的，典型的案例是那些重污染行业集聚的企业集群变迁。之所以会存在"外因控制论"观点，关键在于现实的企业集群变迁实践中，欲正确划分环境成本是由企业承担还是社会承担，具有很大的难度。除了集群区域企业的环保意识滞后外，资源利用效率的落后和环境技术的不足是根本原因。通过企业集群变迁，实施绿色转型，在宏观层面环境管制的基础上加强企业集群层面的环境经营，进而调动企业环境成本核算的自觉性，使降低环境成本成为企业一项重要的环境管理战略。换言之，环境成本控制系统由"外因控制论"转向"内因控制为主"，让集群区域的企业承担它应承担的环境成本，即将环境成本内部化。环境成本内部化就是将企业对外部环境所产生的各种本来无须企业自身报告并为之负责的影响因素加以确认、计量并作为企业的成本对外披露，进而促使企业主动承担经济责任和社会责任。环境成本约束机制中的环境成本内部化，既能解决环境保护的资金来源，又真实反映了产品的价值，对于企业集群绿色转型具有正向的引导作用。目前，我国有多部环境保护的法规，明确规定企业应对其合法的经营活动给环境造成的负面影响承担责任，否则就要负担相应的法律责任。欧共体国家的“环境管理与审计计划(EMAS)”和国际标准组织颁布的ISO14000系列，已经成为各国企业进行环境成本管理需要遵循的标准。企业集群的绿色转型必须强化宏观的环境管制，并在企业集群的引导下强化企业的环境成本约束。这种环境管制与环境成本约束的结合，是企业集群变迁过程中环境成本管理最优化的路径选择。

3. 对环境成本管理目标的思考

从企业集群变迁角度考察，环境成本管理的目标就是要通过产业的绿色转型实现集群区域整体的生态效率最佳的管理活动(赵君丽、吴建环，2009)。如上所述，企业集群变迁有两条路径，一是政府的环境管制，另一条是企业集群内生的环境成本约束(体现为集群的环境经营与企业的环境成本核算)。集群区域企业的环境成本约束必须与企业集群整体的生态环境相协调，通过清洁生产等环境经营来发展环保产业和实现产业绿色转型。在经济新常态的发展阶段，企业集群绿色转型是发展环保产业以及提升产业清洁生产能力的重要手段。企业集群变迁进入的新产业必须是能够提高生态效率的产业，凡是能够对生态效率的结构、技术、管理水平加以改进，即表现出集群绿色转型潜质；凡是能够增加产出且不增加生态要素投入和资本要素投入的产业才是企业集群变迁需要发展的产业。体现集群可持续发展的环境成本管理目标，包括如下几项内容：一是将宏观层面的环境管制渗入企业集群的经营主体之中，要求企业集群区域全面实施环境经营，企业则在此基础上开展环境成本核算，力争使自身的生产经营活动符合宏观法规制度的要求。二是提高企业集群的市场化程度。企业集群可以利用集聚的力量，形成绿色标志的集群特色产品或服务，规避国际贸易中的“绿色壁垒”。三是重视企业集群整体环境风险的控制。通过集群层面的宣传和引导，使企业主体主动适应环境法律法规，限制和禁止严重污染环境的原材料进入集群区域。

第四节　本章小结

本章基于企业集群变迁视角，从结构性动因与执行性动因两个方面对环境成本管理展开研究，前者的结构性路径选择有助于促进宏观的环境管制、中观的环境经营与微观企业的环境成本核算相互协调；后者的执行性行为优化能够促进需求侧的集群企业提高环境资源利用效率，实现企业集群的绿色转型。企业集群变迁的环境成本管理，通过环境技术创新实现环境信息的共享，丰富和完善环境成本的信息支持系统；借助于企业集群的行为优化，从结构性动因视角寻求环境管制与环境成本约束的平衡点，提升环境资源的利用效率，构建基于企业集群绿色转型的环境成本理论框架。宏观层面的政府环境管制是集群区域企业实施环境经营的保证，政府的各项环境法律法规是集群区域经营主体必须遵循的基本规范。从现阶段企业集群变迁管理的需要出发，必须将环境成本约束作为企业集群绿色转型的主动力。从政府宏观环境管制对集群区域企业经济行为的影响考察，可以从产业结构升级、智能制造等入手总结和提炼企业集群变迁的经验和规律，拓宽环境成本控制系统的理论边界，突出环境成本内部化核算制度建设的重要性。环境成本的管理过程在一定程度上反映了企业集群绿色转型过程，要积极倡导集群区域企业开展以清洁生产为基础的环境经营，在不断探索提高资源利用效率的活动中降低环境成本。

企业集群绿色转型所体现出的是环境成本管理的生态效益，它不只是企业集群环境成本的内部控制，还涉及外部供应商、销售商等全产业链绿色的生态效率与效益。保障绿色生态价值的增值主要途径在于环境成本的控制系统，特别是有关环境损失的控制。也就是说，通过环境成本控制系统有效地控制资源的投入效率、资源的使用效率与资源的产出效率，这样可以减少企业资源的损失，进而减少企业对生态环境的破坏。从环境成本管理视角引导企业集群实现绿色转型，就是要以“环境成本”作为产业转型升级衡量的“尺度”。同时，将清洁生产等环境经营融入企业集群变迁的过程之中，丰富环境成本约束机制的内涵，使环境成本管理行为更加优化，政策落实效果更佳。嵌入环境成本管理的企业集群变迁，可以实现如下 3 个方面的具体目标：一是以企业集群为核心的全产业链绿色转型，谋求绿色生态的会计权益，实现微观主体的价值增值；二是最小化企业集群或企业经营主体的环境成本；三是最小化企业集群的资源损失，或者说提高企业集群资源利用的最佳效率。这 3 个目标从本质上讲是一致的，但控制对象逐层递进且更加具体，可操作性更强。

第四章　企业集群变迁中的环境成本约束机制

企业集群变迁中的环境成本约束机制是以“环境成本”为评价尺度衡量企业集群绿色转型的环境管理机制。或者说，环境成本约束机制是企业集群变迁过程中对企业个体绿色转型的环境要求与行为代价选择的互动方式及其操作指引，是集群区域企业主动实施环境经营的动力源泉。环境成本约束机制具有目的性、整体性和相关性等特征，它在企业集群变迁中发挥着维护和强化产业绿色转型，引导集群区域企业合理开展绿色经营决策，促进环境行为优化驱动的积极功效。

第一节　企业集群变迁中的环境成本动因

企业集群变迁作为组织扩展的一种重要形式，其绿色转型的动因可以划分为结构性动因与执行性动因。从环境成本控制视角考察企业集群变迁，可以更好地将宏观层面的环境管制、中观层面的环境经营与微观层面的环境成本核算有机地融合在一起。

一、企业集群变迁的结构性动因：环境管制与环境成本约束

从结构性视角寻求企业集群变迁的环境动因，其驱动力以外部政府与社会因素（如“环境管制”）为代表，以及体现内部企业集群整体与局部企业主体的内在要求（如“环境成本约束”）。[①] 表面上看，政府社会层面的环境管制可能会增加企业的环境成本，使来自企业集群变迁的市场化行为的“环境成本约束”难以

---

① 如前所述，“环境成本约束”是环境经营与环境成本核算的结合体。这方面的实践创新在日本已有许多成果。井上等(2004)在他们的《环境会计的结构》一书就有过介绍：日本的许多企业组织(2002 年有近 400 家)基于绿色经营与可持续发展，对环境保护成本及由此产生的效益进行权衡，并采用定量的方式(货币单位或实物单位)进行环境成本约束的机制规范和完善。

发挥积极作用。或者说,环境管制与环境成本约束存在挤出效应(Porter、Vander Linde, 1995; Arouri等, 2012)。因此,从企业集群变迁的环境动因入手,对这些问题进行探讨,加强理论与实务界的认识具有积极的意义。

1. “环境管制”是企业集群变迁的结构性基石

限于研究主题,我们在这里仅就环境管制与环境成本约束作为企业集群变迁的环境动因进行研究。事实上,企业集群变迁的环境动因还有很多,如民众对空气质量的要求、消费者的产品功能的诉求等。为便于研究,我们尽可能将力所能及的环境动因归结到上述两项内容中去。随着企业集群的形成与发展,相应的环境污染问题也在增加。从政府社会层面出发,为了解决日趋严峻的环境污染,深化生态文明体制建设必须借助于环境管制这一手段。加之这几年相关的法律法规不断完备,有关环境的理论体系也日益丰富,环境科技还使末端治理向生产与制造的前端转移,科学的环境治理已经成为可能(Papaspyropoulos等, 2012)。然而,中国的经济与环境现实表明,在未来十年间我国仍将面临“两难期”:环境承载力依然处于严重超载期、能源资源消耗的涨幅将进入收窄期、污染治理主体承受力步入下降期、生态环境问题进入多期叠加期、公共环境诉求处于高涨期和生态环境质量进入缓慢改善期。正是在这种情况下,环境管制被提上议事日程。环境管制是企业集群结构性调整的基石,对产业绿色转型具有重要的推动作用,究其原因,它在降低环境污染的同时可以提高资源配置效益和生产效率。环境管制可以从管制范围与管理深度上引导企业集群变迁的力度与强度,还可以通过环境技术手段使集群区域企业感知其管制工具的可操作与便利(针对性与有效性)。环境管制尽管在短期内会增加企业相关的成本费用(Maxwell、Decker, 2006),但长期来看则会给集群中的企业带来一定的收益。环境管制对企业集群区域的环境治理及绿色转型的行为产生正向的激励与约束作用。

企业集群绿色转型行为关系到能否促进区域经济的健康稳定发展,以及产品的绿色经营,并对企业集群的生产效率和资源利用效率产生影响。环境管制是一个综合的环境治理手段,它由行政主体的政府利用社会的法律法规对企业集群的主体进行管控。环境管制会导致集群区域企业环境成本的增加,即形成了“宏观层面的环境成本管理”的需求。Dean和Bnmn(1995)以瑞典的纸浆与造纸产业为例,研究表明,严格的环境管制会使企业的市场环境变化,成本增加。Kemp和Pontoglio(2011)提出严厉的环境管制将迫使企业购买污染防治设备,并且需要培养能够操作这些新设备的人员,从而增加企业的成本,使得企业的竞争力下降,同时减少企业的产出。Chintrakarn(2008)利用美国48个州1982—

1994年制造业的数据进行实证分析，以环境管制强度和绿色技术创新之间的双向关系为基础，检验了企业污染物排放量与环境专利之间的关系，研究表明，严厉的环境管制使得环境专利的发明缺乏资金，这样就有可能为了支持减少污染的投资而动用其他资金，从而使一些有前景的项目缺乏必要的资金支持。尽管学术界对环境管制与成本费用之间的关系存在不同的争议，企业集群变迁中强化环境管制是十分必要的，它是企业集群可持续发展的基础，也是社会大众的期盼。集群企业必须树立环保有责、生产和销售绿色产品光荣的意识，自觉地将环境管制作为集群企业经营的保证和长远发展的驱动力。

2. 在企业集群变迁过程中，环境管制是一个重要的控制变量

在管制强度既定的情况下，环境管制工具在不同的阶段，以及不同主体与客体之间的作用是有差异性的。企业集群变迁的污染控制离不开绿色科技的支持。Managi、Hibiki 和 Tsurumi(2009)研究表明，在工业化时代，企业在扩大全球能源消耗的同时，也要减少温室气体排放，关键在于刺激企业进行技术创新。Cole、Elliott 和 Okubo(2010)研究表明，环境管制对技术创新具有促进作用，拥有严厉环境管制的国家比拥有普通环境管制的国家具有更高的技术创新效率。Walley 和 Whitehead(1994)研究表明，随着经济和环境更加趋于和谐，创新不再是经济运行的成本。相反，它将刺激持续创新，新的商业机会和财富积累的不断发展。环境管制不能只看作是企业集群变迁的外生变量，它通过“管制强度—管制工具—管制效率”的不断升级，为企业集群变迁提供着内生的动力。环境管制作为企业集群变迁的基石，其管制行为会增加集群区域企业生产的直接费用，也会促进集群中的企业进行技术的创新。企业集群变迁过程中如果能有效地配合使用集群内生的环境成本约束机制，这样在强化政府环境管制的同时，通过有效利用市场手段引导集群区域企业的环境成本行为(如应用新的环境技术方法等)，就有可能使由环境控制带来的经济效益在一定程度上减少或抵消前期增加的直接费用。因此，如何选择环境管制强度和环境管制工具对于企业集群变迁而言，会对集群区域的环境污染治理带来一定的影响。对此，要强化企业集群变迁的环境成本约束机制，通过自身的科技创新、绿色技术积累，以及企业集群绿色文化的培育等提高环境管制的氛围。

3. “环境成本约束”是企业集群变迁的原动力

近年来，企业集群经营活动受环境管制的影响较多，尤其是以外向型为主的中小企业集聚区域的集群组织更为明显。这些集群中的企业在满足了国内的环境管制的前提下，还会受国际经贸活动中诸如绿色壁垒的严峻挑战与冲击，加强

“环境成本约束”已经成为这类外向型企业集群变迁的内在动力，即将“环境成本”视为衡量企业或企业群是否具有成长性的重要标志。当前，在生态文明建设的要求下，社会资源的快速重组迫使企业集群加快变迁的步伐，满足内外部环保要求、降低生产经营活动中的外部不经济性等，已经成为企业集群变迁的一项基本责任（王晓霞、张轶慧，2010）。企业集群变迁涉及相同区域企业的绿色经营与可持续发展问题，“环境成本约束”成为企业集群绿色转型的重要衡量标准。一方面，借助于环境管制促进企业集群区域的各经营主体自觉地实施环境经营，加强环境成本管理；另一方面，应用“环境成本约束”推动企业强化环境成本的核算与控制，通过环境成本内部化等手段准确反映区域经营主体的产品成本，进而通过适时地改善环境条件使环境成本满足企业集群变迁的需要。以绿色设计为例，基于结构性动因的环境成本约束，其环境产品的绿色设计要求如表 4－1 所示。

表 4－1　企业集群环境产品的需求分析

环境需求	绿色材料设计	绿色工艺设计	绿色包装设计	产品回收处理
环境产品的系列化	自然分解材料 非涂镀材料 加工污染最小 报废污染最小	节约资源 节省能源 污染最小	绿色包装材料 回收利用技术 包装结构优化 废物回收利用	设计结构易拆卸 可重用部件易识别 结构设计易维修 零部件利用易回收

表 4－1 表明，在“环境成本约束”的自觉行动下，企业集群变迁使环境产品的绿色需求得到积极的响应，以往环境成本管理难以有效地覆盖集群企业的现象得到改善。“环境成本约束”作为企业集群变迁的原动力已经渗透到企业集群的各项生态系统之中，促进了集群企业环境成本管理绩效的合理评价，调动了集群区域企业重视环境管制、推行环境经营的积极性与主动性。实践中的“环境成本”概念正在不断扩展，比如可以将“环境成本”从环境保护成本视角（形成“环境成本管理”）以及物料与能源成本视角（形成“物料流量成本管理”）等进行概念扩展等，这种从环境成本理念上升而来的概念扩展如图 4－1 所示。

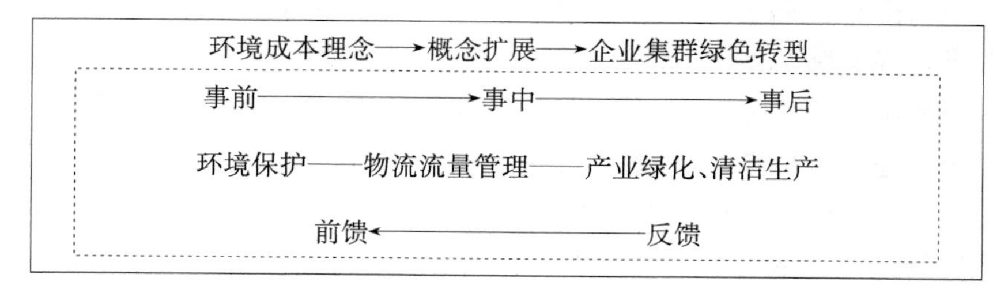

图 4－1　环境成本概念的扩展

图4-1表明,“环境成本约束”本身也是不断完善与发展的,它通过事前、事中、事后以及反馈与前馈的融合,进入一个良性的内部循环,推动着企业集群的绿色变迁。由此可见,“环境成本约束”至少可以包含如下内涵:一是环境资源是有价值的。随着人类环境污染的加剧,人们的环保意识不断增强,原本认为取之不尽、用之不竭的环境资源,会随着人类的盲目使用和开采而枯竭(河野裕司,2005)。企业只有通过保护和再生,才能使环境资源不枯竭。为此,必须实施企业集群的变迁,积极地向实施环境经营的企业进行资金等方面的投入,并借助于环境成本核算来科学合理地确认、计量这些投入的价值。二是环境资产的使用和损耗必须由使用的企业支付相应的成本和费用,以便企业集群区域公共部门进行全面保护和再生。三是资源资产保护和再生不只是政府的责任,在集群区域企业的生产经营范围内,企业必须重视环境成本的责任。从短期来看,这项作为企业对环境资源保护和再生的支出,会构成企业直接的成本支出,但是,企业环保和再生会改善环境,形成企业集群区域更加优良的环境资源,原来的支出积累逐步形成集群区域企业的资源资产,进而从长期的可持续发展角度为集群企业带来收益。

二、企业集群变迁的执行性动因:绿色转型

“十三五”规划提出了“创新、协调、绿色、开放、共享”的五大发展理念。从企业集群变迁的执行性动因上看,无论在政府社会层面,还是集群与企业层面,实现企业集群的绿色转型是大众共同的愿望与目标。

1. “绿色转型”是企业集群变迁的必由之路

首先,企业集群变迁符合可持续发展的客观要求。当前,企业集群区域的生产经营活动面临着诸多限制(卫龙宝,2011):一是环境保护方面的法规日益完善,对企业活动所涉及的环境保护方面的要求越来越细;二是出口企业面临越来越多的绿色壁垒,出口产品不仅要符合环境要求,而且在产品的研制、开发、生产等各环节均标有明确的技术标准要求;三是绿色消费观念的兴起,环境因素已经成为商品是否得到认可的主要因素之一;四是资本市场也开始注重企业的环保形象和环境业绩。企业在进行外部融资时,环境管制与环境成本约束成为投资者衡量企业是否具有成长性的重要标准。由此可见,绿色转型已经成为企业集群变迁的一种供给侧结构性改革,加强环境管制与环境成本约束是企业集群获取竞争优势、打破贸易绿色壁垒的必然选择。其次,企业集群变迁是满足组织学习的内在要求。随着全球范围竞争的不断加剧,企业集群变迁中引人注目的一

种现象是跨国公司（Transnational Corporations）向全球公司（Global Corporations）的转变。全球公司的特点是：经营活动的全球化、打造全球产业链、外包的常态化、通过并购快速成长等。在这种新的全球化形势下，企业集群组织要注重信息共享，要形成集群区域的核心竞争力，而环境技术创新、绿色经营是集群企业与外部企业进行竞争的最有力武器，是企业集群绿色转型的根本保证。环境技术能够为企业改善现有的或者创造性的工艺流程或产品，以达到环境绩效的提升，如减少污染和浪费、提高资源使用效率等的保证。借助于信息网络手段，集群企业按照自愿参与竞争原则进行合作，企业集群组织作为供应链中的新主体正在从关联交易（arms-length）向更紧密的合作关系转变，即企业集群中的不同创新主体围绕知识、技术等创新要素进行优化整合，能够形成功能倍增和适应强的绿色转型组合，有助于提高企业集群整体的环境绩效，并给企业个体带来创新效益，具体内容见图 4-2。

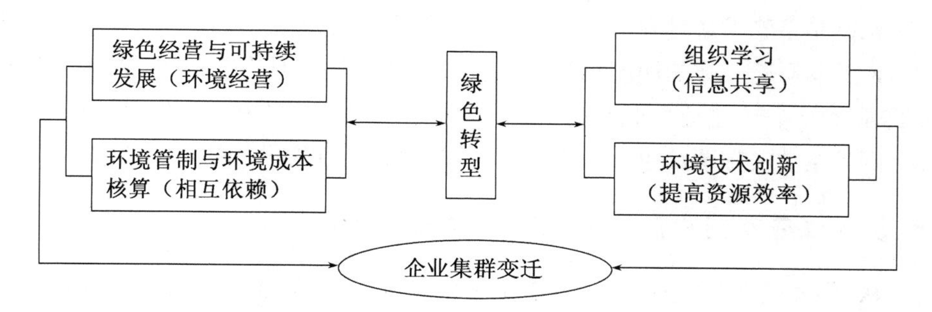

图 4-2　企业集群变迁的执行性动因

2. 绿色发展是企业集群“持续性成功”的环境保障

企业集群变迁必须满足全球经济发展对环境保护的需求，坚持以质量取胜和走可持续发展之路是企业集群绿色发展战略的客观体现。只有坚持绿色经营理念，努力满足顾客对绿色消费的需要，企业才能保持可持续的竞争优势。英美的“全球管理会计指南”中将实现持续性成功作为企业管理的一个重要目标①，企业集群变迁必须满足绿色转型的要求，绿色发展是世界经济发展的新趋势。在促进全球经济复苏和应对气候变化的双重压力下，中国政府坚定地选择走绿

① 2014 年 10 月，英国皇家特许管理会计师公会与美国注册会计师协会颁布的《全球管理会计原则》，在管理会计的内涵中就有这方面的要求：“管理会计通过全面分析并提供一些能够支持企业开展计划、执行与控制战略的信息，来帮助企业做出明智的决策，进而创造价值，并保证企业持续地成功。”

色发展之路，在我国生态环境容量和资源承载力受限的条件下，将资源环境改善作为经济社会发展的绩效目标，使绿色发展全面融入经济社会发展，加速建成资源节约型与环境友好型社会。对此，企业集群变迁必须适应这种新形势，努力为实现经济、社会和环境的可持续发展做出积极的贡献。一方面，企业集群变迁要将绿色生产理念融入集群企业的发展战略之中，坚持在生产过程中实施清洁生产，发展清洁能源，减少废弃物排放，提高资源综合利用水平；另一方面，加强资源节约、环境保护技术的研发和引进消化，严格以“环境成本约束”为标准对集群企业的产品生产和经营进行转型升级。此外，组织集群区域企业开展节能降耗，以及污染排放设备有效利用的考核与评比。

第二节　企业集群变迁中环境成本约束机制的形成

机制是事物发展过程中各种因素相互作用、互相联系，并呈现出具有一定功能结构及其运行规律的制度总和。环境成本约束机制具有目的性、整体性和相关性等特征，它在企业集群变迁中发挥着维护和强化产业和产品绿色转型，引导集群区域企业实施清洁生产和绿色经营，驱动环境行为优化的积极功效。

一、从环境成本约束向环境成本约束机制转变

从“环境成本”这一视角引导企业集群绿色转型，需要结合宏观的环境管制和中观集群区域的环境经营，以及微观的企业环境成本核算等加以实施。一般而言的“环境成本约束”是从集群及其区域内企业着眼的，它是在政府环境管制的驱动下开展的环境经营与环境成本内部化等的环境成本管理活动。当环境管制与环境成本约束相互融合并发挥综合作用时，“环境成本约束”就具备了向“环境成本约束机制”转变的条件。[①]

1. “环境成本约束”提供了企业集群变迁的权衡尺度

在企业集群变迁过程中，环境管制是一个外生变量，在管制强度既定的情况下，该项管理工具会在不同阶段以及不同主体与客体之间产生差异性的功能与作用。环境成本约束机制借助于“环境成本”为绿色转型的权衡尺度，使企业集

---

① 环境成本约束机制作为产业集群的一种环境市场化行为（强调企业的环境成本管理）与国家主导的环境管制的融合，是中国特色的环境成本管理的内在要求，它体现了政府主导性与市场自发性的有机结合。

群变迁的污染控制等压力传导出绿色环境科技的开发与创新。当前，在生态文明建设的要求下，社会资源的快速重组迫使企业集群加快变迁的步伐，以满足内外部环境保护的要求。通过企业集群的绿色转型降低生产经营活动中的外部不经济性等，已经成为集群区域经营主体的一项基本责任。

2. 环境成本约束机制是环境管制深入企业实践的保障

企业集群变迁中的环境成本管理重点在于发挥环境成本约束机制的功用作用。① 环境成本约束机制是由企业集群变迁的环境成本管理内生的环境控制技术与方法促发，其涉及面广，除了清洁生产等绿色经营外，还需要考虑集群企业的可持续发展，同时也需要借助于环境管制的配合实施环境成本的内部化，以及构建集群区域的环境文化等内容。换言之，通过发挥集群区域的环境成本约束机制，将排污等的环境成本费用纳入企业的成本体系之中，充分体现了外部成本内部化的内在要求。同时，围绕环境总成本概念(采用完全成本法进行核算与控制)，企业集群变迁不仅需要计量外部的环境成本，还必须将集群企业的各种环境管制成本予以内部化，从而更准确地计量企业产品的真实成本，为企业集群变迁过程中的环境动因提供真实有效的信息资料。环境管制无论对行政主体本身(政府社会层面)或接受体(企业集群与区域内企业主体)的环境成本管理均提供了相应的政策、工具等完备的标准。这样，宏观的“环境管制”与中观的“环境经营”，以及微观的“环境成本核算”就有了结合的基础。相应地，由此形成的环境成本约束机制就能够外联“环境管制”，内联“环境成本约束”，为集群区域的企业创造更积极的环境保护条件，使集群内部企业率先开展环境成本内部化试点，主动适应环境管制的各项规范要求，全面提高企业生产与决策的科学性与有效性。环境管制与环境成本约束的比较如表 4 - 2 所示。

表 4 - 2　环境管制与环境成本约束的比较分析

比较内容	环境管制	环境成本约束
对象	企业集群及其他广泛领域	限于企业集群内部领域
方式	法规制度、环保执法	环境成本内部化、环境经营等
优点	强制性，直接性	自发性，规范性，可操作性强
缺点	地区或区域间平衡难	根植性现象明显、协调难
表现	抵触性强，风险大	可靠性强，反馈及时

① “环境管制”已经将环境与经济、发展与生态紧密地予以联结，进而迫使中观的企业集群与微观层面的企业主动地在变迁的形势下强化“环境成本约束”。

表4-2说明，“环境管制”与“环境成本约束”既是一种宏观、中观与微观控制的统一，也是一种强制与自愿的结合。企业集群变迁使组织间关系的原有平衡发生了动摇，环境成本资源的分配体系需要在企业集群的经营主体中进行重新配置，通过发挥企业集群变迁中的环境成本约束机制，使企业积极投入新的要素资源和创新资源。然而，由于这些资源存在一定的差异性，单纯依靠“环境成本约束”作为企业集群变迁的环境动因，可能难以获得企业集群变迁的最大效率与效益。对此，充分发挥“环境管制”的引导作用与综合效果，是企业集群变迁的一种环境管理战略。通过企业集群变迁过程中环境经营驱动与环境能力驱动的相互结合，可以促进企业集群区域组织的绿色转型。从这个意义上讲，环境管制与环境成本约束是能够实现统一的，也是必须实现统一的。总之，在企业集群变迁的结构性选择上，尽管有时环境管制可能显得很重要，但更多的时候应该注重强调环境成本约束机制在企业集群区域的功能作用。正确衡量与评价企业集群变迁的环境资源，发挥环境成本约束机制在集群区域中所起到的市场决定性作用，这是未来企业集群变迁中环境成本管理研究的一项重要课题。

二、外向型企业集群变迁中围绕国际贸易的环境成本约束

近年来，企业集群变迁向环境产品转型的现象很多，如转向光伏产业、太阳能、大气治理等环境产品的产业内，治理污染改善环境的产业已成为中国当前国内新兴的市场领域。对于处于东南沿海地区的企业集群变迁来说，环境保护不仅仅是一般层面企业集群中的环境问题，还必须关注自由贸易协定的环境问题，亦即环境保护与自由贸易往往不是一帆风顺的，无论是哪一种自由贸易协定(FTA)，都会对环境因素有所规范。

1. *企业集群变迁过程中必须考虑贸易协定中的环境因素*

FTA中提及的“环境标准”，与企业集群变迁中习惯所称的环境质量标准或污染物排放标准不同，它是一个更为宽泛的概念，涉及环境议题的范围维度、义务维度和约束维度的综合程度。更进一步讲，就是将环境管理和行为措施、国际环境义务与贸易争端解决机制相互挂钩，以此种方式来强化协定缔约方对环境措施、国际环境公约的执行力度(赵文军、于津平，2012)。由于经济全球化的推进，企业集群的产品生产必须考虑我国与世界其他国家或组织签订的FTA，以促进企业集群贸易与环境的协调发展。从国家宏观层面看，提高环境部门的权威性、加强环保执法、积极履行多边环境协定的贸易条款等，是提升企业集群环境治理水平、处理好集群内外企业发展中环境问题的关键。同时，要提高企业集

群变迁的环境成本约束、引导集群企业的环境经营对产业结构调整和技术升级的作用，有利于环境产品的创新和出口竞争力的培育（胡卫东、周毅，2008）。从当前的情况看，企业集群变迁的环境管制很多是出于被动，绿色标志、ISO14000标准等技术要求也是一种外在的驱动。因此，要通过构建企业集群变迁的绿色制度体系，以实现集群企业产品的优化升级，提高企业出口产品的国际竞争力，突破国外的环境贸易壁垒，这也是中观层面环境成本管理的重要内容之一。

从集群区域的绿色转型考察，企业个体层面的社会责任是积极履行国际贸易环境标准的基础，企业集群变迁中的环境承诺往往通过环境成本来加以体现，它使集群内企业明确应该做什么、如何实现环境标准的要求等，具有可操作性强等特征。嵌入国际贸易中的企业集群变迁的环境成本约束，要求在环境保护领域加强国与国、企业或组织之间的相互合作，通过环境成本为计量手段来解决面临的问题。FTA往往会在贸易条款中对环境成本等信息做出具体的规定，如在单独的程序事物、公众参与机制、公众意见提交等条款中对环境信息公开及公众参与做出详细的规定，此外，还会在具体环境义务条款，如合作条款、贸易和生物多样性条款、保护和贸易条款中强调利益相关者对环境成本等信息的知情权，即通过承诺及诸如单独条款等强化环境责任。国际贸易中的环境成本约束，除了上述范围维度上的扩展外，还通过义务维度强化环境责任的约束力，如提高环境影响评价及环境能力的体系建设等。企业集群变迁过程中除了要考虑多边环境公约（MEA）的法律义务外，还需要在各领域加强合作，使其落实到具体行动上，并对集群区域企业的参与程序进行明确的规定，定期或不定期地围绕环境成本情况进行评估，加强贸易协定内部机制的相互协调。比如，可以在企业集群区域成立环境委员会，通过“环境成本”尺度实施评价与考核。企业集群企业内部与外部贸易组织或机构，对于一些有环境争议的问题，可以通过贸易争端解决机制来实现环境义务，并对缔约方起到实质性的约束作用，即以贸易的手段解决企业集群绿色转型过程中可能遇到的各种外部交易活动中的环境问题。

2. 基于国际贸易新形势，强化企业集群变迁过程中的环境成本管理

我国已经加入《巴黎协定》，向全世界发出了“气候承诺”，这对企业集群变迁的环境成本也会带来一定的影响。随着特朗普“美国利益至上”的贸易保护主义政策的不断深入，以及退出《巴黎协定》的影响，全球贸易格局将受到不同的冲击。企业集群的绿色转型必须与我国贸易政策的走向保持一致，在群体区域的变迁管理中，增强环境成本的约束范围，制定集群区域环境成本管理的目标、一般义务、与外部交易对象的环境协定相关的义务等制度内容，提高集群内部企业

或组织的参与度和透明度，在产品生产、相互服务以及争端解决等方面提高覆盖比率。企业集群变迁过程中要发挥环境委员会在环境保护中的积极作用，在注重环境成本管理的原则性的同时，增加操作性的义务内容，提高争端解决中的执行力，建立企业集群内外部交易中的环境合作实施保障机制，通过企业集群变迁中的环境文化等"软"约束与环境成本的"硬"约束的结合，提高企业集群变迁中的绿色化形象。

以美国为代表的贸易保护主义倾向，会在全球范围内形成一种新的利益格局，使国与国之间、贸易组织之间、国家与贸易组织之间的利益博弈加剧。企业集群变迁需要在国际贸易的发展方向上顺应这种趋势，通过环境成本与交易成本、生产成本的有机融合提高国际贸易活动中的竞争优势。2017 年 1 月 24 日，美国总统特朗普上任后签署行政命令宣布退出 TPP(跨太平洋贸易伙伴协定)，未来国与国之间的双边关系将会成为 FTA 建设的趋势与重点。无论是何种形式的 FTA，其在环境标准上应该都是以"高质量""高标准"为原则要求的，我国也会以此为原则，并要求产业结构在不断优化升级中提升企业集群变迁中的国际形象，对于集群内企业而言，由此也可以减少其对贸易产生环境压力的担忧。随着美国经贸政策的重大转向与调整，未来的贸易政策与规则趋向于务实。结合企业集群变迁，应当重点关注以下问题：

(1) 结合美国贸易政策的动向，增强企业集群变迁的环境成本约束力度。在"美国利益优先"的原则下，美国管理当局的重点将会放在加大贸易执法的力度与强度，以及提高就业机会等方面。同时，采取减税等政策引导高附加值行业或产品生产企业，以及高科技企业回归美国本土。企业集群变迁应当将重点放在环境产品与贸易服务条款质量的提升上面，通过开拓更大的市场空间，推动贸易成员与企业集群之间实现环境产品和服务的贸易自由化，以及扩大出口和提高企业集群区域的环境成本管理能力。企业集群变迁中的环境成本约束，需要借助于"溢出效应"对 FTA 制定产生积极影响。我国作为贸易出口世界第一、对外投资世界第二的国家，企业集群绿色转型是符合国家的政策方向及整体的环境利益的，通过集群变迁的环境成本约束构建区域性的环境高标准，是区域经济发展的战略要求(张其仔，2008)。以"环境成本"为尺度开展对企业集群变迁的绿色测试与评估，客观、系统、全面地对集群转型进行环境分析，能够依据"环境成本约束"对集群变迁传导出规则效应与环境效应，促进环保产业向集群变迁的方向靠拢，使更多的环保企业"走出去"，参与国际竞争。要通过企业集群变迁影响国家的政策和制度建设，如适时修改《对外贸易法》，将环境目标加入贸易谈判和投资谈判等活动之中，通过环境成本约束加大集群企业的参与意识，使企业集群变迁突出环境保护的理念，增加社会对环境问题的普遍关切。

（2）关注“美国利益优先”，引导企业集群绿色转型。美国希望借助于基础设施建设，来增加内需并提升国内短期经济利益。美国新政府将在“收益大于成本”的原则下开展与其他国家的双边合作。企业集群变迁应当在宏观政策层面上融入我国的自由贸易试验区战略规划之中，设计并制定企业集群变迁的经贸新规则，以及制定具体的FTA的环境成本战略及绿色转型路线图，并根据企业集群区域的变迁管理和利益诉求提出国际贸易的新规范。比如，可以将中国具有优势的电子商务等企业集群变迁渗透到产品制造区域的产业结构转型升级之中，并结合企业集群变迁的利益维护重新考虑环境承受能力和环境成本约束条件。要在绿色转型发展进程中提高集群区域产品的经济附加值，加强生态文明建设的自觉性和能动性。一直以来，我国对FTA中的环境议题都高度重视，《中共中央关于全面深化改革若干重大问题的决定》提出：“加快自由贸易区建设……加快环境保护、投资保护、政府采购、电子商务等新议题谈判，形成面向全球的高标准自由贸易区网络。”换言之，环境议题已经成为中国构建面向全球的高标准自贸区网络的重要组成部分，是落实生态文明建设与经济建设、政治建设、文化建设、社会建设“五位一体”总体布局的具体体现。企业集群变迁中的绿色转型，要有助于推动高水平环境保护和环境法律的有效执行，促进集群区域企业组织通过包括合作在内的方式处理贸易活动中相关环境问题的能力提升。同时，要注重集群企业对环境保护的参与，加强企业集群环境保护和国际贸易的衔接，促进各项环境法律的有效实施。表面上看，企业集群变迁满足了“美国利益优先”的要求，然而，这些规范也有助于加强集群的环境治理，它是与集群区域环境成本管理的目标及环境利益维护相一致的。

（3）将“环境成本”嵌入全球价值链的增值之中。以美国为首的贸易保护主义，使全球治理面临的挑战更具不确定性，不断增加的贸易摩擦将使全球价值链竞争更趋激烈。一方面，基于工序剥离的原有价值链环境，在低利润、低附加值的环节上进一步跌入“陷阱”，使后工业国向价值链上游攀升的空间大大缩小（梅述恩、聂鸣，2007）；另一方面，随着先进制造业回流美国等发达国家，落后的工业（如纺织等）则进入越南等东南亚国家，严重影响和冲击我国的制造业发展。就价值链中的企业个体而言，其显著的表现是成本大幅增加而收益明显减少。企业集群变迁要充分认识这一新的形势，加快经营模式的创新与发展，增强集群企业可持续发展的意识与理念，将环境成本约束作为国际贸易环境评估的一项重要内容，通过全面和系统的评估，引导企业集群绿色转型过程中将环境经营等新的经营模式“带出去”，尤其是让环保产业率先将自身的价值链延伸至国外，加强国际间的环境合作，使中国企业在全球价值链中冲破阻碍并获得收益。此外，要发挥环境成本约束的市场决定作用，通过经贸手段引导集群企业强化环境管理。企业集群变迁过程中要主动与国家倡议的“一带一路”对接，加强国内自贸区的环境规章制度建设，比如通过制定示范文本，加强实验，开展试点，总结经验和问题。融入变化中的全球价值链，必须充分发挥市场化手段。“环境成本约束”作为企业集群变迁的市场化手段之一，在积极适应国家出口目录调整及其对环境产业支持等的政策条件下，可以在出口退税和补贴等方面获得绿色经营的最大收益。从环境成本约束的制度层面上讲，要客观体现企业集群的特征和集群企业的具体要求，深入分析和讨论国际贸易对环境的影响，引导集群企业重视环境成本管理，合理对待集群变迁的绿色转型要求，避免集群企业的误解或跌入变迁的“陷阱”等。

三、企业集群边界扩展中的环境成本约束

1. 企业集群变迁与边界扩展的融合

积极组建企业集群的环境成本管理机构，通过环境资源的综合利用，充分发挥环境成本约束在企业集群变迁中的功能作用，是企业集群变迁管理的一项重要任务。企业集群是介于市场和科层组织之间的中间性组织，其参与者之间的关系是一种“跨组织关系”或“组织间关系”。组织间关系对于信息传播、资源共享、获取专用性资产以及组织间学习等有积极影响。在企业集群区域存在组织的正式关系与非正式关系。正式的组织间关系能为企业集群的每一个成员提供更多不同的信息渠道和能力源泉，而非正式的组织间关系也具有重要的作用，它可以通过催化和加固关系而对集群变迁产生促进效果。企业集群变迁对组织边界的影响主要反映在经营规模的变化以及能力资源的获取程度上，如图 4－3 所示。

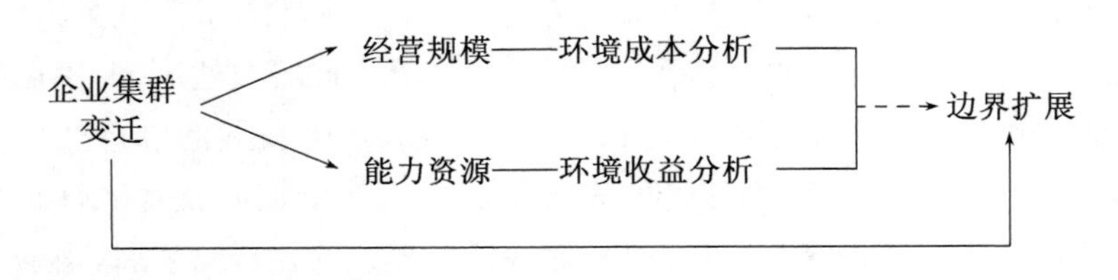

图 4－3　企业集群变迁的边界管理

图4-3表明，企业集群变迁的边界扩展主要体现在两个方面：一是经营规模的环境成本约束。在以若干小企业集聚形成的企业集群模式中，其经营活动相当于供应链价值体系中一个生产活动节点，环境成本约束强调“环境成本分析”，即从环境成本动机上思考集群的变迁，企业集群的经营活动在“环境成本”的上限上不能超越整个产业链对集群企业环境负荷的要求，要积极谋划集群区域的环境产品，只有绿色环保的产品生产，企业集群变迁才能得到可持续发展。二是能力资源的环境成本约束。以某个大企业为中心的企业集群模式中，形成一系列星级不同的企业集合，其环境成本约束的推动力是收益动机，即强调“环境收益分析”。这种企业集群的变迁是环境能力的转变与提升，即通过学习机制与激励机制的嵌入，不断提高企业个体及企业集群整体的环境能力来降低环境成本以获得收益。① 它表明，单纯地提高企业个体的收益是不现实的，它离不开集群整体环境成本管理。因此，强调企业集群环境成本管理具有重要的现实意义。此外，还存在其他类型的企业集群模式，但其边界的管理必须以提高企业集群绿色转型为目标，以满足经营规模和能力资源的有机匹配为原则。

2. 企业集群变迁中边界管理的环境成本约束

企业集群变迁的规模边界一般是通过生产所需资源能否满足环境成本的要求来加以决策的，符合环境成本约束的需求，则可以自行生产与经营，否则需要由外部购买或委托加工加以完成。此时，“环境成本”成为企业集群变迁中的一项重要的交易成本，它的多少成为决定企业规模边界的重要变量。当外购的交易成本要远大于自制的协调成本时，企业就会进行纵向一体化以达到优化内部生产效率的目的，这种情况下企业的规模边界就会扩大。然而，若企业集群变迁缺乏能力资源，如清洁生产等环境经营的能力等，则企业集群变迁的边界扩展就会因为能力边界而受到影响，即企业集群变迁需要结合环境成本管理情况进行能力资源的决策，比如企业集群变迁需要在哪些能力方面强化集群内部的力量，而哪些方面可以从外部获得，如购买环保设备、引进环保技术人才等，并据此确定核心的能力资源和辅助的能力资源等。一项能力能否成为企业集群变迁的核心能力，取决于企业集群自身的知识整合成本与市场知识成本的比较：当一项能

① 生态现代化理论认为，面对现代化发展道路上的环境危机（能力资源的边界），企业可以借助于环境经营等“清洁”的生产方式替代过时、“末端治理”的技术（经营边界的扩展），通过企业集群的生态转换（绿色转型），实现在兼顾现存生计的基础上，使环境效益与经济效益统一。

力的内部知识整合成本小于市场知识整合成本时，这项能力就可以作为企业集群的核心能力在企业绿色转型过程中进行内部培养，反之则需要从外部获取。而企业的能力边界就是企业集群变迁过程中保留下来的由集群内部培养成核心竞争力的能力集合。结合企业集群变迁的环境经营要求，从前提假设、提供信息方式等方面，对规模边界与能力边界的环境成本约束情况进行考虑，可以将相关性概括如表 4－3 所示。

表 4－3　环境成本约束下的企业集群边界特征

集群环境经营的基础	规模边界	能力边界
前提假设	集群决策需要的信息	环境资源供需协调与平衡
提供信息方式	分配环境成本	环境资源的效益与效率
核算基础	标准成本、环境预算和差异分析	目标成本、环境资源投入产出分析
具体方法	利益协调中心、整体优化原则等	环境效益中心、需求导向原则
管理核心	以降低成本为导向，局部与整体具有正相关	局部最优必然导致整体最优

表 4－3 表明，可以从企业集群变迁的结构性视角和执行性视角认识边界扩展。无论采用哪种边界管理的环境经营基础，实现企业集群的价值增值是边界管理的核心。在企业集群的绿色转型中，规模边界要科学分析集群变迁的信息需求，避免集群发展中的决策失误，努力实现企业集群整体竞争力的提升以及各项成本（包括环境成本）的降低。然而，在两种边界的信息方式上，规模边界侧重于集群区域企业的环境成本的承受度，而能力边界强调环境资源的协调与配合，两者在环境成本约束的信息支持上存在相互弥补的功能作用。就核算基础而言，标准成本法是企业成本核算的基本方法，但依据该核算开展决策还需要能力边界中的目标成本法、作业成本法等加以辅助。① 在集群边界管理的具体方法上，规模边界视角强调集群企业的利益协调，而能力边界则注重采用“有效益的环境成本管理（EoCM）”方法，其目的是提高整个集群系统的价值创造或降低企业集群变迁过程中的各项成本。在管理核心上，企业集群变迁要关注供应链视

① 进入 21 世纪以来，围绕物料流量与环境成本、作业管理与环境成本、生命周期与环境成本等涉及环境经营与环境成本约束的管理实践不断涌现（Robert Gale，2006；周守华和陶春华，2012）。

角，要围绕企业集群的制造与供应商及消费者在整个产品生命周期的所有作业与资源消耗中寻求平衡。环境成本约束下的组织边界管理，能够实现企业集群变迁中的执行效果，提高环境成本管理的控制效率。比如，应针对业务交易向关系管理转变，全面权衡与协调环境成本的转移效应与滞后效益。同时，在关注环境成本形成的过程中，实现企业集群组织效益、环境效益与经济效益的统一。

第三节　企业集群变迁中环境成本约束机制的延展

企业集群变迁需要在环境设备与环境技术等方面进行绿色转型升级，这一过程往往会导致集群区域企业发生环境成本的增加，并在短期内降低企业产品在同行业中的竞争力，即其竞争优势可能弱于那些不实施环境经营的企业。若企业集群在这种绿色转型过程中不注重变迁管理，可能会引起集群区域企业经营主体的不利情绪。企业集群变迁必须在政府社会层面落实环境管制的同时，加大区域集群企业的环境成本约束，加快相应的制度建设。

一、嵌入"环境成本"评价尺度的环境成本约束

要正确处理好环境成本约束与环境管制，以及企业集群变迁自身外延与内涵扩展中的环境成本关系。环境管制要在遵循企业集群变迁内在规律的基础上，通过积极嵌入"环境成本"尺度①，促进环境成本约束机制发挥积极的功能作用。

1. 企业集群变迁行为的一般规律

企业集群向产业绿色转型方向变迁往往受自身内外部要素的推动，自身的内部要素具体包括集群区域的利益驱动、企业在绿色技术积累下的内在要求、企

---

① 目前，我国对环境成本的认识尚未统一，企业集群变迁过程中确立的"环境成本"尺度，可以根据国外的制度规范加以综合考虑（必须结合企业集群区域自身的特征加以提炼，并形成合理的评价标准）。这些文告或制度主要包括加拿大特许会计师协会（CICA）1993 年的《环境成本与环境负债：会计和财务报告的相关问题》，联合国国际贸易和发展会议（UNCTAD）旗下的"国际会计和报告准则政府专家工作组（ISAR）"1999 年的《环境成本和环境负债相关的会计和财务报告》，国际会计准则理事会（IASB）的国际财务报告解释委员会（IFRIC）公布的环境会计相关问题的解释指南。这些文告均涉及环境成本的确认、计量与报告等内容。然而，对环境成本定义最全面的可能还是美国环保署（EPA）的《全球环境管理动议》（GENII），根据其做出的权威分类进行"环境成本"尺度的衡量标准制定，可能长远性和战略性更强一些。GENII 中的环境成本分类前面章节已有介绍。

业家精神和集群区域绿色文化的影响等；外部要素主要有市场需求的变化、市场竞争的激励、科学技术的推动、政府支持的力度等。绿色转型是经济新常态下产业结构不断优化升级的客观需要，是企业集群变迁的一种经济行为。企业个体的成本因素与企业集群的环境变量因素会影响企业环境成本的确认、计量与报告，也会对环境成本管理带来影响与冲击，进而促进环境成本约束机制的创新与发展。企业集群变迁中的环境成本约束机制就是这些因素综合作用的结果。德裔美国心理学家库尔特·勒温在《拓扑心理学原理》一书中提到，所有的主体行为的产生都是由内部要素与外部要素之间的相互作用和相互联系产生的结果。根据其原理，本书以公式(1)来反映企业集群变迁行为的一般规律：

$$G=f(C,E) \tag{1}$$

式中：G 代表企业集群变迁的主体行为，C 代表主体的成本变量，E 表示环境变量。该公式表明主体行为的产生是一个复杂的函数关系，包含双函数的互动过程。双函数分别代表着环境管制的企业主体成本和企业集群区域环境变量的互动关系，集群区域企业主体的成本变量和集群区域的环境变量是内生变量与外生变量在企业集群变迁的环境治理中的综合反应。

2. 企业集群绿色转型的环境治理

企业集群绿色转型中的环境治理通过外部的环境管制力量驱动集群变迁的方向与速度，激励集群区域企业的绿色技术创新，并通过环境成本约束机制引导企业的环境经营与可持续发展，使环境管制实现了内外互动的政策效果。强调企业集群变迁中的环境成本约束，能够使集群区域的绿色转型实现企业与企业、企业与集群整体之间的相互制约与良好互动局面的形成，体现出环境成本管理的整体性功能特征。企业集群在环境管制中的市场决定作用离不开环境成本约束机制的配合，只有将宏观的环境管制有机地转化为微观的环境成本约束，才能够更好地满足企业环境治理的内生需要，才能够使环境管制的目标落到实处。换言之，在环境管制中突出“环境成本”尺度的市场属性，是企业集群变迁的客观选择，也是各项因素发挥作用的基础。这是因为，企业集群绿色转型受多种因素的影响，只有坚守环境控制系统与信息支持系统综合应用的基本规律，才能够使要素之间保持紧密联系，并在相互依存的体系内发挥积极作用。

二、企业集群变迁中的环境成本触发机制

在企业集群变迁过程中，要全面认识环境管制与环境成本约束的关系，正确设计企业集群变迁中的环境成本触发机制。

1. 触发机制的满足条件

触发机制也可称之为触发子机制，它是环境成本约束机制中的重要内容。一般认为，在环境成本的博弈过程中，是否占据主导地位取决于两个条件。一个是获得性的因素，就是能够影响和决定在博弈中位置的因素。它是企业集群变迁过程中应该遵守的价值观体系。第二个条件是建立一个合理性的体系，使企业集群变迁过程在知识技能、制度创新等方面有一个发展的平台或支撑。企业集群变迁中"环境管制"与"环境成本约束"的融合机理，是研究企业集群变迁触发机制的理论基础。环境管制是一种"硬"的企业集群绿色化手段，它能够较快地实现集群区域环境质量的提高，如水质、气质与土壤等的"治标"效果；而环境成本约束则是一种"软"的绿色化措施，它通过环境科技在集群区域的应用，企业环境产品的生产与售后服务的完善等来实现集群制造业的升级换代，即是一种由生产型的制造走向服务生产型制造的过程。上述两种环境机制的融合，才能从根本上实现企业集群变迁的"治标"与"治本"，并且能够比较好地促进区域经济的发展，使集群企业在环境的"成本/收益"的比较中获益。

企业集群变迁是否向绿色方向转型，是存在不确定性的。从主观上讲，任何企业集群都希望绿色环保，生产出环境需要的产品，满足消费者需求。然而，在实际的企业集群变迁中，能够直接触发企业集群转型变迁的条件是外部环境管制增强，企业若不进行转型就无法生产，或难以持续经营，被迫引致变迁。由于企业集群区域自身条件的不同，集群与集群之间、集群内外企业之间等均会在环境成本博弈上进行机制的选择。诚然，环境管制是任何集群或企业无法逾越的鸿沟，企业集群变迁必须适应环境管制，并在此基础上考虑环境成本约束，只有两者实现有机融合的企业集群变迁，才能在市场竞争中胜出。从环境成本约束机制上考量，需要关注以下问题：一是不同行业或不同产品环境成本高低的选择。企业集群变迁必须既满足自身条件，又符合社会需要。二是变迁时点上环境成本高低的选择。企业集群若遵循环境管制要求，不能实现正常的满负荷生产，这种环保限产与环境成本的比较就是一种触发的转型条件，即迫使集群或集群企业思考变迁的紧迫性与可行性。三是变迁空间上环境成本高低的选择。通过企业集群变迁提升行业档次或改变产品品种结构等行为，使变迁的空间得到提升。这时的触发机制需要考虑的是企业集群变迁能否引导集群企业转型，比如能否从资金和技术能力上为集群企业提供帮助，稳定企业的情绪，这种转型成本（如环境技术成本、环境设施成本等）需要与环境成本约束展开博弈。

借助于前述公式 $G=f(C,E)$ 所体现出的企业集群变迁的行为特征，可以将企业集群变迁的环境成本博弈做如下的基本规范。

触发机制一:企业集群变迁无法满足环境管制的需要,即 $E<0$。此时,无论环境成本能否在企业集群变迁中发挥效应,这种企业集群变迁既无法推进,也不符合企业集群变迁绿色转型基本要求。

触发机制二:企业集群满足了环境管制的要求,即 $E>0$;然而,此时环境成本约束能力弱,即 $C<0$。企业集群变迁无法在环境效益上满足集群区域经营活动的成本效益原则,此时的企业集群转型也将面临困境,或无法推进。

根据上述两种触发机制的设计,企业集群变迁必须同时满足 $E>0$ 以及 $C<0$。换言之,企业集群变迁不仅要满足宏观层面的环境管制的规模边界需要,还必须兼顾环境成本约束的能力边界的需要,只有在满足环境管制的同时,还能够实现环境"效益大于成本"的环境成本约束,才能为企业集群的绿色转型提供可持续发展的驱动力。

2. 触发机制前提下的企业集群绿色经营

企业集群满足变迁触发机制的目的是实现集群区域企业的绿色转型。积极开展集群区域企业的绿色经营是保证企业集群变迁成功的基础,它是通过群内企业共同的环境保护协议来实现集群合作与发展的一种运行系统。当前,企业集群变迁中绿色经营正在持续完善与发展,并呈现出如表 4-4 所示的演进特征。

表 4-4 企业集群变迁的绿色经营体系

顾客响应	个体利益最大转变为整体利益最佳,集群内企业的一切价值增值活动都应以满足顾客绿色可持续的生态观为核心
维护整体利益	个体利益及牺牲环境等的竞争方式转向顾客导向及绿色可持续发展
集聚区域协作	由群内企业的环境成本管理转向集群区域的环境成本管理
综合的效益观	由成本效益向经营效益、经济效益与环境效益综合方向转变

如表 4-4 所述,在企业集群的变迁过程中,为了促进集群区域绿色经营目标的优化,必须扩展企业集群环境管制与环境成本约束的强度及工具的创新程度,从整个产业链或供应链的角度提升集群内外组织间环境的质量。首先,要树立企业集群变迁过程中的绿色经营理念。积极关注产业链、供应链关系,与上下游组织或企业之间的联系。随着企业集群的绿色转型,顾客需求的个性化特征增强,市场之间多维、动态、多边的交易开始形成,集群企业的个体利益必须最大限度地转变为集群整体利益的最佳化,相互信任、相互合作,使企业集群及供应

链环节能够在激烈的市场竞争中获得持续的优化。其次，进一步加强合作关系的构建。企业集群变迁增强了上下游合作伙伴的整体理念，导致与企业集群相关的供应链上下游企业之间信用度提高，进一步朝着顾客导向、协调合作的方向发展，通过产业链或供应链企业间的绿色经营、协同发展，不断降低顾客成本，提高顾客价值。最后，强化跨组织之间的协调能力。随着环保技术的升级，影响企业价值增值的最大障碍是组织间管理缺乏透明度。因此，企业集群变迁管理的重点应由组织内部转向组织之间。通过组织间关系的优化将集群区域企业管理的重点由组织内部转向组织之间，以获得集群区域持续的核心竞争力。企业集群变迁促进了区域内的企业从粗放式经营向集约式经营转变，即通过改进自身的管理或技术，快速适应新的环境，形成企业集群的新协同效应，共同获得新的价值增值。企业集群绿色转型在很大程度上依赖于协调与沟通，因此它需要较高的信息共享度以及超额利润的分享能力，只有具备这种共享才能刺激参与的企业在群体内更好地合作。企业集群变迁只有在与其所处的触发机制相匹配时，才有可能达到其所希望的经济后果，进而提升集群区域的经营业绩。

三、企业集群变迁中的环境成本博弈机制

在企业集群变迁的过程中，不同企业之间会在宏观环境管制与中观的集群环境经营之间展开博弈。这种博弈机制也是环境成本约束机制中的组成部分，或者可以称其为“博弈子机制”。

1. 以“环境成本”为尺度的企业集群博弈

在企业集群的变迁过程中，由于受集群所处区域的经济发展水平影响，触发机制所体现的环境管制与环境成本约束往往存在一定的“地区差异”(政策变异等)[①]，若能够采用“环境成本”作为尺度进行衡量，则可以提高触发机制的运用效率与效果。实践中，以“环境成本”作为尺度已有实践案例，如排污权交易就是一种具体的创新实践。在企业集群变迁中，“环境成本”这一尺度便于量化，促使集群区域内企业或企业集群自觉编制环境成本表，同时，可以设置一些“绿色转型”基金来驱动集群企业开展清洁生产等绿色经营，并加强对区域利益进行协

① 各种自然环境风险的产生一定程度上与科学技术和社会制度的失灵有关。其中，制度的失灵比较普遍。在环境管制诸类制度越来越多的同时，也“显得在阐述对于真理的社会性定义方面越来越不充分(Beck，1992)”。传统环境会计主要依据的是宏观视角的环境管制，由于缺乏中观与微观层面的环境成本约束，往往难以体现资源、环境与经济的联系，使得环境治理的效率与效果产生差异。

调。以“环境成本”为尺度的企业集群变迁可以构建一种“走廊理论”(或称“走廊机制”),从结构上看,就是以环境管制为上限,环境成本内部化与环境经营为核心内容,“环境成本”评价为下限的一条走廊,如图 4-4 所示。

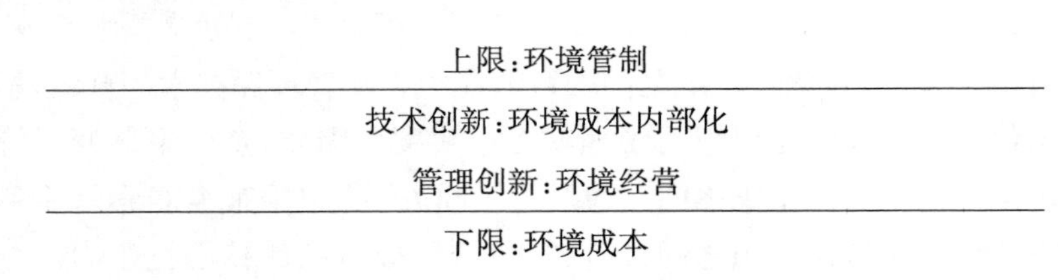

图 4-4　企业集群变迁中的“走廊理论”框架

图 4-4 表明,在企业集群变迁情境下,环境管制是集群区域必须遵循的环境控制的基本要求,环境成本内部化与环境经营是企业集群变迁绿色转型成功与否的核心内容,而环境成本则是企业集群变迁的底线,即企业集群绿色转型就是要符合环境成本评价的“尺度”要求,是环境伦理观与企业社会责任伦理观的内在体现。基于环境成本博弈的绿色转型,强调企业集群以环境效益与经济、组织效率为核心,以环境成本信息支持系统和管理控制系统为手段实施集群区域的环境清单管理与利益协调的一系列管理活动。一方面,将环境成本管理的要求嵌入产业转型的环境清单管理之中,实现产业区域整体与不同地区环境管理水平的提升;另一方面,借助于环境成本信息的披露加强利益协调,详见图 4-5。

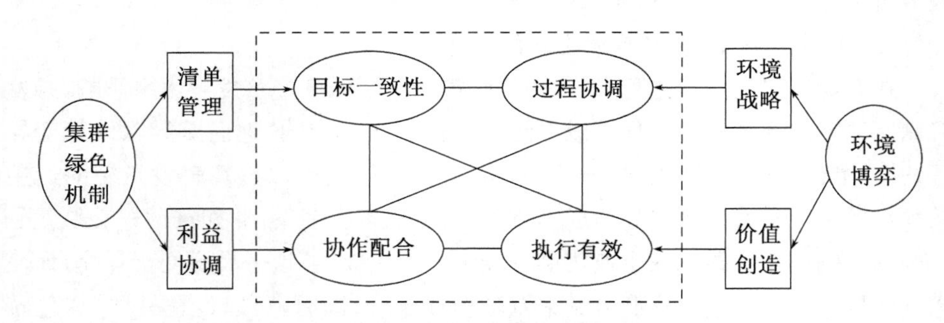

图 4-5　产业绿色转型与环境成本博弈的组织图

图 4-5 表明,产业绿色转型作为环境成本博弈的内在要求,通过环境清单管理和企业利益协调,可以使集群绿色机制在“目标—过程—协作—执行”循环过程中体现环境博弈,即通过路径优化与制度创新实现环境信息系统的丰富和环境控制系统的完善,使嵌入环境战略与价值创造的环境成本管理体系在提高企业集群绿色转型效率、实现企业价值增值的基本目标上发挥出积极的作用。

2. 环境成本博弈研究的重点与难点

环境成本博弈研究的重点是：无论是以环境成本作为博弈“尺度”，基于环境成本的确认与计量、环境成本的诊断与报告视角来探讨企业集群利益协调的环境成本补偿机制及其集群绿色转型的创新路径，还是以嵌入环境成本内部化战略的驱动力理论模型来构建博弈的支付矩阵，环境成本博弈的关键都是要在提高环境管理控制功能的同时，提高环境信息系统的支持效果。基于清洁生产为代表的环境经营来研究环境成本及其报告体系，不仅是企业集群可持续发展的内在要求，也是提高企业集群环境信息含量的客观必然。首先，要加强环境信息系统建设。必须借助于环境成本的信息支持系统合理界定环境成本的内涵与外延，强化环境成本的日常记录与控制，提高环境成本管理的适时性和融合性，为管理者提供战略决策所需要的环境信息。其次，突出环境经营的理论研究。一是明确环境经营与环境成本的相关性，推动环境成本约束活动的开展，使传统的环境成本管理进一步扩展为环境成本经营；二是对环境成本资本化提出基础方法和实践标准；三是对注册会计师在环境成本信息披露独立审计中涉及的审计范围、风险判断、审计过程和方法提出明确的规范。

环境成本博弈研究的难点是：环境管制可能会引起若干参数发生不同方向的联动，从而造成博弈无解，因此环境管制的宏观调控对博弈参数的影响是本书研究的难点之一。可以通过规范环境报告来明确各项参数的内涵与外延：一是对生产经营信息加以归结，主要包括温室气体排放的环境成本信息、资源有效利用的成本信息、资源再利用的成本（如污染处理再利用、其他资源再利用的成本信息等）、污染控制成本（污染防止费用、依法缴纳排污费用、化学物质控制的成本信息等）。二是企业集群上下游供应商、顾客与消费者的环境成本信息，如环保产品形成与设计环节的信息等。三是环境控制费用，如环保人员工资、ISO标准贯彻与环境审计的费用、培训辅导费用等。四是研发费用，主要是企业集群区域环境治理的费用，包括产业定位、产品创新、流程改造等的费用。五是社会公共费用，包括如何引导企业集群区域的企业个体开展环境经营，促进企业集群整体的环境形象提升的费用，以及社会环保捐助和环境信息发布的费用等。六是环境损害费用，包括生产结束后的土壤等的修复费用等。以环境报告的内容来规范企业集群的环境经营，可以使宏观层面的环境管制更具针对性，一方面有助于投资者与社会公众的监督与评价；另一方面也有助于环境信息的定量化，并获得社会各界对企业的认可与赞赏，提升企业的价值增值。

3. 环境成本博弈的分析

在企业集群绿色转型过程中，有两家企业均在同一集群之中，假设一家企业以应对外部环境管制为主，另一家以集群内部的环境成本约束为主。满足环境管制的企业，环境社会成本比较高，如果不能很好地适应市场需求，环境效益与经济效益就难以匹配；另一家注重环境成本约束的企业，如果能兼顾好环境管制的要求，则能够达到经济效益与环境效益的统一。

为便于模型设计，本书中模型构建的相关符号说明如下：① C_1 为企业仅注重环境管制时的成本；② C_2 为企业仅强调环境成本约束时的成本；③ f 为企业集群对于企业环境行为感到满意时的效用；④ k_1 为企业集群为企业 1 投入的环境代价；⑤ k_2 为企业集群通过从企业 1 向企业 2 传递绿色经营的转换成本；⑥ r 为企业集群整体愿意支付的环境代价；⑦ p_1 为企业集群在企业 1 环保投入实际支付的代价；⑧ p_2 为企业集群在企业 2 环保投入时实际支付的代价；⑨ U 为社会环境的效用。

根据上述分析，我们做如下假设，以便为后述的模型构建提供基础。

(1) 企业集群区域存在两家相同类型的企业(以下简称“企业 1”或“企业 2”)，尽管它们生产的产品必须同时满足环境的需要，然而由于企业条件的不同，两家企业在环境管制与环境成本约束上的做法存在明显的差异。

(2) 企业集群变迁过程中对上述两家企业(即“企业 1”和“企业 2”)中的环境控制要求大致相同。假设“企业 1”认为环境管制能够使集群愿意以预定的代价 r 对自身进行投资，并获得 $r+f(f>0)$ 的效用(假设集群满意的环境行为信息的效用为 f，满意时 $f>0$)；而“企业 2”同时也提供此类型且可能更好的环境行为。通过某种方式，企业集群可以了解到“企业 2”的环境成本约束行为。若企业集群对“企业 2”的环境控制行为进行比较后，觉得对“企业 1”的环境投入有些偏多了，即环境投入的期望效用低于变迁前集群区域实施环境行为的效用。换言之，假设企业集群环境行为满意($f>0$)的概率为 q，则不满意($f<0$)的概率为 $1-q$(相反，则为“企业 2”的环境投入行为，不满意的概率为 q，满意的概率为 $1-q$)，那么 $q<1/2$(对“企业 2”的环境控制行为满意的概率)应该比“企业 1”的高，即 $1-q>q$，所以 $q<1/2$，亦即企业集群只有有限的环境资源，他们随时有可能改变自己的环境投入意向(只要当企业集群发现有更好的环保投入对象，投资行为就会随之转变)。

假设集群区域的企业存在 3 种环境管理方式：

(1) 仅强化环境管制，设其成本为 C_1；

（2）只关注自身的环境成本约束行为，将成本设为 C_2；

（3）环境管制与环境成本约束行为同时关注。

首先，企业仅强化环境管制的策略与效用分析。就“企业 1”而言，企业集群有 3 种基本策略：① 选择既有的企业环境策略；② 适当进行环境投入；③ 寻找新的环境投入领域。上述第一种策略，企业集群整体环境得不到任何效用（选择不投入，以静制动）。第二种策略，获得相应的环境效用，量化形式为 $r-k_1$。考虑到企业集群实际投入的代价，设为 p_1，则企业集群的环境效用为 $r-k_1-p_1$（假定 $p_1\leqslant r-k_1$）。第三种策略，在可能的概率 q 下，企业集群通过更换环境项目来获得企业集群变迁所需的环境行为结果（即 $f>0$），获得的效用 $r+f-k_1-p_1$；若企业集群觉得不满意（$f<0$），则会有 3 种选择：① 继续原来的集群区域环境行为，但集群区域的企业已有不满情绪（由于不满意，预期效用为 $r-f$，其他的一样），取得的效用为 $r-f-k_1-p_1$；② 同比例增加环境资金的投入，取得的效用 r 不变（预期效用），实际效用为 $r-k_1-k_2-p_1$；③ 不实施环保投入，则其获得的效用为 $-k_1$，表现为企业行为过程中的环境成本。

（1）企业集群不干预的决策。在这一均衡中，企业的环境成本为 $p_1=p_2=r-k_1$，环境收益为 $r-k_1-C_1$，企业集群收益为 0。

条件一：分析“U_s（干预）$\leqslant U_{ns}$（不干预）$=0$”的情况。先求干预效用的期望值，因为企业集群满意时概率为 q，所以投向绿色新领域的环境效用为

$$U=r+f-k_1-p_1$$

企业集群不满意时概率为 $1-q$，继续使用原有环境设备的效用为

$$U=r-k_1-k_2-p_1$$

所以，干预后获得的收益期望值 U_s 为

$$U_s=q\times(r+f-k_1-r+k_1)+(1-q)\times(r-k_1-k_2-r+k_1)\leqslant 0$$

由此得出条件一：

$$q\cdot f-(1-q)\cdot k_2\leqslant 0$$

由于企业集群不干预，环境决策表现为一种均衡状态。此时，企业将按企业集群既有环境规范存在于企业集群之中。从环境控制角度考察，每家企业的需求均为 1，收益为 $r-k_1-C_1$，企业集群剩余为 0。

条件二：分析“$U_s>U_{ns}=0$”的情况，即通过较低的环境成本来达到吸引企业集群的关注。正如条件一所得出的情况那样，U_s 的期望值为

$$U_s=q\times(r+f-k_1-p_1)+(1-q)\times(-k_2)\geqslant 0$$

得出 $$p_1<\left[r+f-k_1-\left(\frac{1-q}{q}\right)\cdot k_2\right]$$

它表明，在现行的环境成本条件下，企业虽得不到来自集群层面的环保投入支持，但可能会吸引到一些社会的环保投入，其概率为 q。此时，其对企业的预期需求为 $1+q$，总的收益情况为

$$(1+q)\cdot\left[r+f-k_1-\left(\frac{1-q}{q}\right)\cdot k_2-C_1\right]$$

这一收益因环境成本的增加自然比原来的收益小 $r-k_1-C_1$，这样得出条件二：

$$(1+q)\cdot\left[r+f-k_1-\left(\frac{1-q}{q}\right)\cdot k_2-C_1\right]<r-k_1-C_1$$

条件三：基于企业集群绿色转型考虑，企业的环境成本决策必须满足 $r-f-k_1-p_1\geqslant -k_2$（干预的效应大于不干预的效应），故 $p_1\leqslant r-f-k_1+k_2$，其中的外部社会由于受企业环境成本约束的良好社会责任吸引，企业获得的价值杠杆系数为 2，其收益为 $2\cdot(r-f-k_1+k_2-C_1)$。通过追加环境成本约束（企业自身主动积极的环保投入），该收益比原来的收益 $r-k_1-C_1$ 小，由此得出条件三：$2\cdot(r-f-k_1+k_2-C_1)\leqslant r-k_1-C_1$。

（2）企业集群干预条件下的均衡。假设企业集群经过干预后，还是无法获得绿色转型的路径选择，并且仍然按原有计划实施企业的环境行为。在该博弈均衡中，企业的环境成本效应为：$p_1=p_2=r-k_2$，相应的收益为 $f-k_2-C_1(>0)$。企业集群的收益为 $U_s=q\cdot(r+f-k_1-p_1)+(1-q)\cdot(r-k_1-k_2-p_1)(>0)$。

条件一：企业集群主动干预时的均衡条件，即 $U_s>U_{ns}=0$。由此，推导出条件一：

$$q\cdot f-k_1+q\cdot k_2>0$$

条件二：企业实施社会责任行为，在企业集群中严格规范自身的环境成本约束。此时，企业收益自然小于原来的收益，且得到

$$q\cdot\left(r+f-\frac{1}{q}\cdot k_1-C_1\right)<r-k_2-C_1$$

条件三：企业集群在环境管制情况下，仍然按以往的环保投入进行环境管理。此时，企业的收益仍然小于原来的收益，故得到

$$(1+q)\cdot\left(r-f-\frac{1-2q}{q}\cdot k_1-C_1\right)<r-k_2-C_1$$

条件四：考虑企业集群干预后不实施环保投入。企业收益仍然比原来的收

益小，即 $2\cdot(r-f-C_1)<r-k_2-C_1$。值得注意的是，这里同样需要对均衡条件下的 f 做一些限制，即 f 应大于 k_1 和 k_2，这样才有可能吸引企业集群实施积极的绿色转型行为。同时，f 应大于 C_1，其目的是使那些不自觉实施环境成本约束行为的企业得不到任何效用。最后，若 f 过大，环境成本决策会选择将成本定得比 r 高。然而，即便企业的环境成本偏高，因企业集群没有环境付出，并仍然获得一定的 f，这对强化企业集群绿色转型的动力就会不足。必须将集群整体与企业个体的环境行为结合起来，使 f 不仅体现环境管制的效应，还需要注重环境成本约束。否则，企业集群整体的 f 就会很小，其目的是促进企业集群强化对企业个体的环境干预，主动实施集群区域的绿色转型。

其次，企业同时强化环境管制与环境成本约束的行为策略及其效应分析。通过管理控制与环境成本约束的融合，表现出一些明显的情境特征：一是企业集群绿色转型得到广泛响应，企业自觉强化环境管制，由此产生出集群区域环境成本节约，即 k_1；二是企业开展环境成本约束，吸引社会资本开展环境经营。一方面，提高了企业集群绿色转型的效率；另一方面，企业强化环境成本约束提高了集群区域的环境形象。结合上述两种情境特征，如果企业集群借此进一步科学规范集群区域的环境设备投入，以及开展集群区域的环境制度建设，则环境治理的成本会更低。

就“企业 1”而言，企业集群有 3 种基本决策选择：一是不干预，也不进行环保投入。此时，收益为 0。二是不干预，但纳入集群区域环境控制的路线图中，可以适时地进行环境设备投入。相较第一种决策选择，这种策略节省了环境成本 k_1，其获得的收益为 $r-p_1$。三是干预，其收益状况随企业集群策略的转变而变动。一方面，对于概率为 q 的企业集群来说，因找到了环境治理满意的方案（$f>0$），其获得的收益为 $r+f-k_1-p_2$。另一方面，在干预之后觉得不满意时 $f<0$，还可分成 3 种情况：① 选择维持原有环保的投入，其收益为 $r-f-k_1-p_2$；② 使用原来的环境设备，以节约集群干预的环境投入资金，所以其收益增加为 $r-k_1-p_1$；③ 如果不进行环境投入，收益为 $-k_2$。以下分两种情况进行讨论。

（1）企业集群不干预的均衡。此时，企业的环保投入的代价为 $p_1=p_2=r$，收益为 $r-C_2$，企业集群的收益为 0。

条件一：“企业 2”实施环境成本约束的行为时，如果满足 $U_s<U_{ns}=0$，企业集群会去干预，并且 U_s 的期望值为

$$U_s=q\cdot(r+f-k_1-p_1)+(1-q)\cdot(r-k_1-p_1)=q\cdot f-k_1<0$$

相应地，得到条件一：

$$q \cdot f - k_1 < 0$$

条件二：同样，当“企业 2”采取环境成本约束策略时，若满足 $U_s > U_{ns} = 0$，则企业集群也会加以干预或引导。若“企业 2”环境管制的比重为 q 时，环境管制的环境成本为 $q \cdot C_1$，环境成本约束的费用为 C_2，故总的环境控制代价为 $q \cdot C_1 + C_2$。参考仅有环境管制的情况，同上，得到条件二：

$$(1+q) \cdot \left(r + f - \frac{k_1}{q}\right) - q \cdot C_1 - C_2 < r - C_2$$

条件三：利用环境成本约束的积极性，将企业集群原先计划投入“企业 1”的环保资金吸引过来，并加速企业集群的绿色转型。与仅有环境管制状况相似，同理，得到条件三：

$$2 \cdot \left(r - f + \frac{k_1}{1-q} - C_2\right) < r - C_2$$

（2）企业集群引导的均衡。假如企业集群无法确立有效的区域环保资金预算，其可以要求区域内企业将需要的环保投入情况报告至集群组织，通过建立公共的环境设备或污染处理中心来加以绿色转型。在这种均衡条件下，企业环境成本为 $p_1 = p_2 = r$，企业收益为 $r - q \cdot C_1 - (1-q) \cdot C_2$，企业集群的环境剩余为 $q \cdot f - k_1 (>0)$。需要指出的是，此时企业的环境成本为 $q \cdot C_1 - (1-q) \cdot C_2$。相对于维持原有环境行为，企业环境成本为 $(1-q) \cdot C_2$。而对于绿色转型不及时的经营行为，企业的环境成本为 $q \cdot C_1$。较之于前一种均衡条件，环境成本约束并未发生变动。在这一均衡中，由于企业集群引导或干预使预期效用得以增加，企业集群剩余也相应增加。此时，均衡条件如下：

$$q \cdot f - k_1 > 0$$

$$q \cdot \left(r + f - \frac{k_1}{q} - C_1\right) < r - q \cdot C_1 - (1-q) \cdot C_2$$

$$(1+q)\left(r - f + \frac{k_1}{q}\right) - q \cdot C_1 - \cdot C_2 < r - q \cdot C_1 - (1-q) \cdot C_2$$

$$2 \cdot \left(r - f + \frac{k_1}{1-q} - C_2\right) < r - q \cdot C_1 - (1-q) \cdot C_2$$

四、企业集群变迁中的环境成本运作机制

运作机制是环境成本约束机制中的第三个子机制，或称其为“运作子机制”。企业集群变迁中的环境成本运作机制就是要引导集群区域实施产业的绿色转

型，满足产业政策层面"生态文明建设"的客观需要。企业集群变迁中的运作机制是在与环境成本约束的触发机制和博弈机制的共同作用下合理有效地利用集群区域的生态资源，强化区域企业开展环境经营，提高集群区域生态要素的效率与效益。诚然，环境成本管理体系由环境成本控制系统和环境成本信息支持系统构成。企业集群变迁中的运作机制同样需要将环境成本作为一种衡量的"尺度"，并通过合理设计环境成本运作机制来优化环境成本行为，增强环境成本管理的有效性和可操作性。

1. 企业集群变迁的运作机制：促进企业经营方式的创新

长期以来，企业经营模式的特点之一是片面强调规模效益，忽视环境成本的存在，降低了成本信息的决策价值。企业集群变迁向绿色转型方向进行运作离不开环境方式的创新驱动，环境经营是集群企业环境成本约束的一个重要手段（冯圆，2016）。环境经营有助于企业集群在市场竞争中获得优势地位，并发挥集群的集聚效应。必须从长期、战略的高度来看待环境成本问题，加强企业集群产品研发、设计、市场开拓等全产业链的绿色转型。环境经营中常用的成本控制方法主要有：① 生命周期成本法。生命周期成本法是对产品（过程和作业）在整个生命周期里的所有成本进行确认与计量的方法，其目的是将环境成本引入产品的总成本中。具体应用时涉及成本分解结构、建立环境成本台账，选择适当的方式对经营活动各环节发生的成本进行计量，开展盈亏平衡分析、环境风险分析和经营敏感性分析等。② 作业成本法。环境经营中引入作业成本法，主要目的是便于开展环境成本分配，通过资源动因分配到相应的环境成本库之中，可以对每个环境成本库引发的成本表征进行事项分析，选择合适的成本动因，并进行成本动因比率分析，最后完成环境经营的产品成本核算与控制。由于企业规模、性质和生产内容等的差异性，作业成本动因的分配要准确把握匹配的系数，以体现公平性以及环境成本管理的科学性与合理性。

2. 企业集群变迁的运作机制：推动环境经营的不断深入

环境经营适应了企业集群绿色转型的要求，传统的生产与消费结构转向环境友好的经营模式，以绿色为导向的设计、生产工艺、材料和产品、顾客销售等成为生态文明建设的内在要求。资本市场对企业的环保形象和环境业绩十分注重，企业集群整体的环境经营状况将会影响集群区域个体企业的对外融资。从企业集群经贸活动来看，外贸活动中面临的绿色壁垒也在持续增加，出口产品不仅要符合环境要求，而且规定产品的研制、开发、生产等各环节都要满足特定的环境技术标准等要求。企业集群变迁的运作机制推动着环境经营在区域企业中的广泛应用,并且成为企业集群绿色转型的必然选择。宏观层面适度的环境管制能够引发技术创新,降低企业生产成本,提高产品质量和生产效率,从而形成企业的竞争优势,即环境管制促进了清洁技术的应用,刺激了企业治污和生产技术创新,达到了提高生产效率与污染治理的双重目的。中观层面的环境经营通过环境收益与环境成本的比较来实施经营模式的创新与应用,它不仅关注宏观层面的环境管制,更多地引导微观层面企业的环境成本核算,并主动加入企业集群的环境成本约束体系之中。从环境经营的外延上看,它除了企业集群内部的绿色经营外,还要实施全产业链的绿色经营,进而从根本上保证企业集群的可持续发展需要。

由此可见,环境成本约束机制是借助于触发机制、博弈机制和运作机制等发挥综合作用的。在这 3 个子机制中,触发机制是宏观环境管制的重要手段,也是宏观环境政策与制度传导到中观集群区域与微观企业的主要工具,是一种生态文明建设的守护机制;博弈机制是集群区域企业之间响应环境管制要求与开展环境经营的衔接机制;运作机制则是企业在成本效益原则指引下开展环境经营的保证机制。后续的第五章就是宏观环境管制传导至集群区域的应用情景,即借助于触发机制与博弈机制开展环境成本效应的实证分析;第六章则是环境成本约束机制下运作子机制在企业层面应用的体现。

第四节　本章小结

从环境成本约束向环境成本约束机制的转变促进了集群区域企业之间开展环境成本与环境收益的比较与分析。从企业集群变迁的环境成本动因着眼,可以进一步划分为结构性动因与执行性动因,前者注重宏观的环境管制,后者强化环境成本约束(包括环境经营与环境成本核算)。环境成本约束机制是一种由宏观、中观与微观融合的“立体”结构组成的环境管理体系。由于宏观的环境管制会迫使集群区域在环境管制强度认知和环境管制工具投入等方面做出判断与选择,进而给集群区域企业的环境成本带来影响。因此,可以将其理解为“宏观层面的环境成本管理”。中观层面的企业集群环境成本管理则主要表现为对环境经营方式的倡导及其组织实施,微观企业的环境成本管理更多的则是通过环境成本核算完善环境成本的内部化等具体工作。企业集群变迁是生态文明建设的内在驱动,是产业绿色转型的供给侧结构性改革。以“环境成本”作为尺度来衡量企业集群绿色转型的优劣标准已被社会各界高度关注。

综合发挥宏观环境管制与中观、微观环境成本管理在企业集群变迁中的功能作用，是集群区域国际贸易发展的客观需要，并对逆全球化思潮下的贸易保护主义有积极的应对效应。借助于企业集群的绿色转型，集群区域严格的环境标准和高度的环境保护意识是国际自由贸易规则（FTA）的内在要求，高质量、高标准与严要求的 FTA 离不开环境标准或制度的支撑。绿色发展是世界经济发展的新趋势，环境保护已成为集群区域企业的基本共识，区域内的企业主体不仅需要考虑企业生产环节的产品绿色问题，还需要同时关注产品上下游整个生命周期的绿色与环保问题。环境管制激励着集群区域企业的绿色技术创新，并通过环境成本约束机制引导企业的发展方向。作为一种组织形式，企业集群变迁的边界需要从经营规模和能力资源等路径加以扩展，并使“环境成本分析”与“环境收益分析”实现统一。本章以集群绿色转型过程中的两家企业为例，就环境管制与环境成本约束展开了博弈分析。研究表明，只有在满足环境管制的同时，充分发挥环境成本约束机制的功能作用，集群区域的企业才能达到环境效益与经济效益、组织效益的统一。

第五章　企业集群变迁中的环境管制与环境成本效应

企业集群变迁是一个复杂的系统工程。基于环境成本管理视角的企业集群变迁，对于促进集群或相关区域产业的绿色转型起着积极的促进作用。只有充分发挥环境成本效应机制，并在环境管制的前提下主动将“环境成本”尺度作为企业集群变迁的一个重要变量加以思考和应用，企业集群绿色转型的路径及制度安排才能够有的放矢，集群变迁也才能够实现预定的目标。

第一节　企业集群变迁中的环境管制

企业集群变迁是指企业集群的绿色转型，这一转型过程受外部宏观环境管制的推动，以及集群内部环境成本约束机制的支撑。波特(1990)认为，企业集群能够对产业的竞争优势产生广泛而积极的影响。[①] 集群能够提高生产率，能够提供持续不断的公司改革的动力，促进创新，能够促发新企业集群的诞生。

一、企业集群变迁中环境管制的重要性

产业绿色转型体现了生态系统对企业集群变迁的内在要求(Spaargaren 等，1992)。面对工业化对生态和环境遭受破坏的现状，推进绿色生态、循环经济、低碳发展已成为企业集群变迁的一个重要方向。通过环境管制引导企业集群绿色转型，有助于从源头上扭转生态环境的恶化趋势。[②]

1. 环境管制的生态需求：诱导企业集群绿色转型

基于生态文明建设的环境管制，有助于从产业结构上淘汰高耗能、高排放企

---

① 如前面章节所述，我国的企业集群大致有 3 种发展模式：一是横向分工的企业集群发展模式；二是卫星平台型集群发展模式；三是衍生型企业集群发展模式。

② 源头就是空间格局、产业结构、生产方式和生活方式等。其中，产业结构最为突出，这也是本书强调企业集群变迁重要性的原因所在。

业，进一步加快现有企业集群在生态共生情境下的变迁及变迁管理，亦即环境管制作为一种制度安排，其管制政策与制度是政府监管部门强化环境管理的重要手段（马小明、赵月炜，2005），具有推动企业集群绿色转型的重要作用。比如，企业集群变迁中的绿色技术引入以及环境设备投资等，都是与环境管制的强度密切相关的（Gray、Shadbegian，1998；Farzin、Kort，2000）。

企业集群变迁要尽可能实现向绿色技术产业的转型。绿色技术产业要求企业集群按照生态共生理念实施集群区域企业的环境经营。现阶段，人类生产和生活所依赖的化石能源已面临枯竭，温室气体大量排放危及人类自身安全（乔根·兰德斯，2010）。人类必须发展为生产生活提供廉价电力的新能源，提供代替石油的新一代燃料和高密度储能的材料、器件和技术等。对于集群区域的每一经营主体而言，首先，需要在产品开发阶段综合考虑与产品相关的生态环境问题，将环境保护、人类建康和安全意识有机地融入具体的环境成本管理活动之中（徐玖平、蒋洪强，2003）。其次，从环境管制着眼，企业生产的产品是符合绿色生态要求的。比如，用户在使用这些产品时，不会产生环境污染或只有微小的污染；报废产品在回收处理过程中产生很少的废弃物。同时，最大限度地提高资源利用率，通过生态设计减少产品中材料的使用量或种类，特别是稀缺材料，杜绝有毒、有害材料的使用；并在满足产品基本功能的前提下，尽量简化产品结构，合理使用材料，使产品中零部件能够得到最大限度的再利用（洪名勇，2013）。此外，提高企业集群区域的能源利用率，使产品在其生命周期的各个环节所消耗的能源最少，满足生态设计的需要，这种生态设计与传统设计的差异性如表 5－1 所示。

表 5－1　生态导向与传统导向的比较

比较内容	生态设计	传统设计
成本关注	生命周期成本	生产成本
环境治理类型	污染预防	先污染后治理
环境响应	主动性	被动性
经济效益	企业与用户经济效益最大化	企业内部经济效益最大化
环境效益	生命周期环境损害最小化	较少、不刻意追求
可持续性	高	低

2. 全生命周期环境成本管理是环境管制下企业集群可持续发展的前提

从绿色可持续发展的要求出发，全生命周期的环境成本管理应从产品开发、销售直到淘汰整个环节进行企业集群的绿色转型规划。依据环境管制的目标要求，全生命周期的环境成本可以分为以下3类：一是生产环节成本，是指在生产过程中与生产直接有关的环境成本，如直接材料、直接人工、能源成本、厂房设备成本等，以保护环境为主所发生的生产工艺支出、建造环保设施支出等；二是管制成本，它是指遵循国家环境法律法规而发生的支出，如排污费、监测监控污染的成本等；三是潜在成本（或有负债），它是指已对环境造成污染或损害，而法律规定在将来发生的支出。企业集群变迁需要结合环境成本内部化要求，对集群内企业的产品开发与老产品改造，依据环境管制进行重新规划。对于生产环节，成本可以直接从账簿中取得实际发生的数据；对第二类，成本可以根据成本动因进行归结分配；而第三类，成本需要采用特定的方法进行预测，如防护费用法、恢复费用法和替代品平价法等。具体如表5-2所示。

表5-2　产品生命周期各阶段的环境与环境成本

生命周期阶段	可能产生的主要环境问题	可能产生的主要环境成本	典型事例
原材料获取	资源消耗和固体废弃物	获取原材料产生的环境成本、采购环境材料的追加成本、固体废弃物处理成本等	采购环境材料
材料制造与加工	温室效应、资源消耗、空气污染、固体废弃物、物种减少	污染物排放控制成本、污染物治理成本、环境管理系统成本、环境事故或公害的赔偿金和罚金、各种环境资源消耗成本等	能源消耗和工业“三废”
产品生产	温室效应、臭氧层裂化、空气污染、污染和资源消耗	产品环保包装支出、运输过程中能源消耗成本、消费过程中产生污染的治理支出等	产品包装材料、交通运输和产品维护
产品使用或消费	温室效应、资源消耗、空气污染和固体废弃物	产品环保包装支出、运输过程中能源消耗成本、消费过程中产生污染的治理支出等	产品包装材料、交通运输和产品维护
再生循环	空气污染、水污染和资源消耗	再生循环项目投资费用与运营费用	再循环和再利用
废弃	温室效应、臭氧层裂化、资源消耗、空气污染、水污染和固体废弃物	废弃物的收集、运输、焚烧或填埋成本等	焚烧、掩埋和回收

3. 企业集群变迁是环境管制有效贯彻的保证

环境管制的有效贯彻，需要企业集群绿色转型的配合，除了需要清楚企业集群每一经营主体的环境状况外，还必须把握各主体环境需求之间的相互关联及协调机制。诚然，从企业集群区域的经营主体考察，嵌入生命周期成本法进行的环境成本管理是环境管制有效实施的保障。具体包括：① 绿色材料设计。原材料处于生命周期的源头，选择绿色材料应考虑是否符合能够自然分解、不加任何涂镀、加工中污染最小、报废后污染最少等条件。② 绿色工艺设计。在设计时应考虑以传统工艺为基础，结合材料科学、表面技术、控制技术等高新的先进制造工艺技术。③ 绿色包装设计。在设计时应考虑采用绿色包装材料研发、回收利用技术，包括结构性技术研发、包装物回收处理等技术。④ 回收处理设计。在设计时应充分考虑产品零部件及材料回收的可能性、回收价值的大小、回收处理方法、回收处理结构工艺等与回收有关的一系列问题，以达到零部件及材料资源和能源的充分有效利用。⑤ 产品使用设计。在设计中应尽量进行原材料使用的设计、能源和水的使用设计及可拆卸设计等。以上 5 个方面均需要结合环境管制的政策制度进行“管理创新”与“技术创新”，进而使企业集群绿色转型实现持续性的成功，如图 5－1 所示。

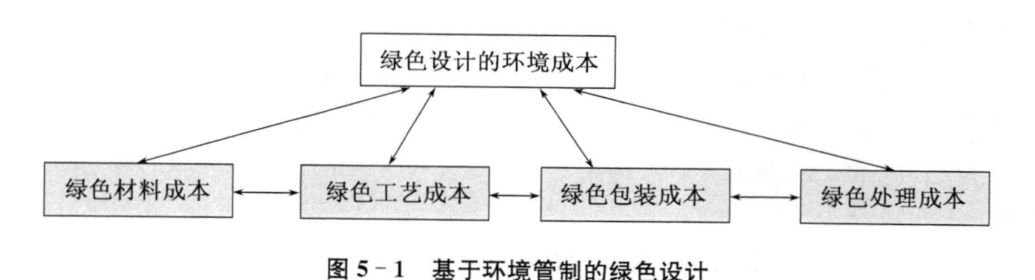

图 5－1　基于环境管制的绿色设计

二、企业集群变迁中环境管制的定位

环境管制与环境成本管理是企业集群变迁中的两个重要推动力量。相较而言，宏观的环境管制是企业集群变迁的外生变量，中观与微观的环境成本管理（环境经营与环境成本核算）则是内生变量。环境管制注重从政府宏观视角对企业进行环境控制，环境成本管理强调为企业内部环境决策服务。明确企业集群变迁中环境管制的定位，有助于使两者在集群经营主体间形成一个共同的环境治理战略框架。

1. 基于企业集群变迁的环境管制特征

环境管制是宏观政府对被管制者施加的一项重要管制内容,当前的重点是产业结构的绿色转型、“三废”管理制度的优化,以及能源结构的合理配置等。“环境管制”已经将环境与经济、发展与生态紧密地予以联结,使各项环境政策、制度在企业及其所在的产业集群中发挥更好的效应,提高其贯彻落实的效率与效果。比如,借助于自然资源与环境资产表,可以将宏观环境成本信息有机嵌入,恰当地反映资源、环境与经济的内在联系。[①] 强化环境管制,引导企业集群绿色转型,并向社会提供环境报告等的环境信息成为社会对集群区域企业的内在要求。环境管制的作用对象主要是直接造成环境污染或环境损害的行为者,包括企业、社会组织、个人等(潘煜双、徐攀,2014)。现阶段,我国环境管制的基本手段是法律、行政和经济手段。法律手段是环境管制政策的主要体现,它以环境立法形式确立并获得法律地位;行政手段则以政府指令的形式发挥强制力,其在政策实施过程中的作用较为突出;经济手段则是一种辅助手段,是行政手段的补充,往往以收费、罚款等形式加以体现。长期以来,我国的环境管制以行政直接控制的环境政策为主导,虽然花费了巨大的执行成本,但环境管制的效率与效果并不明显,且存在“劣币驱逐良币”现象,进而使政府和企业在环境管制的博弈中长期处于非合作的状态。对于微观企业而言,政府的环境管制作为外生的管制变量,与其自身利益的相关性不直接或偏弱,尤其是处于产业集群区域的企业更是如此。为摆脱这一现状,可以从中观层面的环境经营入手,亦即将环境管制嵌入企业集群的环境成本管理活动之中,形成一种内生于集群区域的环境成本约束机制。

2. 环境管制在企业集群变迁中的地位

环境管制的目的是要提高环境资源的利用效率与效果,实现环境资源配置的最优化。党的十九大提出中国经济社会进入“新时代”,环境资源的有效配置

---

① 2016 年 8 月,国务院《关于降低实体经济企业成本工作方案》(国发〔2016〕48 号)提出了“6+2”方案(即降低税费成本、融资成本、交易成本、人工成本、用能用地成本、物流成本等 6 项成本,以及提高企业资金周转效率、鼓励和引导企业内部挖潜等 2 项保障措施),表面上似乎没有提出降低环境成本的要求,而实际上这“6+2”方案本身已经内含了环境成本管理的思想。这是因为,环境成本具有复杂性与不确定性,它不能通过采取降低环保标准等来降低成本。环境成本管理是实体经济企业降低成本的一项不可或缺的工作内容,在环境治理压力提高和生态文明建设持续推进的情境下,环境治理成本已成为企业集群绿色转型中的一项重要课题。

需要解决环境美好与环境治理不平衡不充分之间的矛盾，即面对环境生态资源的不平衡性，借助于环境管制，通过宏观层面的环境政策、制度的完善与发展，提高环境治理的针对性，以及实现环境资源配置的最佳组合。将环境管制嵌入企业集群绿色转型过程之中，是"新时代"环境治理的内在要求。环境管制追求的是包括经济效益、环境效益与社会效益在内的综合效益（原毅军、耿殿贺，2010），但实施结果往往是环境效益和社会效益大于经济效益。欲提高政府环境管制的有效性，必须结合企业集群及其变迁特征加以丰富与完善，亦即环境管制所体现的政府层面的环境政策制度如果离开了企业层面的环境成本管理的控制系统和信息支持系统，企业集群的环保意识和环境治理将无法得到充分的发挥。基于企业集群变迁的环境管制必须具有"立体思维"。

首先，宏观层面的环境管制需要进一步完善污染许可证、排污权交易等以市场为基础的环境治理工具，提高企业集群环境治理的积极性，实现集群区域企业经济效益、环境效益与组织效益的统一。环境管制政策作为行政导向的制度安排，往往存在"双重效应"①（傅京燕、李丽莎，2010）。严格的环境管制会增加企业的生产成本，制约企业集群变迁的速度和效率，并导致竞争力的丧失（Arouri等，2012）。然而，较低的政府环境管制对企业环境治理起着负面影响。比如，企业开展环保投资行为的主动性不强（唐国平等，2013），即使有企业愿意进行环境治理，大都也是迫于降低环境遵守成本的目的（Maxwell、Decker，2006）。必须明确宏观环境管制的定位，它既是企业集群环境治理和生态保护的推动力，也是集群区域企业环境经营需要考虑的最主要因素之一。政府的环境管制，一方面要完善政策制度的体系结构，另一方面要强化环境管制的执行力度（杨志忠、曹梅梅，2010）。宏观的环境管制需要与中观企业集群的环境经营结合，以引导微观层面的企业开展环境成本管理的积极性。

其次，中观的环境成本管理需要将环境成本战略、产业结构转型中的环境治理纳入环境经营的范畴之中。企业集群区域因资源禀赋、环境容量、经济发展水平、资源能耗强度和生态状况等的不同，环境管制政策对该区域企业的影响程度也存在一定的差异（沈能，2012）。因此，中观层面环境成本管理的关键是引导和强化产业或产品转型升级中的环境经营。对集群区域的经济发展来说，各级政

---

① 政府环境管制政策相对宽松时，集群区域治污积极性不高，毕竟治理污染的环保投入在短期内是会增加企业的生产成本的（Porter、Vander Linde，1995；Arouri等，2012），此时企业集群绿色转型的变迁需求不大，即便受到环境税费和环境罚款，相对生产收益来说，比重偏小。

府面临行业或产品转型的压力成本，其中除了经济因素外，还需要考虑政治因素。比如：如何减少由高污染企业带来的社会成本，如何通过提升区域竞争力来促进集群区域产业或企业的发展（面临诸如环境成本与绿色效益的比较问题）等。在环境成本管理过程中要优化环境成本信息披露的渠道和环境治理的路径，避免出现下级环保局局长需要以匿名信的方式向上级环保部门汇报的“皇帝的新装”的困境（贝尔，2010）。中观层面的环境成本管理是企业集群变迁过程中承上启下的关键环节，必须在增进企业集群环境意识的基础上丰富集群区域的环境成本知识，提高集群区域企业环境保护的主动性与积极性。

最后，微观层面的环境成本管理。这是环境成本管理立体思维的基础，它需要借助于企业集群市场机制自发形成的“环境成本约束”来引导集群企业主体的环境行为。一方面，企业集群变迁的同时需要合理揭示企业环境成本的相关信息，从减少“三废”成本入手，改善集群区域企业的经营环境，通过资源要素向优势企业集中，实现集群区域的绿色转型；[①]另一方面，通过企业集群变迁的结构性动因分析，可以从宏观视角帮助各级政府认识环境管制的政策边界和实施功效，避免政策或资金支持的靶向失误，减少环境资源浪费和要素损失（梅述恩、聂鸣，2007）。基于市场化手段的环境成本约束机制，可以从微观视角激励企业提高环境资源利用效率，努力挖掘集群区域污染控制的潜力，同时加快绿色转型的技术投入，并在智能制造的配合下，使环境成本信息在提升集群区域环境资源效率上发挥重要作用。

3. 嵌入环境管制的企业集群环境治理博弈

环境管制的战略选择是扩展环境治理主体的边界，即由单一企业扩展到某一企业集群区域的整体之中。嵌入环境管制的企业集群变迁，首先需要对企业集群的绿色转型活动进行模型构建，针对转型过程中环境管制所产生的协同效应提出研究假设并开展实证分析。这是因为，环境管制的时空边界宽广，集群区域中的企业有时较难有感观认识，而碳信息披露正成为一种重要的媒介。因此，通过协同效应模型的构建来分析企业集群区域环境成本管理中的碳信息披露水平，且作为企业间共同的环境管制变量，有助于开展对企业集群环境治理的博弈分析。对此，可以从两家企业间的碳排放成本博弈入手，研究推导多个企业之间

① 微观层面的环境成本信息应当包括基于企业集群变迁的企业环境成本战略、环境成本核算与控制方法、环境控制的前馈与反馈机制。除了揭示环境价值的定量信息外，还需要有环境分析的定性报告。

的演化博弈，具体思路主要分两个模块。

模块一：信息传递博弈方法下集群区域内企业的碳排放成本博弈

先假定集群区域内只有两家企业的情况。分两个阶段：第一阶段，企业 1 先采用碳减排战略，产品价格 p_1，产品成本 c_1，需求函数 $Q(p_1)$；在第二阶段，企业 2 决定是否“合作”或“竞争”进行碳减排行为。企业 1 有两个潜在类型：重排放企业(H)概率为 μ_H 和低排放企业(L)概率为 $1-\mu_H$。如果企业 1 选择价格 p_1，其短期利润为 $M_1^\theta(p_1)$，$\theta=H,L$；其中，$M_1^H<M_1^L$。在第一阶段，企业 1 知道自己的类型，但企业 2 不知道。本书假定，在第二阶段，企业 2 一旦选择进行碳减排行为，即已通过获取企业 1 碳排放信息知晓企业 1 的类型。为了使分析有意义，我们用 D_1^θ 和 D_2^θ 分别代表 2 阶段企业 1 与企业 2 利润，且 $D_1^H>0>D_1^L$，即在完全信息情况下，当且仅当企业 1 是重排放时，企业 2 才会选择进行碳排放行为。我们用 δ 代表共同的贴现因子，从而得到条件(A)(B)如下：

(A) $M_1^H+\delta D_1^H\geqslant M_1^H(p_1^L)+\delta M_1^H$；

(B) $M_1^L(p_1^L)+\delta M_1^L\geqslant M_1^L+\delta D_1^L$。

假设在需求函数和成本函数的合理条件下，条件(A)和(B)定义了一个区间 $[\bar{\bar{p}},\bar{p}]$，使得任何 $p_1^L\in[\bar{\bar{p}},\bar{p}]$ 构成一个分离均衡价格，即分离条件(Spence-Mirrlees Condition)：

$$(SM)\frac{\partial}{\partial p_1}[M_1^H(p_1)-M_1^L(p_1)]>0$$

其中，$\dfrac{\partial M_1^\theta(p_1)}{\partial p_1}=\dfrac{\partial}{\partial p_1}[(p_1-c^\theta)Q(p_1)]=Q(p_1)+(p_1-c^\theta)\dfrac{\partial Q(p_1)}{\partial p_1}$。

如果成本连续分布，SM 条件可变时有关需求函数的不等式如下：

$$\frac{\partial^2 M(p,c)}{\partial p\partial c}=\frac{\partial}{\partial p\partial c}[(p-c)Q(p)]=-\frac{\partial Q(p)}{\partial p}>0$$

模块二：演化博弈方法下企业集群的碳减排成本博弈

利用演化稳定策略，基于集聚经济的视角，对企业集群内竞合行为的二次博弈过程进行复制者动态分析，以探究其演化机理。模型建立有以下假设：

(1) 企业集群内的成员企业是有限理性的。有限理性意味着集群在选择经营策略时不会采用理性的均衡策略，企业集群的博弈均衡是一个动态的调整和“学习”过程。如果采用某种策略的支付比“变异者”策略的支付高，那么“变异者”将在种群中逐渐消失。

(2) 企业集群内的成员企业实施碳减排战略的成本主要由以下构成：企业碳减排行为引起的产品生产成本的增加，使集群内企业“合作”策略下的机会成本增加(主要包括绿色产品差异化效应),企业碳减排行为及集聚经济“合作”策略下带来的交易成本就得到了节约(包括集群内环境压力减少带来的管制成本降低等以及获取其他企业碳信息的成本等)。

企业碳减排行为成本代理变量:$Te_m = T_q + T_f - T_c$。其中:T_c 为企业集群成员企业交易成本的变化,T_q 为碳减排行为给集群内其他企业带来的机会成本的变化,T_f 为集聚经济带来的生产成本变化。再建立集群内竞合行为演化博弈的动态微分方程:

$$\begin{aligned}\frac{\mathrm{d}p_c}{\mathrm{d}t} &= p_c \times (W_c - \bar{W}) \\ &= p_c \times [W_c - p_c \times W_c - (1-p_c) \times W_{\bar{c}}] \\ &= p_c \times (1-p_c) \times (W_c - W_{\bar{c}})\end{aligned}$$

其中:p_c 表示集群内采用“合作”策略的企业所占比重($0 \leqslant p_c \leqslant 1$),采用“竞争”策略的企业所占比重为($1-p_c$);$W_c$ 表示采用“合作”策略企业的期望支付,即加权交易费用;$W_{\bar{c}}$ 表示采用“竞争”策略企业的期望支付,即加权交易费用;$\bar{W}$表示集群的期望支付。

最后,建立博弈模型。企业集群内处于价值链同一环节的成员企业,其竞合行为的支付矩阵如表 5－3 所示。

表 5－3　价值链相同环节下的竞合情况

成本博弈		S2	
		合作(p_c)	竞争($1-p_c$)
S1	合作(p_c)	0,0	$T_f - T_p, T_p$
	竞争($1-p_c$)	$T_p, T_f - T_p$	T_c, T_c

在博弈双方事前约定的情况下,根据双方的策略选择进行成本调整,单独采用“竞争”策略的一方支付的违约成本为 T_p;由于企业集群所处价值链同一环节的横向企业间存在很强的替代性、信息对称性较高、资产间的通用性很强,这对横向对称博弈而言在此不予考虑,$T_q=0$;只要博弈双方中有一方采用“合作”策略,双方可共享所带来的交易成本下降的优势。处于价值链不同环节的成员企业,其竞合行为的支付矩阵如表 5－4 所示。

表 5－4　价值链不同环节下的竞合情况

成本博弈		S2	
		合作(p_{c2})	竞争($1-p_{c2}$)
S1	合作(p_{c1})	T_{q1}, T_{q2}	$T_{q1}-T_p, T_p$
	竞争($1-p_{c1}$)	$T_p, T_{q2}-T_p$	T_{c1}, T_{c2}

处于价值链不同环节企业间的生产成本是与竞合博弈决策不相关的成本，因此 $T_f=0$；价值链上游企业的机会成本大于价值链下游企业的机会成本，即 $T_{q1}>T_{q2}$；价值链上游企业享受到的由企业集群集聚效应所带来的交易成本的下降幅度大于价值链下游企业的下降幅度，即 $T_{c1}>T_{c2}$；当双方约定的违约成本不足以抵减企业的机会成本时，企业采用“合作”策略时所享受到的交易成本的减少也不足以补偿两者之间的差额，即 $T_c<T_q-T_p$。由此可见，嵌入环境管制的企业集群环境治理实现了博弈均衡。

第二节　企业集群变迁的环境成本效应：以碳信息披露为例

企业集群绿色转型，仅靠政府层面的环境管制，其效果是有限的；必须通过企业层面的环境成本管理，并构建基于企业集群的环境成本约束机制，才能使集群区域环境治理达到最佳的综合效果。由于企业集群绿色转型的主动性特征，本节根据前述的“环境成本”尺度，基于宏观、中观与微观环境成本管理视角，结合碳信息披露关键指标，将企业集群绿色转型中的碳信息披露影响因素体现在图 5－2 中。

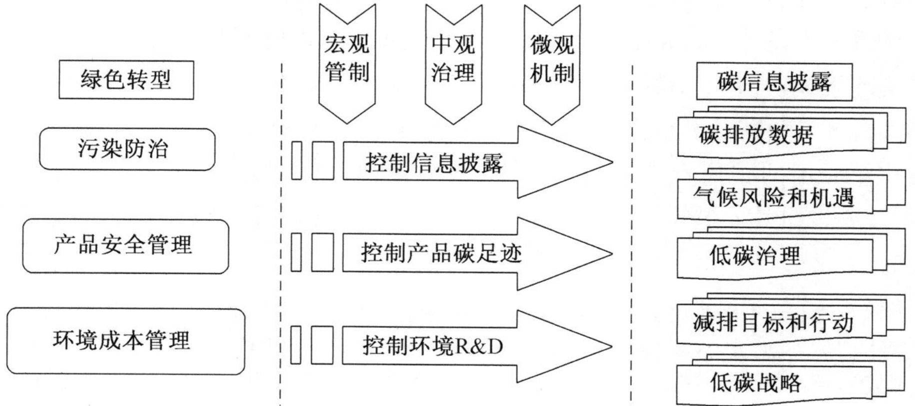

图 5－2　企业集群绿色转型中的碳信息披露影响因素

换言之，为检验企业集群变迁的环境成本效应[①]，本节借助于碳信息披露对集群绿色转型的空间效应进行模型构建，通过环境成本约束机制所产生的协同效应提出研究假设，并开展实证检验。

一、理论分析与研究假设

由于集群变迁的环境治理信息难以全面观察，而碳信息作为环境成本信息的组成部分相对容易获得。为此，在协同效应模型构建中将环境管制及其碳信息披露水平共同作为环境成本约束机制的变量，与企业集群变迁的产业或区域变量进行对比分析，能够在一定程度上体现企业集群变迁中的环境成本效应（涂正革，2012）。文献研究表明，集群区域的企业间存在着示范效应和模仿效应，加之，环境成本约束的区域性特征，使得区域内的其他集群企业有动机吸收周围企业的环境技术。因而，处于集群不同位置上的企业在空间上不再是独立的，呈现出非随机的空间模式（Larry Lohmann，2009），企业间的碳信息存在着空间效应。然而，经典经济计量模型中 Gauss-Markov 那样将设置的变量视为相互独立的情境，在现实背景下已经难以满足需求。因此，为研究在集群区域碳信息受外部环境管制的影响情况，需要引入空间经济计量模型，为处于集群变迁下的企业应对环境技术溢出提供建议和对策。

Hart（1995）基于资源基础论，提出企业集群变迁中的环境成本约束（以清洁生产为代表的环境经营）分为逐层递进的 3 类：一是企业集群采取污染防治对策，集群区域内的企业在环境管制范围内控制污染。二是在企业集群中推行产品安全管理责任制。区域内的这类企业通过在研究开发、设计、生产、销售、使用、废弃物回收等产品生命周期的全过程，致力于环境负荷最小化，并以环境友好的理念来设计产品和生产工艺。三是企业集群组织层面的环境治理。结合前两类环境成本约束，借助于集群区域的绿色技术开发，促使企业集群在变迁过程中实现环境负荷的最小化，并成功实现绿色转型。其中碳信息的关键指标来自被广泛应用的碳信息披露研究——CDP（carbon disclosure project）报告标准（陈华等，2013；何玉等，2014；赵增耀等，2015）。根据 CDP 年度报告，碳信息披

---

① 我们认为企业集群是产业集群的一种特殊形式。本书将凡是企业集聚在一起生产经营的群体均视为企业集群，包括大的企业集团、区域性的产业生产基地（如浙江湖州地区的新能源特色小镇等）。这部分内容是我与南京大学冯巧根教授、王晓路师弟共同完成的江苏省软课题成果之一，实证部分主要由王晓路博士设计与完成。

露基本框架主要包括3个方面：

一是“管理”，包括环境管制中有关大气排放的污染治理、战略、减排目标、行动和沟通。大气排放的污染治理指的是碳减排方面的责任及其贡献。大气排放的防污染战略指集群企业在技术研发和产品生产中融入低碳目标，并将其作为企业可持续发展战略。减排目标、行动和沟通指集群区域企业是否设立了明确的减排目标，并将减排意识变为具体的减排行动，以及是否具备必要的外部沟通能力。

二是“风险与机遇”。相关的风险主要包括自然风险、法规风险、竞争风险、声誉风险。风险与机遇是并存的，集群区域的企业和部门基于不同的技术和产品，在关注环境成本约束（如大气排放）可能引起风险的同时，通过适当的方式投资开发新的低碳技术，设计企业集群区域新的低碳产品，以此获取更多环境效益。

三是“碳排放”。碳排放的披露是环境成本约束的一项重要内容，包括碳排放核算与控制。碳排放的核算方法指在选择环境成本核算方法的基础上，通过收集数据编制碳减排的环境成本报告及其鉴证报告。碳排放控制主要包括减排项目、排放权交易、排放强度、能源成本、减排计划。

在大气污染的环境管制政策、制度，以及企业集群变迁的环境成本约束机制等的综合影响下，集群区域企业的碳信息披露策略会因外部因素影响而存在一定程度的博弈。一方面，企业集群为保证其区域企业竞争优势，在考虑环境技术的溢出效应下，会对碳信息披露趋于保守的态度。随着国内经济的发展，不仅低碳意识渗入企业集群战略，而且集群区域的环境成本投入和专门化服务得到发展，专业化技能的员工也有了集中的人才市场，公司的技术溢出使产业结构升级步伐加快，企业集群绿色转型初步成型（Maxwell，2006）。同样，交易成本理论不仅在解释企业集群环境成本约束上具有独特优势，在解释空间联系上也具有重要的功能作用。Scott 和 Storper（1987）概括交易成本和集聚间的关系，认为基于增长中心的高技术形成的作用力主要源于生产中的分工、公司间交易活动的结构以及从地方化发展形式中内生地出现的不同的集聚经济。Scott 强调，当交易成本与生产成本相互作用时，交易成本成为了解企业集群的理论基础。企业集群变迁是区域效应、集聚效应、空间成本联合作用的结果。国外学者已开始从企业集群变迁层面考虑环境成本约束（如环境经营与环境成本内部化）等空间相关性，例如 Micheal Lee（2014）在对韩国企业环境行为的研究中指出企业碳排放强度受公司规模、资本劳动比率、R&D 支出、外贸出口以及环境管制的影响。

此外，还会受企业集群区域空间相关性的影响。而目前国内与环境成本约束有关的空间相关性研究仍然集中于宏观视角，许和连等(2012)通过构建环境污染综合指数，研究显示我国企业集群(产业)在不同区域转移和环境污染均存在显著的空间自相关性，两者在地理分布上具有明显的"路径依赖"特征并形成了不同的企业集群区域。

诚然，集群区域的企业之间存在示范效应和模仿效应。对于在环境成本信息披露与决策方面具有更多资源和经验的企业，面对环境管制与集群区域的环境成本约束会给周围企业带来潜在的示范效应，集群中的企业受自身根植性因素影响倾向于"单边学习主义"倾向①，以提升自我的环境成本管理措施及信息披露程度。我们认为这种环境成本效应的影响在企业集群区域或者企业之间将更为明显。根据标尺竞争理论，管制者会以其他企业的表现作为衡量每一个企业表现的标尺。如果集群区域的企业中有一家披露了更多更全面的碳信息，则会引起其他企业披露碳信息程度的增加以提高"标尺"，意图减少管制者的关注。基于前述分析，我们提出研究假设 H1。

H1：集群区域企业之间碳信息披露水平存在空间相关性。

Papaspyropoulos 等(2012)认为，企业承担社会责任的动机可以划分为履行管制类和获取资源类。集群区域企业在披露环境成本约束策略时，为减轻环境管制压力或为维护其环境技术带来的良好公众形象以及利益相关者的良好关系，会选择性地多披露碳信息。就环境管制而言，正式的环境管制和非正式环境管制之间存在着差别。正式环境管制指的是传统的制度形式，由国家或当地政府制定的法律规章、管理条例等。在我国，与企业碳排放信息直接相关的法律法规有《中华人民共和国大气污染防治法》《消耗臭氧层物质进出口管理办法》《上市公司环境信息披露指南》《环境保护税法》等。然而，国家层面的法律制度体系与地方法规在执法的力度上会因地域差别而有所不同，不同的区域法律环境对企业碳信息披露有着不同的影响。吴克平和于富生(2013)、王建明等人(2008)的研究也认为，环境信息披露状况受外部环境管制的影响，环境信息披露水平在重污染和非重污染行业之间存在明显差异。基于此，我们提出研究假设 H2(a)。

H2(a)：企业碳信息披露水平受区域环境管制的影响，且存在正相关关系。

---

① 为了减少"单边学习主义"倾向，有必要建立跨组织治理机制以防止租金单边侵占，这种机制既不同于组织内部层级治理，也不同于外部市场治理，而是以伙伴关系为基础的社群治理(community governance)(Cooper、Slagnulder，2004)。

就集群区域维护环境形象而言，Wiedmann(2009)认为，随着外界对环境保护，大气污染的关注度不断提高，企业集群倾向于树立一种参与环保和减排的形象。他们将主动披露环境成本约束与碳排放的相关信息，并作为提高公司形象和声誉的一种重要途径。通过信号传递假说来表明或理解，在全社会碳减排意识逐步增强的形势下，环保理念深入人心，企业集群公布良好的碳减排信息能够顺应公众对区域内企业践行低碳经济责任的要求，以树立企业集群绿色转型的良好形象，形成更加有利的投融资环境。同时，碳信息披露可以帮助企业集群甄别区域内企业的素质高低，因为低素质企业披露碳信息带来的成本要远大于收益。反之，低素质企业会通过主动碳信息披露以"伪装"成高素质企业。Patten(2002)和 Wayeru(2008)运用正当性理论框架实证了北美的石油公司对埃克森瓦尔迪兹原油泄漏事故做出的年度报告环境信息披露反应，发现事故之后公司的信息披露显著增加，公司试图通过披露更多环境信息重新获得良好的公众形象。许多研究都提出并验证了，企业集群规模越大，用来维护集群企业形象的资源投入越多，其面对的外界压力也会越大，受到的外界环境制约更多，因此其也会对碳信息披露存在一定程度的影响。Nakajima(2011)提供证据表明，大企业相对小企业存在更多的环境成本约束行为，更容易披露大范围的相关环境成本信息。根据以往文献可以推断，公司规模和碳信息披露水平存在正相关。例如 Trumpp 等(2015)、Deegan 和 Gordon(1996)研究中指出：大公司相对来说会受更多的来自管制者和信息需求者的关注，因此相对会披露更多的信息以应对外界带来的环境压力。因此，我们提出研究假设 H2(b)。

H2(b)：企业碳信息披露水平受集群区域公众压力的影响，且随着企业集群规模越大，外界压力越大。

二、研究方法和样本

1. 模型设计

空间矩阵的选取在空间模型中最为重要。本书根据 Geocoding 软件定位企业集群所在的地理位置。企业间距离通过经纬度换算为 UIM 投影坐标，利用欧氏距离计算。因为企业的位置分布是不规则分布，当企业之间距离小于一定的门槛值时我们将这样的企业之间距离关系视为"岛"，他们面临几乎相同的外部环境，即将企业之间的距离定义为 0。门槛距离 D 的设定为所有样本中两两企业之间距离的平均值。最后得到空间权重矩阵定义为：

$$\boldsymbol{W}=\begin{cases}\dfrac{1}{d_{ij}},i\neq j\\0,d_{ij}<D\end{cases}$$

最后构建两种基本的空间数据模型如下：

(1) 空间滞后模型：

$$\mathrm{CDL}_i=\delta_i\sum_{j=1}^{n}W_{ij}\,\mathrm{CDI}_j+\alpha+\beta_iX_i+\theta_i\mathrm{ControlVariables}+\varepsilon_i$$

式中：CDL_i 为被解释变量碳信息披露水平，X_i 为解释变量，变量 $\sum_{j=1}^{n}W_{ij}\,\mathrm{CDI}_j$ 刻画了被解释变量 CDL_i 与相邻被解释变量单元之间的空间相互作用，δ_i 为空间自回归系数，W_{ij} 为空间权重矩阵 $\boldsymbol{W}$ 的元素。

(2) 空间误差模型：

$$\mathrm{CDL}_i=\alpha+\beta_iX_i+\theta_i\mathrm{ControlVariables}+\varepsilon_i,\varepsilon_i=\rho\sum_{j=1}^{n}W_{ij}\varepsilon_j+\mu_i$$

式中：ε_i 为空间误差自相关，ρ 为空间自相关系数，其他解释与模型(1)相同。所有空间相关性都由误差项捕获使得解释变量、控制变量的系数与最小二乘估计出的系数可以直接比较。

2. 被解释变量(碳信息披露水平 CDL)

目前国内采用的碳信息披露水平衡量方法主要分为是否回应碳信息披露项目(简称 CDP)(沈能，2012；肖宏伟等，2013；姚奕、倪勤，2011)，对年度报告里是否提到碳信息披露的语句进行加权赋值(鞠秋云，2011)。基于 CDP 的评分方法在研究国外数据时能较好地规避自选择问题(Cole 等，2013)，不过在应用于国内上市公司数据时，这些方法均表现了一定的局限性。在对国内 CDP 项目调查对象的确定上，通常以上市公司中市值最大的前 100 家企业为典型代表，并且采用是否回应 CDP 项目中的方法来表达。这样，研究中只能应用可以收到的 CDP 项目调查报告中的上市公司数据，容易导致样本量较小且公司规模都较相似进而无法比较的困境。同样，对年度报告中的关键语句的衡量，也可能会漏掉社会责任报告中与碳信息相关的重要图表，且缺乏一个对关键语句范围进行定义的标准。在此我们引用 Tuwaijri 等(2004)的研究中对环境信息披露水平的衡量方法，并根据碳信息披露做略微修改，得到以下的碳信息披露水平评分方法。该方法的核心是基于内容分析法进行衡量，并应用以下 5 个关键碳信息披露指标：① 碳排放数据；② 气候变化风险和机遇；③ 减排目标、行动和沟通；④ 低碳战略；⑤ 低碳治理。评价方法基于 5 项指标是否在企业年度报告和社会责任报告中出现。同时，我们认为从披露质量角度，定量数据相对于定性数据而言其对碳信息需求者更具客观性和有用性。因此，我们对上述关键碳信息披露指标中出现定量数据赋值 3 分，出现非定量数据但与指标直接相关的数据赋值 2 分，定性数据赋值 1 分。未进行碳信息披露的公司得 0 分。总的指标发生数最小为 0，最大为 5；总的披露质量分数最小为 0，最大为 15。

3. 其他变量

上文模型中 ***X*** 向量中的解释变量对应研究假设 2(a)和 2(b)中的环境管制和公众形象。我们以集群企业的总资产来反映企业规模，为便于数据处理，取总资产的自然对数（LSIZE）。采用环境管制中的法律制度环境的发育指数（LAW）来度量企业所在地的正式环境政策与制度，这一指标最初由樊纲、王小鲁、朱恒鹏(2003)在中国各地区市场化相对进程报告中提出，其具体包括市场中介组织的发育、对生产者合法权益的保护、知识产权保护、消费者权益保护 4 个一级指标综合而成。考虑到 GDP 影响的滞后性，本书根据滞后一期的 GDP 即 2015 年省级市场化指数报告按各地级市 GDP 与所在省 GDP 比例对指数做出修改得到最终数据。

模型中 ControlVariables 对应模型中引入的控制变量，考虑到企业广告费用亦会影响企业公众形象，并取广告费用的自然对数（LADV）。企业研发支出不同会带来技术吸收效应的不同，影响企业间空间效应实证结果，为控制该因素引入企业研发支出的自然对数（LR&D）。此外，为控制集群企业的特征对模型残差空间相关性的影响，本书引入相关控制变量。比如，在公司治理结构方面，毕茜等(2012)的研究发现，国有控股的上市公司与碳信息披露水平呈显著正相关关系，国内上市公司中国有企业和非国有企业社会责任有一定的差异性，因此引入了虚拟变量的企业控制人（OWN）来衡量是否为国有，0 为国有，1 为非国有。近年来的研究成果表明，在股权高度分散的英美国家，公司治理的主要问题来自经理人与股东之间的代理冲突，而在股权高度集中的东亚和西欧国家，大股东具有足够的能力控制公司。因此，公司治理问题的实质演变为大股东与小股东之间的利益冲突，在我国证券市场上，这种现象尤其突出，大股东具有足够的动因和能力掠夺小股东。由 Clarkson 等(2008)研究可知，股权集中度和公司绩效存在 U 形关系，因此股权集中度可能对碳信息披露也存在非线性关系，因而引入股权集中度指标（CEN）和其平方项（INDEXH），股权集中度以第一大股东持股比例衡量。Dhaliwal 等(2011)发现增长阶段的企业既有欲望披露更多信息吸引投资者，也会因为资金紧张程度而使得企业资源更少地向社会责任倾斜。

因而，我们引入 TOBINQ 衡量企业成长性。财务杠杆对信息披露的影响也被实证研究检验过，Engels(2009)的研究表明，集群企业的负债程度与环境信息披露水平存在内在联系，蒋琰等(2014)同样证实随着财务杠杆比例的提高公司碳信息披露水平也在提高。因此，我们引入资产负债率(LEV)衡量企业资本结构。李正、李增泉等(2013)研究发现，同样是发布企业社会责任报告的上市公司，提供鉴证的公司比不提供鉴证的公司具有更高的超额市场回报。因此，参考李正、李增泉等研究中描述性统计分析中瑞岳华和立信及四大会计师事务所对社会责任报告做出的鉴证，引入变量以区别研究对象中的上市公司是否由上述事务所审计(AUDIT)。主要变量定义如表 5-5 所示。

表 5-5　主要变量定义

	变量名称	变量符号	变量含义
被解释变量	碳信息披露水平	CDL	上市公司碳信息披露水平得分(具体计算方法见上文)
主要解释变量	公司规模	LSIZE	公司总资产的自然对数
	环境管制	LAW	法律制度环境发育指数(樊纲、王小鲁、朱恒鹏，2011)
控制变量	广告费用	LADV	公司年报中披露的广告费用
	研发费用	LR&D	公司年报中披露的研发费用
	控制人性质	OWN	虚拟变量；国有控股取值 0，非国有控股取值 1
	股权集中度	CEN	上市公司第一大股东持股比例
	股权集中度(H指数)	INDEXH	上市公司第一大股东持股比例的平方和
	公司成长性	TOBINQ	TOBINQ 值，公司市场价值与期末总资产之比
	资本结构	LEV	资产负债率，公司负责总额与资产总额之比
	鉴证质量	AUDIT	上市公司事务所类型，虚拟变量；中瑞岳华和立信及四大会计师事务所取值 1，其他为 0

4. *样本和数据*

本书中采用截面数据进行研究。考虑到满足所研究对象的特征，即在企业集群变迁的动态影响之下，长三角与国内环渤海华南经济圈以不到中国 11%的土地生产了占全国总量近 70%的 GDP(陈建军等，2009)。它表明，正是这些大量集聚的中小企业所展现的结构性特征，才成就了今天这些地区成为中国经济中心的地位。因此，我们基于长三角企业集群变迁的情境，研究选取了总部位于上海、江苏、浙江的517家A股主板上市公司(除去金融企业、* ST企业和数据不齐全的企业)作为实证对象。

进一步，由于不同行业面临的环境责任不同，本书根据环保部公布的《上市公司环境信息披露指南》中的重污染行业，将食品饮料、煤炭与钢铁、建筑及建筑材料、运输及交通基础设施、石油、天然气、电力、化学制品和制药、纺织品服装和奢侈品、金属与采矿、纸类与林业产品、机械与电气设备列为高排放行业，对应CSRC行业分类:B、C、D，其他行业为低排放行业。517家企业中有347家属于高排放行业，170家为低排放行业，分类后进行同步比较实证检验。

最后，由于近年企业社会责任报告数量呈逐步增多且滞后于公司年报公布日期，因此本书选择了2015年的上市公司数据进行研究，CDL、ADV和R&D数据来自年报和社会责任报告中的手工收集，LAW数据来自中国市场化指数(企业集群绿色转型的变迁进程)2015年报告，各地区GDP数据收集于2015和2016年长三角统计年鉴，其余数据来自CSMAR数据库。

三、实证结果分析

1. 描述性统计

(1) 碳信息披露影响因素的相关性分析。表5-6给出描述性统计分析及不同行业企业集群区域碳信息披露水平均值t检验。表5-7给出变量间的相关分析。由表5-6可知，所有样本的碳信息披露水平CDL均值是1.8，最大值为13，最小值为0。可见，我国上市公司之间碳信息披露水平存在较大差异，且总体水平较低。考虑到高排放行业和低排放行业面临的社会责任显著不同(Cole等，2013)，我们将样本按行业分成两组进行均值比较。分组后，碳信息披露水平CDL高排放行业显著高于低排放行业(差异t值-2.6597，$p<0.01$)。

结合表5-6和表5-7观察主要解释变量，高排放和低排放企业所在集群区域环境管制中的法律环境LAW存在显著差异(差异t值5.5901，$p<0.01$)，低排放企业集群区域的经济法律发展水平要高于高排放企业，高排放企业有动机选择法律管制较低的集群区域设立企业以降低面临的环境成本约束的压力；企业规模LSIZE的均值分析表明，高排放企业和低排放企业规模存在显著差异，且低排放企业规模高于高排放企业，其面临的公众压力反而大于高排放企业，而表5-7中LSIZE对CDL存在显著的正相关($p<0.001$)，如果用整个样本做空间相关性分析和OLS与ML回归可能会影响得出的结论。因此，本书在

接下来的实证检验中将样本均分为高排放行业和低排放行业进行比较分析。

观察表 5－7 中，由碳信息披露水平和控制变量的相关性可得：R&D 对碳信息披露水平有显著的正相关性（$p<0.001$），技术溢出与企业技术吸收能力会影响碳信息披露水平，与前文企业集群变迁分析一致。是否国有企业（OWN）与碳信息披露水平也呈现显著正相关（$p<0.01$），表明国有企业在更高的环境压力下有激励披露更多环境信息的动机。对社会责任报告的鉴证（AUDIT）也与 CDL 正相关（$p<0.05$），进一步验证了李正（2008）的研究。比较表 5－7 中公司特征的控制变量和外部环境的解释变量对 CDL 的相关性，可以看出，大多数企业特征的控制变量 LADV、CEN、INDEXH、TOBINQ、LEV 与 CDL 的相关性表现得没有外部环境的解释变量 LSIZE、LAW 那样的显著。外部环境对碳信息披露水平的影响相对企业特征更为显著，与本书的研究方向一致。

表 5－6　描述性统计

变量	所有样本			高排放企业	低排放企业	*t*-value
	极小值	极大值	均值			
CDL	0.000 0	13.000 0	1.800 8	1.959 2	1.409 4	−2.659 7
LSIZE	19.298 1	26.973 9	21.904 1	21.772 8	22.228 2	3.876 9
LAW	9.260 3	74.896 4	31.674 3	30.161 4	35.411 0	5.590 1
LADV	0.000 0	22.638 5	9.146 0	8.922 7	9.697 4	1.038 4
LR&D	0.000 0	22.393 2	11.421 3	13.842 6	5.441 0	−11.247 7
OWN	0.000 0	1.000 0	0.646 0	0.728 3	0.443 0	−6.073 9
CEN	3.890 0	88.550 0	37.925 0	37.737 5	38.388 0	0.426 7
INDEXH	0.001 5	0.784 1	0.166 1	0.163 1	0.173 4	0.815 9
TOBINQ	0.397 5	8.117 0	1.381 9	1.367 8	1.416 9	0.565 4
LEV	0.020 4	0.909 5	0.432 4	0.408 8	0.490 8	4.132 2
AUDIT	0.000 0	1.000 0	0.338 5	0.307 1	0.416 1	2.313 6

（2）碳信息披露空间自相关分析。下面对 CDL 的空间自相关性进行分析，本书使用 Moran's I 指数和 LM 统计量分析经济活动的空间相关性，Moran's I 指数反映的是空间区域单元属性值的相关程度。Moran' I 指数中的空间权重矩阵与上文中构造的相同。我们通过 GEODA 程序得出 Moran's I 的期望值和标准差，用下式得出统计值 Z 值检验：

表 5-7　变量间的相关分析

变量	CDL	LSIZE	LAW	LADV	LR&D	OWN	CEN	INDEXH	TOBINQ	LEV	AUDIT
CDL	1.000 0	0.275 9***	0.036 4	0.060 5	0.172 2***	−0.138 9***	0.003 5	−0.004 0	−0.059 2	0.051 1	0.106 7**
LSIZE		1.000 0	0.160 9***	0.115 5***	−0.134 0***	−0.321 9***	0.286 5***	0.306 4***	−0.314 3***	0.482 4***	0.165 0***
LAW			1.000 0	−0.031 1	−0.128 3***	−0.111 4**	−0.002 1	0.013 3	−0.083 2*	0.170 4***	0.102 6**
LADV				1.000 0	0.036 9	−0.014 4	0.009 9	0.007 6	0.025 2	0.128 4***	−0.099 1**
LR&D					1.000 0	0.233 3***	−0.036 1	−0.052 5	−0.096 6**	−0.209 9***	−0.064 2
OWN						1.000 0	−0.138 2***	−0.121 5***	0.002 8	−0.264 6***	−0.094 5**
CEN							1.000 0	0.972 5***	−0.203 7***	0.068 6	0.081 3*
INDEXH								1.000 0	−0.204 4***	0.067 6	0.094 5**
TOBINQ									1.000 0	−0.153 5***	0.010 1
LEV										1.000 0	0.020 5
AUDIT											1.000 0

注："*""**""***"分别表示显著性水平 10%、5%和 1%。

$$Z(d)=\frac{\text{Moran } I-E(I)}{\sqrt{\text{var}(I)}}$$

表 5－8 给出了未分类前所有样本以及分类后高排放行业与低排放行业的 Moran' I 指数的描述性分析，各分类下的散点图如图 5－3—5－5 所示。为判断空间误差模型和空间滞后模型是否适用于样本企业，我们还在表 5－8 中给出了 LM 统计量的结果，LM 统计量服从卡方分布。

表 5－8　LM 统计量

	ALL	HIGH	LOW
LM test			
LM(lag)	1.509 6	6.746 9***	2.587
Robust LM(lag)	0.224 7	0.238 4	4.470 4**
LM(error)	1.290 3	6.747 3***	0.700 7
Robust LM(error)	0.005 3	0.238 8	2.584
LM(SARMA)	1.514 9	6.985 7**	5.171 1*
Moran's I test			
Moran's I	0.019 2	0.071 3	0.037 4
E[I]	−0.001 9	−0.006 8	−0.002 7
Sd	0.011 2	0.038 8	0.012 6
Z	1.883 9*	2.012 9**	3.182 5***

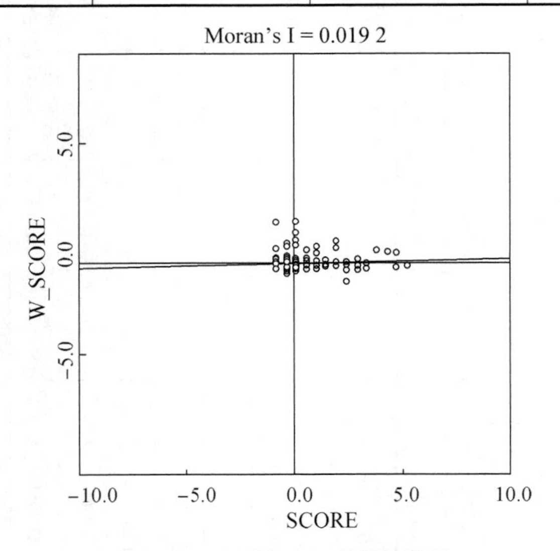

图 5－3　全样本企业空间相关性

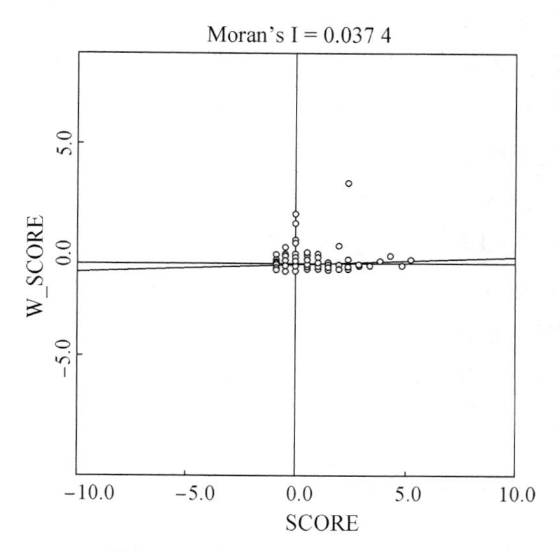

图 5-4　高排放企业空间相关性

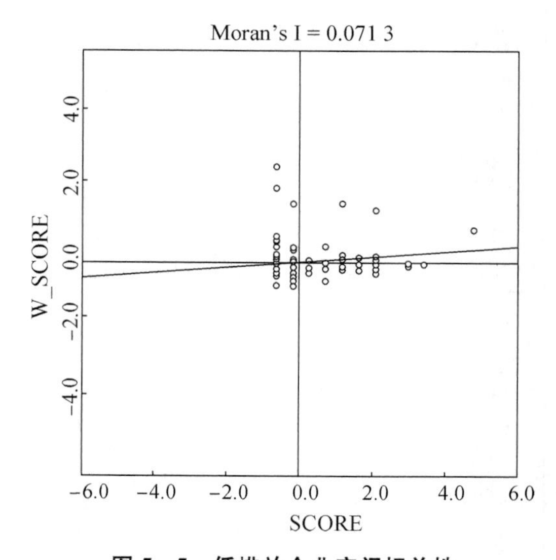

图 5-5　低排放企业空间相关性

散点图中位于第一象限和第三象限的点是空间集聚的点，位于第二象限和第四象限的点是空间离群的点，结合表 5-8 中的 Moran's I 的 Z 值可知，所有样本企业的 CDL 的 Moran's I 值小于高排放企业的样本以及低排放企业的样本(0.019 2＜0.037 4＜0.071 3)，只在 10％水平上显著(Z＝1.883 9＜1.96)。

空间相关性在低排放企业样本中和高排放企业样本中都要更加显著，其中高排放企业在1%水平上显著($Z=3.1825>2.576$)，低排放企业在5%水平上显著($Z=2.0129>1.96$)。这说明，不同行业之间企业集群变迁现象对碳信息披露的空间相关性造成了影响，高排放企业更趋于向同样是高排放企业学习模仿，低排放企业之间也相互进行学习模仿。

再观察表5-8中LM统计量，所有样本列的LM统计量均不显著，因此我们在下文模型估计中使用OLS估计模型比较合理。而高排放企业样本列和低排放企业样本列均有显著的LM统计量，因此适用于上文中的空间滞后模型和空间误差模型，在下文的模型估计中采用ML方法估计较为合理。

2. 模型估计

表5-9　模型估计结果

变量	OLS 全样本	空间滞后模型		空间误差模型	
		高排放	低排放	高排放	低排放
LSIZE	0.640 6*** (6.452 3)	0.560 5*** (4.610 5)	0.824 4*** (5.033 1)	0.560 7*** (4.617 6)	0.791 9*** (4.791 4)
LAW	0.003 0 (0.327 9)	−0.004 9 (−0.406 3)	0.023 6* (1.657 7)	−0.003 9 (−0.320 1)	0.023 5* (1.633 1)
LADV	0.008 2 (0.704 2)	−0.000 4 (−0.028 5)	0.039 7** (1.962 1)	−0.001 1 (−0.077 3)	0.039 9* (1.952 3)
LR&D	0.058 9*** (5.180 5)	0.043 7*** (2.864 7)	0.052 6*** (2.611 3)	0.042 7*** (2.815 0)	0.052 0** (2.523 3)
OWN	−0.476 9** (−2.368 4)	−0.646 0*** (−2.584 8)	−0.619 7* (−1.881 9)	−0.713 9*** (−2.804 2)	−0.623 6* (−1.863 9)
CEN	0.018 8 (0.736 4)	0.018 2 (0.598 4)	0.019 2 (0.418 0)	0.018 2 (0.600 2)	0.018 2 (0.395 9)
INDEXH	−3.960 6 (−1.289 9)	−3.724 4 (−1.025 7)	−4.266 1 (−0.781 1)	−3.631 8 (−1.000 9)	−4.092 8 (−0.750 2)
TOBINQ	0.086 1 (0.806 9)	−0.022 3 (−0.184 6)	0.450 0** (2.098 9)	−0.014 4 (−0.119 8)	0.423 0** (1.969 9)
AUDIT	0.310 6 (1.626 5)	0.177 4 (0.789 5)	0.501 1 (1.489 0)	0.157 8 (0.702 3)	0.507 3 (1.495 8)
LEV	−0.937 1* (−1.871 6)	−0.732 5 (−1.240 7)	−0.956 3 (−1.073 5)	−0.773 8 (−1.319 2)	−0.916 6 (1.017 1)

续　表

变量	OLS 全样本	空间滞后模型		空间误差模型	
		高排放	低排放	高排放	低排放
CONS	−12.641 5*** (−5.630 1)	−10.536 7*** (−3.833 6)	−18.823 1*** (−5.066 7)	−9.995 3*** (−3.645 0)	−17.776 1*** (−4.768 5)
空间权重系数(δ/ρ)		0.258 0* (1.660 3)	0.209 6 (1.630 7)	0.304 0* (1.905 8)	0.176 7 (1.240 1)
R2	0.152 4	0.132 6	0.292 0	0.134 5	0.284 0
LR test		3.643 8*	2.394 6	4.075 1**	0.982 3
Observations	517				

注："*""**""***"分别表示显著性水平10%、5%和1%。

表5-9给出模型估计结果。第一列给出了全样本模型估计的结果，公司规模的变量LSIZE系数为0.640 6在1%水平上显著。验证了研究假设2(b)，企业碳信息披露水平受所在集群区域公众压力的影响，且随着企业集群规模越大，外界压力越大。然而，法律环境的变量(LAW)系数为0.003 0并未显著，拒绝了研究假设2(a)，但可以看出，环境管制在一定程度上对信息披露有正的影响，而非正式管制理论中提到的一旦过严的环境政策和制度损害了利益相关者的投资利益，公众就有激励游说管制者降低管制程度。企业的控制人性质OWN系数为−0.476 9在5%水平上显著，国有企业确实较非国有企业披露了更多的碳信息，但股权集中度的两个控制变量CEN和INDEXH都不显著。

但观察分析表5-9中后面4列，高排放和低排放企业的空间滞后模型与空间误差模型估计，其结论与OLS估计有部分的区别。在考虑了空间相关性下，高排放企业样本的空间模型权重矩阵系数分别为0.258 0和0.304 0，都在10%水平上显著，LR检验也是显著的，可见高排放企业之间的空间相关性存在且显著，即企业之间碳信息披露会互相影响，相互学习模仿环境信息的披露战略。但是可以看到，高排放企业模型估计中，法律环境(LAW)的变量依然是不显著的，区域的管制环境对企业似乎没有造成显著影响。此时，我们对比低排放企业的空间滞后模型和空间误差模型估计结果，低排放企业的空间矩阵系数和LR检验并不十分显著，但与OLS估计不同的是环境管制中的法律环境变量(LAW)却在10%水平上显著，低排放企业受到了集群区域环境成本约束的影响，且低排放企业的公众形象变量(LADV)分别在5%和10%水平上显著。

结合以上的分析，本研究发现基于企业集群变迁的碳信息披露水平表现出明显的空间相关性特征，且只显著存在于同样或同性质的企业集群之内。高排放行业企业由于面临更多环境压力，其会向同样是高排放的企业学习模仿排放战略等。诚然，在企业集群绿色转型的趋势下，如果同一行业的企业集群区域的企业中有一家披露了更多更全面的碳信息，则会引起其他企业披露碳信息程度的增加以达到"标尺"要求，试图减少管制者的关注。而低排放行业的企业虽然面临较小的环境压力，但是仍然会受区域内的管制成本约束压力与公众压力影响而改变其环境治理战略，外部环境确实显著影响了企业的碳信息披露。相信随着企业集群现象的显性化以及集聚程度的提高，区域外部环境的影响会扩展到企业间，企业间碳信息披露的空间相关性会进一步深化。

3. 稳健性检验

(1) 被解释变量的改变。考虑到年报和社会责任报告中的环境信息可能存在自我选择偏好(Grabner 等，2013；Detomasi，2008)，而国内 CDP 报告仅针对市值最大的前 100 家上市公司的情境。尽管自选择问题可能使研究结果朝披露者所期望的结果趋近，但这种影响具有一定的滞后性。因此，就像上文中对 GDP 影响显示的变化一样，我们采用前期 CDL_{t-1} 即 2015 年的年报和社会报告中的碳信息，做出评分并替代现有的因变量 CDL_t，发现估计结果与主分析仍然一致。

(2) 主要解释变量的改变。Barney 和 Hansen (1994)、Yang 等(2012)通过实证研究发现，一个地区的信任度可以提高该地区企业的竞争力和经济绩效。李正、官峰和李增泉(2013)的研究也表明一个地区的信任指数与企业社会责任报告的鉴证活动相关。因此，我们采用信任指数(TRUST)替代主分析中使用的法律环境(LAW)变量衡量企业所在地的非正式环境管制。结果发现，仍然与主分析结果一致。

此外，考虑到 A 股主板上市公司规模存在一定程度的相近性，我们按照《大中小型企业划型标准》将上市公司按照不同行业资产总额分成 4 类：高排放行业为 40 000 万元以上属于大型企业，4 000 万—40 000 万元属于中型企业；低排放行业，15 000 万元以上属于大型企业，3 000 万—15 000 万元属于中型企业。按照这样的分类进行模型估计，与主分析一致。

(3) 空间自相关的稳健性检验。在计算空间自相关的 Moran's I 指数的 Z 值时为得到稳健的结果，增加序列数量到 999，执行多次运行，直到结果稳定。对空间模型选择诊断，除了应用 LM 统计量检验外，还运用了 Wald 统计量以及 LR 检验，其中 LR 检验结果在模型估计表中给出，与 LM 检验结果基本一致。

四、研究结论和局限性

本书基于空间计量经济学的模型分析得出的结果表明：

（1）集群区域的企业之间碳信息披露确实存在空间相关性，但空间相关性在高排放行业的企业集群区域要显著高于低排放行业。对此，我们分析认为，首先，由于长三角地区的高排放企业属于制造加工业的较多，这使得高排放行业中企业集群的产业规模性强，产业链较长，技术溢出更明显，且地理位置更集中（苏良军、王芸，2007）；其次，由于高排放企业在面临大气排放和环境污染问题上受到的外部压力要大于低排放企业，集群区域企业面临的宏观环境管制与环境成本约束的经验具有明显的借鉴与延展性。因此，企业集群变迁在区域集中度与空间相关性上具有显著相关性。它表明，企业集群绿色转型对环境成本效应产生积极的影响。

（2）企业集群变迁下的碳信息披露受外部环境管制的显著影响，这种影响包括所在区域的经济环境、法律环境以及公众形象。我们分析认为，集群区域的高排放企业存在显著的空间相关性，企业之间技术溢出和模仿使得集群区域企业可以共同应对来自外部的压力。因此，高排放的集群企业受到的环境管制要小于低排放企业；而与此同时，低排放企业空间相关性较低，对外部压力影响的反应更强烈，更易受所在区域经济水平和正式与非正式环境管制压力的影响。因此，企业集群变迁要注重产业或产业间的绿色转型引导，使加入绿色转型的集群区域内的企业环境效益明显大于其他集群或集群外的企业。

本书的局限性主要体现在：

一是针对企业集群绿色转型，采用实证方法检验环境成本约束效应存在一定的难度。虽然，我们将企业集群视为产业集群的一种特殊形式，并给予其更宽广的内涵与外延，但是，从产业经济学角度考察，这种认识可能是不全面的或不够科学的。同时，我们在研究中选择以碳信息披露来替代环境成本信息，尽管有一定的代表意义但也存在明显的局限性。比如，碳信息获取过程中存在较强的主观性，碳排放规范的应用在不同企业集群中的应用存在内生性现象等。①

---

① “碳信息的可获得性”是本书以此作为“环境成本”替代尺度的原因所在。然而，研究中的内生性问题可能还是存在的。比如，集群区域企业在碳信息披露上有采取机会主义的倾向等。为弥补该局限，前述研究提出的环境成本约束机制概念具有一定的解释力，即笔者认为在该机制的触发子机制、博弈子机制与运作子机制的引导下，企业“绿水青山就是金山银山”的环保意识将会深入人心。长期看，这方面引起的内生性问题将逐步得到解决。

二是研究过程中采用的是截面研究而非面板数据，虽然在稳健性检验中使用了两年的数据对比，但还是没能充分考虑时间效应的影响。此外，由于我国社会责任披露属于自愿披露，本书中来自年报和社会责任报告中的碳信息存在一定程度的自我选择倾向，且观察企业集群变迁的聚焦度也存在一定的偏差。

第三节　本章小结

企业集群绿色转型是服务于生态文明建设的一项基础工程。强化环境管制，注重生态优先，并使其与社会价值和经济价值充分兼顾是企业集群可持续发展的保障。企业集群绿色转型具有明显的特征：一是可持续性；二是生态性；三是兼容性；四是民主性等。宏观政府的环境管制与中观的环境经营以及微观企业的环境成本核算融合是企业集群区域环境成本约束机制产生的结构性体现，是企业集群可持续发展模式的执行性要求。区别于其他产业集聚，企业集群变迁更注重长远性和战略性，有很强的适应性，兼容并蓄，具有广泛的企业参与性。

企业集群变迁包含产业转型升级的因素，如何在这一过程中嵌入环境管制与环境成本约束的理念与方法，对于集群区域企业稳健发展具有积极的意义。产业投资能够促进企业集群绿色转型的快速形成，使集群变迁成为一种新常态。要强化集群区域的价值链重构，积极推广清洁生产、弘扬绿色文化，不断进行技术创新，努力提升企业集群区域的科技创新速度与效率。企业集群绿色转型要有整体观念，企业之间是一个相互连接的网络结构，随着经济的发展，集群区域由于市场的自发性，会吸引更多的企业向该集群进行产业转移，形成产业集聚和产业转移互动效应。然而，市场竞争的严峻态势又会限制这种集聚，即当这种集聚超过一定的合理规模时，规模效益就会呈现递减趋势。对此，需要加强对企业集群变迁的战略选择，以创新为先导，树立整体最优理念，加强集群区域企业与企业之间的互动。在企业集群绿色转型中，发挥新工艺、新技术的溢出效益，挖掘市场机会，研发出具有区域特色的新产品，这一点至关重要。为了提高企业集群变迁的环境成本效应，本章采用实证分析的方法，围绕碳信息披露研究集群变迁的空间特征，引导集群企业合理配置总部区域，提高企业集群空间上的技术创新效应与经济溢出效应。

第六章　企业集群变迁的环境成本管理实践

将政府宏观的环境管制嵌入企业集群变迁的实践之中，是产业结构升级、产业绿色发展的内在需求。“环境成本约束机制”的提出是企业集群变迁过程中环境成本管理的理论创新，是环境管制与环境成本约束整合的产物。以绿色转型为导向的企业集群环境成本管理实践具有了“立体”思维，它使宏观环境管制、中观的环境经营与微观环境成本核算等紧密结合。本章拟结合企业集群变迁的环境成本管理实践，重点就环境管制中的环境成本内部化以及企业环境成本管理逆反性问题展开探讨。

第一节　企业集群变迁中的路径选择：以环境成本内部化为例

政府是经济发展与环境保护的协调者和主要实施者，对环境问题的治理和预防负有不可推卸的关键责任(沈洪涛、廖菁华，2014)。政府宏观层面的环境管制对环境成本管理的新要求，体现在企业集群变迁中的环境成本转化实践之中，即由传统的外部化转向内部化。通过环境成本内部化将企业对外部环境所产生的各种本来无须企业自身报告并为之负责的影响加以确认、计量并作为企业的成本对外披露，并使企业主动承担经济责任和社会责任。企业集群变迁中的环境成本内部化是环境管制在集群企业中发挥环境成本约束机制作用的具体表现。

一、企业集群变迁视角的环境成本内部化路径

企业集群组织在环境保护的同时，肩负着区域经济发展的重任。企业集群绿色转型需要关注两个问题：一是政府宏观层面的环境管制与集群层面环境经营和微观层面环境成本核算的内在联系；二是企业集群整体的环境成本约束与群内企业环境成本最小化的协调。集群企业承担应付的环境耗费代价是环境成

本约束机制作用的基础，也是宏观环境管制发挥功效的前提。

（一）环境成本控制系统视角的内部化路径

在政府环境管制的基础上制定集群区域的环境成本约束规则，采用诸如环境成本内部化的方式来体现环境成本控制系统的功能作用，是企业集群变迁中环境成本管理实践的内在需要。目前，常见的外部成本内部化的制度路径有以下几项内容。

1. 征收环境税

政府对污染行业的企业进行征税，尤其是征收环境税是实现环境成本内部化的一个有效途径。① 通过征税，可以“矫正”市场价格结构，影响和控制集群区域企业的污染排放行为，采用价格手段控制污染者的过度排放，进而实现资源的有效配置。从目前情况看，环境税主要包括：①排污税。通过对每单位排放到环境中的污染物收费，使企业自行把污染物的排放减少到一定程度，每单位污染控制成本恰好等于企业控制污染必须缴纳的排污税。这种方法通常用于对水污染、废弃物污染和噪声污染的控制。②环境浓度税。从企业集群视角看，当企业的排污量超过了集群区域总环境浓度时就要受到惩罚（低于总环境浓度时则可以得到奖励），集群组织可以根据企业排放的污染量与某种污染标准的差额来征收单位罚金，或给予单位补贴。③产品税。通过对那些引起污染的产出和投入直接征税来间接影响集群内企业的行为。现实中，一些产品或原材料或它们的包装物被抛弃处理时会对环境产出污染，对于这样的产品或原材料所征收的税就是产品税。

2. 实施排污权交易

排污权交易（pollution rights trading）是解决外部性问题的重要方法，它是指在污染物排放总量不超过一定区域内允许排放量的前提下，内部各污染源之间通过货币交换的方式相互调剂排污量，从而达到减少排污量、保护环境的目的。排污权交易制度是指凡是需要向环境排放各种污染物的单位或个人，都必须事先向环境保护部门办理申领排污许可证手续，经环境保护部门批准并获得排污许可证后方能向环境排放污染物的制度。目前，我国已在深圳、上海等地成

① 2018年1月1日起，我国首部“绿色税法”——《中华人民共和国环境保护税法》开始实施，对大气污染物、水污染物、固体废物和噪声四类污染物，过去由环保部门征收排污费，现在改为由税务部门征收环保税。环保税确立了多排多征、少排少征、不排不征和高危多征、低危少征的正向减排激励机制，有利于引导企业加大节能减排力度。

立了相关的排污权交易场所。相关的环境税的税额是购买价格，也是企业（组织）向政府购买的污染物排放权，不同的是排放权交易没有直接为排放权赋予价格，是通过法定的行政管理程序将总排放额度分配给各个排放者，内部之间可以互相购买剩余额度。从企业集群变迁角度思考，在认真归类和控制污染物的同时，需要事先确定集群区域的排污总量，并借鉴排污权交易的方法在集群区域企业之间加以实施。这种政府的环境管制手段仍然是一种行政导向的政策制度，会因集群区域与环境容量之间的不平衡与不充分导致矛盾，所以在分配排放量时需要组织集群进行合理规划，重视集群企业的环境预算和对排污总量完成情况的控制。[①] 排污权交易作为国内环保制度的一项重大创新，在操作规范及运行机制上还需要进行深入的探讨，企业集群变迁中的排污权交易对集群层面的环境成本内部化将起到积极的促进作用。

3. 生态补偿机制

近年来，生态补偿机制在国务院《关于健全生态保护补偿机制的意见》（国办发〔2016〕31 号）基础上得到了相应的完善与发展。[②] 生态补偿对象主要是 3 类主体：一是生态保护的贡献者。他们对生态环境保护投入了大量财力与精力，应该给予他们一定的奖励和物质支持。二是生态破坏的受损者。随着人们改善自然环境呼声的提高，保护环境、预防和减少环境污染已成为一项政治任务。[③] 由

---

① 排放权交易的价格机制是能否解决外部性问题的关键（Driesen，2014），加快完善这一机制需要环境成本管理实践的持续创新，即排放权交易价格的确定离不开对排放权、生态资产、减排技术的会计确认与计量。目前，会计学界对排放权的确认与计量研究较多，但标准仍未统一。欧盟至今仍无统一的碳排放权会计处理指南。美国虽然在 20 世纪 90 年代确立了二氧化硫排放的许可证发放和跨区域交易制度，但是 FASB 至今也没有给出统一的排放权会计处理指南。

② 环境成本管理主要对生态资产和生态服务进行核算与控制，主要方法有重置成本法（为避免生态资产和生态服务消失所需要花费的成本）、治疗成本法（修复生态资产和生态服务消失的损害所需要的成本）、模拟交易定价法（用虚拟的生态资产和生态服务市场所产生的收益作为计价标准）以及其他非市场化的计价方法（TEEB，2010）。

③ 中国对生态文明的深刻理解和重视以及在清洁能源方面所具备的强大实力是环境成本管理的重要支撑。比如，中国大力支持联合国共同实现 2030 年可持续发展目标，承诺我国非化石能源占一次性能源消费总量的比重将在 2020 年达到 15%，在 2030 年达到 20%左右。同时，在气候变化的《巴黎协定》签署过程中中国积极主动地配合，成为发展中国家利益的代表。国际能源巨头、英国石油公司（BP）集团最新发布的《BP 世界能源统计年鉴》显示，2016 年全球可再生能源发电（不包括水电）同比增长14.1%，增加 5 300 万吨油当量，中国超过美国，已经成为全球最大的可再生能源生产国。

于生态破坏的渐进性与受损者追求利益的激进性之间的矛盾，使生态恢复及受损者的补偿成为生态文明建设的一项重要课题。政府层面的环境管制需要对此在财力上给予一定补偿或帮助。三是减少生态破坏者。由于生态保护意识的提升是一个长期的过程，通过恰当给予生态破坏的直接主体某种程度的减损金额，可以调动他们的积极性，实现生态文明建设的良性循环。对此，一方面，需要制定科学、合理的补偿标准。宏观政府的环境管制必须与中观、微观的环境成本管理相结合，比如围绕生态资产和生态服务的定价，将企业集群变迁的绿色效益与环境成本信息紧密挂钩，使生态资产与生态服务的贡献与集群区域的环境成本约束机制相联系，并采用实物与货币多种计量属性进行计价，使企业集群变迁的社会福利得以充分体现，吸引更多企业加入集群组织。另一方面，采取以定量为主的方式补偿上述3类主体等，使这些主体在企业集群绿色转型中发挥更加积极的作用。

4. 推行环境标志制度

环境标志，亦称绿色标志、生态标志，是指由政府部门或公共、私人团体依据一定的环境标准向企业颁发的，以证明其产品符合环境标准的一种特定标志。该制度对于树立企业集群区域的环境友好行为，强化企业产品全过程中的环境控制，促进企业改进工艺、积极开发一些对环境污染影响较少的替代品，实现生产、消费与环境的高度协调统一等具有积极的意义。换言之，环境标志制度的实施意味着生产者要对产品全过程中的环境行为进行控制，即从研究、开发、生产、销售、使用到回收利用和处置的整个过程都需要考虑环境成本因素。标志获得者可以把标志印在或贴在产品或其包装上。它向消费者表明，该产品实行了全生命周期的环境成本管理。① 环境标志制度可能会给期望借助环境标志赢得销售优势的生产者带来直接和间接费用。其中，直接费用指环境标志项目通常收取申请费和标志使用的年费，数额根据标志产品年销售量的百分比进行计算；间接费用是生产商为了获取环境标志通常要把较大份额的环境检验、测试、评估等费用在企业内部消化，由此增加了其生产成本。另外，在获得环境标志之后，产品从包装装潢重新设计到商业广告等方面的支出，也将提高产品成本。实施环境标志制度是实现环境成本内部化的一个重要路径。

---

① 从研究、开发、生产与销售、使用到回收利用和处置整个过程都符合环境保护要求，对环境无害或损害极小。

5. 普及 ISO14000 标准

ISO14000 是国际标准化组织 ISO/TC207 负责起草的一个系列的环境管理标准，它包括了环境管理体系、环境审核、环境标志、生命周期分析等国际环境管理领域内的许多焦点问题，旨在指导各类组织（企业、公司）取得和表现正确的环境行为。ISO14000 系列标准完全刷新了原有标准的固定模式和概念，它是针对生产产品的企业制定标准。它不评价产品的绝对值问题、技术问题、标准问题，而是评价企业在组织生产过程中是否符合环保法规、是否遵循原有的承诺。ISO14000 系列标准中的 ISO14020—ISO14029 标志对企业的环境表现加以确认，并通过标志图形式向消费者展示标志产品与非标志产品的差别，形成强大的市场压力和社会压力，使企业主动、自愿地采取预防措施，持续性改善环境。系列标准中的 ISO14040—ISO14049 规定实施从产品开发、设计、加工、制造、流通、使用、报废处理到再生利用的全过程（即产品的整个生命周期）都要符合环境要求。同时，该标准还规定污染者负担资源费用、环境治理费用。由此可见，ISO14000 在相当大的程度上体现了环境成本内部化（即在产品价格中反映出环境成本并在国际贸易中由产品的生产者和消费者共同负担这一费用）的要求（李小平、卢现祥，2010）。

在上述环境成本内部化的路径中，前三种属于宏观环境管制的范畴，后两种大体上属于中观与微观的环境成本约束的内容，其中对污染者征税的实行效果可能最强。① 这是因为，环境与生态资源无法做到产权清晰，即由于公共财产的产权具有模糊性和非排他性，任何人都可以自由使用公共财产而无须征得他人的同意或缴纳相应费用。对此，政府必须引入市场机制，通过对外部不经济行为征税的方式进行环境管制，从而有效引导企业集群变迁过程中的外部性成本内部化活动。

（二）环境成本信息系统视角的内部化路径

从环境会计角度讲，环境费用包括自然资源损耗费用、维持自然资源基本存量费用、生态资源降级费用、生态资源保护费用等。从环境预防、治理、发展、补

---

① 政府通过税收手段，采用生态税收的征收行为阻止或缓解当代人向后代人延伸负的外部性，如将税收用于环境保护工程、资源的保护、新技术的开发等。此外，环境信息的稀缺性与不对称性容易导致市场调节失灵。例如，污染者对其生产过程、生产技术、排污状况、污染物的危害等方面的了解往往比受污染者要多得多，但受经济利益的驱动，他们容易隐藏这些信息，并实施污染行为。

偿和监控等视角考察，环境费用主要表现在环境设备的购置与改造费用、污染清理与环境修复费用、绿色与环境卫生费用、排污费、环境罚款与赔偿费用、环境押金，以及环境监测、环保研究与开发、环保宣传教育等费用。基于环境成本管理的信息支持系统，其内部化路径可以从以下几个方面加以选择。

1. 优化成本核算方法，为环境成本内部化提供有用信息

首先，为满足企业集群变迁的环境成本内部化需求，集群区域必须推广应用物料流量成本管理等方法。物料流量成本管理是一种系统的、追踪物料与资源在生产流程中的转化过程，使相关损失高度可视化，提升内部信息透明度的成本管理办法。[①] 它贯穿于环环相扣的生产流程之中，从实物和金额两个方面描述物料流动状况，并根据物料的流动将所投入的资源以合理的分配比例在正、负产品间分摊，从而反映出资源利用效率，以及负产品的金额、构成和发生环节等(冯巧根，2008；郑玲，2009；周志方、肖序，2010)。这样，有助于管理层从资金消费(金额)和生产流程(环节)上发现原来没有意识到的资源浪费和环境污染，为管理层查找资源无效的根源，对症下药提出优化的解决方案，提供数据支撑。2011年9月15日，国际标准组织委员会(ISO/TC207)正式发布了《环境管理——物质流量成本会计的一般框架》，即ISO14051号文件。该框架作为环境成本核算的重要手段对促进集群企业树立良好的环境保护意识，实现企业集群变迁的组织效益、经济效益和环境效益的统一起着很好的效果(冯圆，2013)。换言之，以物料流量成本会计为核心的方法选择，不仅有助于提供企业环境成本投入与产出的全面信息，而且能够通过以下路径实现集群区域企业的价值增值：①物料流量管理提供的废料成本信息，可以确定废料产生的关键环节，通过加强研发替代原料或工艺，改善技术工艺以修正废弃物的处理方法；②通过物料成本分析，能够重新规划集群企业设备或加强与供应链成员的合作，进一步提高废弃物利用效率，降低营运成本。

其次，将决策成本法概念框架应用于集群变迁的环境成本制度设计之中。决策成本法概念框架(简称"决策成本法")是一个关注企业内部管理，由原则、概

---

① 有关这种方法的应用，笔者在国内一些杂志已发表过几篇文章进行了探讨，如《G陶瓷公司环境成本管理》(作为复印资料《财务与会计导刊》全文复印)。限于篇幅，本书不再对此进行相关的案例研究。

念和约束条件构成的标准体系，它是一种能够反映企业资源和经营特征的方法论[①]，其内在结构等如图 6-1 所示。

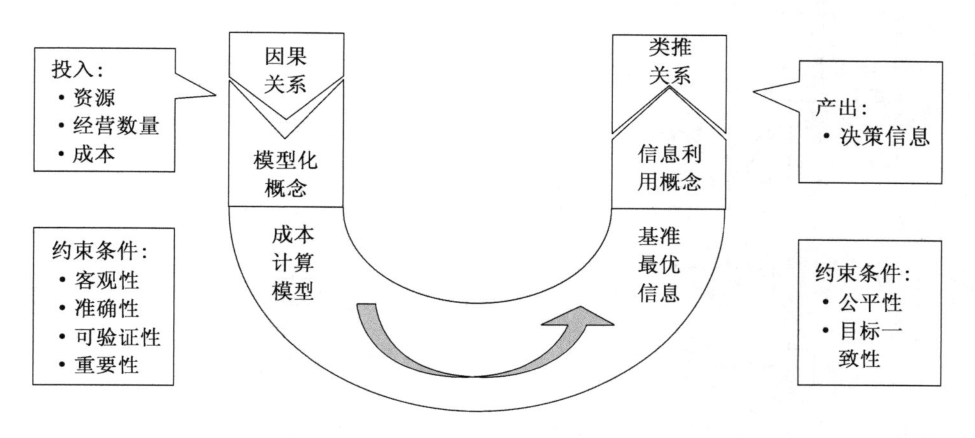

图 6-1　决策成本法概念框架图

图 6-1 表明，决策成本法要求从投入到产出，始终贯穿的原则是因果关系和推类关系。决策成本法根据这两个原则，反映环境成本信息并评估现有环境成本管理的合适性，为集群变迁提供决策支持。决策成本法概念框架除了建立信息交流沟通的统一基础外，还弥补了现实决策中成本相关性缺失的局限。以往，企业基于什么做决策、哪种成本计量方式更加适合企业实际情况，以及如何评价和分析得到的相关数据，一直是依靠直觉、经验和企业惯例，没有一个统一的框架来指导，决策成本法的出现正是为此提供了一个指导方法，有助于企业集群变迁的环境制度建设，提升集群企业的决策价值。以物料流量成本会计为例，物料流量成本会计从数量和价值两方面反映了企业内部废弃物的损失，而决策成本法，利用其约束条件来控制环境成本管理质量和资源利用率管理的实践，以达到优化成本管理水平的效果，使得物料流量分析体系最终得以建立健全。决策成本法与物料流量成本会计的整合思路具体流程如图 6-2 所示。

改革开放以来，随着作业成本法、精益成本法、物料流量成本法等的工具创新，迫切需要以决策成本法概念框架去指导集群企业的会计工作。比如，在已经

---

① 在美国管理会计师协会(Institute of Management Accountants, IMA)的大力资助下，IMA 前主席 Larry R. White 率领其研究团队于 2014 年撰写了《决策成本法概念框架》(Conceptual Framework for Managerial Costing)一文，并在前人对管理会计和成本会计的研究基础之上，正式提出了决策成本法概念框架及其基本思想。

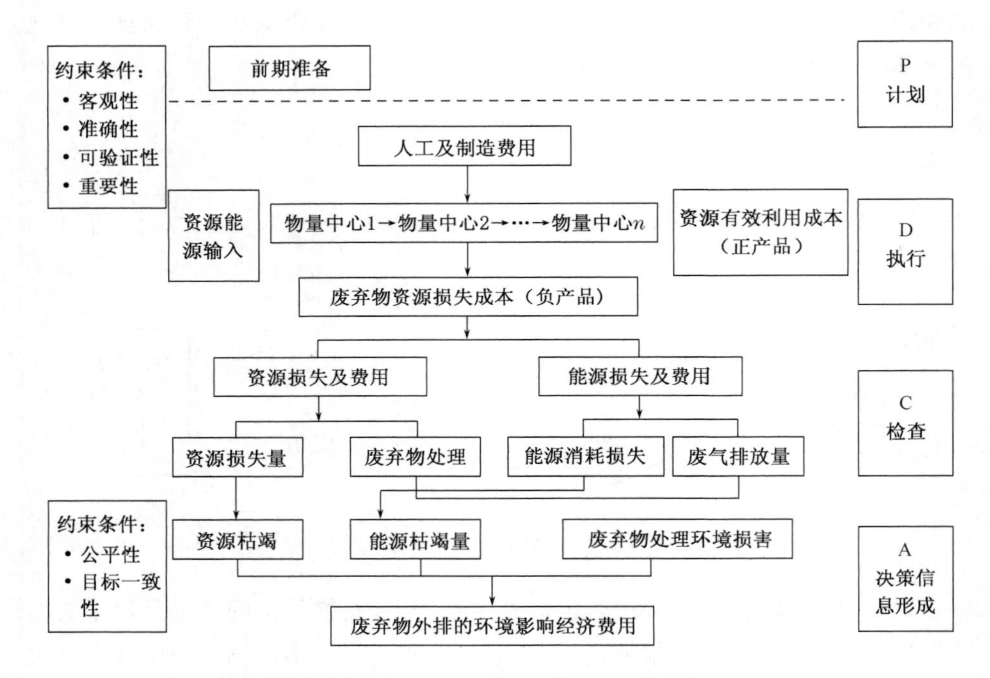

图 6-2　基于决策成本法概念框架的物料流量成本管理

选择的环境成本管理办法符合企业目标的前提下，需要检验其对成本决策法概念框架两个原则（"因果关系"和"推类关系"）的落实情况。成本决策概念框架的应用，还需要根据企业集群变迁的实际情况以及目标的重要性，结合相关原则、概念和约束条件，来选择最合适的嵌入方法，并将其体现在环境成本的制度设计之中。图 6-2 属于这方面的一种尝试。

2. 将环境收益内部化，使加入集群的企业从中受惠

由企业集群组织牵手，针对集群绿色转型中环境治理情况，应用环境成本信息系统进行"成本/效益"分析。环境成本内部化的环境收益可以从直接与间接两个视角加以考察：一是直接的环境效益。一方面体现在资源产品的销售收入中，可以采用影子价格法、直接扣除法和数学分解法对直接环境效益进行计量，依据计量结果进行直接环境效益的核算；另一方面由来自企业对环境采取积极的保护措施和对环境污染的积极治理产生的现实收益。表现为：国家对企业集群区域的资金支持，对集群区域环境治理企业的奖励，企业利用"三废"生产产品所得到的收入及为此享受到的有关流转税、所得税等税收的减免税的优惠政策，从国有银行及绿色金融机构取得的无息贷款所得到的利息节约，以及由于采取

某种污染控制措施而从政府取得的无须偿还的补助或价格补贴，企业主动采取治理污染措施所发生的支出低于过去缴纳的排污费、罚款和赔偿金而节约的部分所形成的收益，转让排污权所形成的收益等（冯圆，2014）。二是间接环境收益。它具有间接性、隐蔽性、分散性、模糊性、生态环境资产的非耗减性等特点，其计量有较大难度，其核算特别是企业的微观核算就更加困难（原毅军、耿殿贺，2010）。因此，环境成本信息系统需要结合国家宏观层面的环境管制和集群区域的环境经营活动以及企业的环境成本核算等，从宏观、中观与微观结合的视角定期对相关的环境成本与收益进行计量与评估。

3. 全面认识环境成本内部化中的成本要素结构

企业集群变迁可以结合绿色转型与变迁管理的要求，将环境经营划分为绿色经营与可持续发展等几个方面。绿色经营是针对集群变迁中的显性成本进行的环境成本内部化方式，而可持续性发展则是通过企业集群变迁不断优化资源的利用效率，挖掘环境隐性成本，提高环境成本管理综合效率与效果的经营手段。从会计视角考察，显性成本是指可以通过现行的会计系统加以确认与计量的成本，一般包括资源费、排污费、绿化费、ISO 认证费用及环保固定资产的折旧费等。从企业集群的变迁管理分析，它可以通过集群内环境设备的投资以及共同进行环境治理等管理创新方式来提高环境成本管理的效率与效益，也是环境成本约束最直接的体现。隐性成本是现有会计系统无法进行确认与计量的成本，它可以通过资源利用效率加以体现，其公式为

$$隐性环境成本=k\times 资源损失$$

隐性环境成本取决于两个因素，一是资源损失；二是单位资源损失的成本 k，也称转换系数。控制好集群区域本身及企业的资源效率，能够较好地控制环境成本。隐性环境成本不但需要资源损失的计算，还需要对另外一个参数进行计算，那就是单位资源损失的成本 k。k 值通常被称为转换系数，是把资源损失价值转换为环境成本，其公式为

$$k=\frac{某集群区域环境损失总额}{某集群区域资源损失总额}$$

尽管资源损失是造成环境破坏继而产生环境成本的主要原因，但从本质上讲，资源损失并不能完全代表环境成本。也就是说，100 元的资源损失并不意味着会对环境产生等值 100 元的损害，真实的环境成本可能大于 100 元，也可能小于 100 元，而等于 100 元的概率非常小。资源损失到环境成本的转换受到影响的因素很多，包括企业集群所处的行业及其资源的污染特性等，进而使环境成本

存在不确定性。由于资源名目繁多，不可能完全掌握每一种资源的污染特性，但基于行业的转换系数计算还是可行的。

企业集群变迁中的环境成本约束对提高企业环境治理有着积极的作用，而政府环境管制与企业集群环境经营等环境约束机制的综合应用，将发挥出更大的作用。假定政府能够对集群区域的环保投入的最大成本为 C，所能接受的环境事件数量的最大值为 S，其中 $g_1(t)$ 代表环境管制条件下日常性的控制能力，$A(t)$ 代表环境成本约束（环境经营能力等）的控制能力。在政府环境管制方面，在不具备环境成本约束的配合情境下，环境管制的日常环境成本为 k_1，例外性控制的每个环境事件的环境成本为 k_2，那么政府的环境管制成本为

$$C_{G0} = g_1(t)k_1 + \sum S_1 k_2$$

$$k_2 > k_1, \sum S_i \leqslant S$$

在具备环境成本约束的信息条件下，环境事件不会发生，或者发生概率非常小，可以忽略不计。

$$C_{G1} = g_1[A(t)]k_3$$

式中 k_3 为存在环境成本约束信息情况下的单位日常环境治理成本。在环境成本约束存在的情境下，将对政府环境管制提供良好的决策依据，亦即在提高监管效率的基础上，其总成本还要比没有环境成本约束信息时要少，即 $C_{G1} < C_{G0} \leqslant C$。由此得到

$$g_1(t)k_1 + \sum S_i k_2 - g_1[A(t)]k_3 > 0$$

$$k_2 > k_1, \sum S_i \leqslant S$$

在环境成本管理方面，当企业集群没有建立环境成本约束机制时，其成本为

$$C_{E0} = e[g_1(t)]\nu_1 + \sum S_i \nu_2$$

式中 ν_1、ν_2 分别为集群区域或企业遵循宏观政府环境管制要求所付出的企业集群或企业处理环境事件的单位成本。当企业集群建立起环境成本约束机制时，其成本为

$$C_{E1} = e\{g_1[A(t)]\}\nu_1 + A(t)\nu_3$$

实施环境成本约束对集群区域及企业的业绩具有促进作用，主要体现在企业前后成本对比的节约上，即 $C_{E1} < C_{E0}$，具体有

$$\Delta G = C_{E1} - C_{E0} = e\{g_1[A(t)]\}\nu_1 + A(t)\nu_3 - \{e[g_1(t)]\nu_1 + \sum S_i \nu_2\} < 0$$

根据 e 函数的性质，可得

$$\{g_1[A(t)]-g_1(t)\}\nu_1+A(t)\nu_3-S_1\nu_2<0$$

上面这一公式表明，环境管制与环境经营等环境成本约束机制的融合将大于单纯的环境管制效果，通过环境治理与环境事件的比较，表明环境成本约束机制有助于抑制环境事件的发生。决定环境成本减少的因素有两个，一个是 $A(t)$ 的函数具体形式，也就是说，环境成本约束机制对环境成本的减少具有决定性作用；另一个取决于实施环境成本约束机制所付出的代价与发生环境事件之间的对比关系，最典型的是“成本/效益”原则。这两个因素中 $A(t)$ 起着重要的作用，除了要满足环境管制的要求，还有受集群区域环境事件的约束。

二、企业集群变迁路径的战略规划

企业集群变迁路径的战略选择主要体现在全面、共赢和效益的控制理念上，环境成本约束机制要求企业集群区域必须对经营活动中涵盖的所有环境因子进行全方位、全时序上的控制，不仅包括经营主体企业的生产、销售等行为，还要兼顾企业集群的组织行为和顾客的消费行为与社会行为。

1. 构建企业集群变迁的环境成本管理机构

在政府环境管制的基础上制定集群组织的环境成本管理机构①，通过企业集群环境价值观的渗透和环境文化的培育，为集群企业环境矛盾或冲突提供协调解决的组织保证。同时，加大环境技术的开发与利用，积极筹措资金，构建集群区域的环境设备或技术的保障中心，提高集群区域环境成本控制系统的功能作用。环境成本管理机构从集群变迁的全局出发考虑集群区域的环境问题，协调政府有关部门以及群内企业之间的关系，对环境成本约束做出科学的规划；对各经营主体的环境行为进行监督，从整体上对排污等环境成本实施控制；避免企业各自为战的无效行为，促使企业在适应集群变迁及绿色转型要求的前提下降低本企业的环境成本；同时，该机构对集群企业排污等环境成本控制实施情况保持日常的监督与考核。

企业集群主要以小企业为主体，面对排污等环境问题往往表现出资源的有限性，企业集群变迁中的环境成本管理机构作为政府与企业的中介组织，一方面可以借助于环境管制政策与制度约束企业主体实施环境治理与生态保护；另一方面可以结合企业集群的环境特征，抓住关键问题制定出符合集群区域自身情境的环境经营措施及相应的规则，进而为企业集群的可持续性发展提供新的思

① 这里的环境成本管理机构包含了环境成本协调委员会等组织。

路和新的方法。基于企业集群变迁的环境成本管理机构需要制定事前、事中与事后控制的全方位策略。

(1) 事前控制。在综合考虑集群区域企业生产经营特点和工艺流程特征的基础上,把握未来可能的环境成本支出,并将其纳入集群整体的环境成本控制系统之中,提出各种切实可行的方案。并且,注重方案的价值评估,充分征求集群内各经营主体的意见,使集群区域环境成本管理达到最佳效果。

(2) 事中控制。对集群内整体的排污状况及企业的污染物类别等环境成本的发生过程进行有效控制。这一环节的主要工作是从技术经济视角来考虑产品成本问题,跟踪产品的生产过程,监督和控制环境成本的发生。同时,对排污等环境成本问题进行分析,发掘新的能够调整和改善环境成本管理的结构性动因,协调集群内企业之间的环境责任关系。事中控制过程中得到的相关数据资料,为环境成本管理机构组织评价提供依据,并为下一期的目标确定和计划安排做好准备。

(3) 事后控制。它是针对集群内污染发生后设法予以清除和弥补的行为。企业经营过程是固化的,如果不实施企业集群的绿色转型,其生产经营势必会发生环境污染。这一过程中发生的各种费用支出需要在企业集群内部加以分配,环境成本管理机构要加强对企业集群的变迁管理,减少集群整体或个体企业环境排污行为的再次发生。

2. 倡导环境成本控制系统与环境管制的有机融合

优化环境成本控制系统,实施环境成本内部化是集群区域的环境效益、经济效益与组织效益协调与统一的内在要求。环境成本控制系统是一种由市场化主导的企业环境治理行为,而环境管制则属于由国家主导的政府强制行为。中国特色的环境治理体系必须是政府主导性与市场自发性的结合,企业集群变迁中环境成本约束机制就是环境管制与环境成本控制系统融合的结果。换言之,中国经济要从高速增长转向高质量发展,离不开生态文明建设下的环境治理。党的十九大报告提出,“新时代”的社会主要矛盾已经转化为人民日益增长的美好生活需要和不平衡不充分的发展之间的矛盾。只有深刻理解“新时代”的生态文明建设内涵,才能正确认识环境治理的主体、对象,以及选择环境管理与环境成本管理的方法或工具。环境治理不仅要注重宏观环境管制政策手段的平衡性,还需要强化中观集群区域的环境经营、微观企业环境成本核算与控制的充分性与及时性,只有两者实现有机的整合,才能实现社会生态的协调与发展。总之,通过环境管制与环境成本控制系统的融合,就是要强调可持续发展的环境治理和生态保护战略,以及增强“绿水青山就是金山银山”的意识,引导企业集群坚持节约资源和保护环境的生态理念，构建环境友好的社会责任体系，进而使集群区域企业获得来自多方面的利益，如降低企业资金成本、吸引新客户或者更容易得到投资者的信任等。

3. 提高环境成本信息系统的执行性功能

从消耗资源角度分析，环境成本主要包括资源消耗成本、自然资源超额消耗、环境污染损失、环境机会成本、资源滥用成本。从环境保护角度分析，主要包括环保行政与规划费用，环境相关的资本投资、研究与开发费用、业务费用和补救措施费用、回收费用，"三废"排放、重大事故、资源消耗失控等造成的环境污染与破坏成本，以及环境预防、治理、补偿及环境发展费用。通过环境成本信息系统开展全面适时的环境控制，有助于集群企业从全生命周期视角认识产业的绿色转型，即在"原材料开发—生产加工—运输分配—使用消费—废弃物回收处理"的价值链上加强环境管制与环境经营等的融合。体现于环境成本内部化中的环境成本约束机制就是企业集群变迁成功与否的重要标志，也是企业主体是否愿意在集群中长期生存与发展的基础。换言之，企业集群区域的环境成本信息系统必须恰当地披露环境与经济的关系，使进入集群中的企业能够自觉履行社会责任，并获得企业经营超额的经济与环境效益。

4. 将环境成本嵌入集群区域的环境经营实践

环境经营扩展了企业环境成本管理的射程与边界，使环境成本与生产成本、交易成本、文化成本等有了融合的平台。目前，嵌入环境成本的环境经营实践已创造出许多新的方法，如环境作业成本管理、环境物料流量成本管理和环境周期成本管理等，它们是在环境成本与作业管理、环境成本与物料管理以及生命周期管理等的融合基础上展现出的环境经营成果。近年来，笔者对长三角地区中小企业(主要是民营企业)的环境经营活动进行了持续的跟踪与调查，在环境经营方面应用最为普遍的方法是"效益导向的成本管理(简称 EoCM)"，它是德国费舍尔(Fischer)开发的一套环境成本管理方案，比较适用于中小企业。[①] 它由中

① EoCM 的研究对象是企业资源的利用效率，它与环境经营的思想一脉相承，通过 EoCM 理论与方法体系的推广与应用，加强了企业的安全生产和有效的环境保护；其研究的目标是实现企业的"三赢"，即获得经济效益、环境效益和组织效益。

德政府间以协作项目的方式引入中国[①],并主要在江浙地区广泛实施。该方法强调效益导向的环境经营与管理,结合环境成本的内外循环系统,消除企业经营中的不增值产出(Non-product Output,NPO)。[②] 通过 NPO 管理,剔除经营活动中的不合理事项,制定相应的治理机制和改进方案,使企业或产业集聚区域在降低排污等环境成本的同时,提高资源的利用效率。

基于环境经营的 EoCM 项目是政府导向的产物,深受中小企业欢迎。以中德合作的扬州 EoCM 项目为例,自 2006 年开始运行以来,该项目已为扬州地区的 100 多家企业采用。这种成本管理方法在增强环境保护意识、提高资源利用率上注重挖掘企业及企业集群区域的环境经营潜力。早期扬州市政府(市经贸委、中小企业局)在该项目的实施过程中采用的是先试点再推广,冯圆(2014)跟踪研究的阿波罗蓄电池有限公司、宏远电子股份有限公司、恒生化工股份有限公司等就是当初开展试点的第一批企业。近两年,为了对"长三角"地区 EoCM 项目进行考察,冯圆(2016)进一步结合浙江湖州市企业集群区域的若干家小公司开展了实地研究,采用走访、座谈、现场考察与问卷调查等形式,在企业报表资料的基础上,对该地区的振龙电源公司、国能电控公司和长能电源公司的 EoCM 项目实施情况进行了效益评价,即主要围绕这些公司环境经营中的减排成本(废水、废气、废渣),开展了成本/效益比较。通过对这些公司近 8 年来减排资料的整理,发现一个共同特点是:均结合闭环流程改造、废弃物(污染物)排放进行控制,谋求环境经营的资源利用效率与效益。其实,这也是中德合作浙江项目的基本特征之一。[③]

这 3 家公司均是在 2008 年开始实施 EoCM 项目的。减排成本的资金投入主要是在闭环流程改造时发生的支出,振龙电源公司当初投入了 213.4 万元,实施效果比较明显,即当年就实现了 598.5 万元的项目改造效益,从该公司这 8 年的报表及账面资料分析,每年的项目效益大约为 500 万元;国能电控公司主要的减排成本为废水和废渣,公司基本没有废气排放;项目初期的投入为 364.8 万

① 这项管理技术是为配合 2012 年 2 月颁布的《中华人民共和国清洁生产促进法》(2012 年 7 月 1 日实施)而引入的。它在"长三角"地区的广大中小企业(主要是民营企业)中得到了普及与应用,各省还专门进行了制度设计,如浙江省经贸委专门制定了《浙江省有效益的环境成本管理(EoCM)验收暂行办法》(2007 年 4 月)等。

② NPO,指那些在生产过程中无效用的原材料、能源和水。

③ 本书仅就案例企业产品制造活动中的减排成本做了整理与分析,有关企业实施环境成本管理等的环境经营背景资料及具体运作流程等,在另文中阐述。

元，效果也较为明显，当年获得的项目效益为 631.4 万元，以后几年稳定在约 600 万元，约占生产总成本的 4.3%。与此同时，对于废弃物的控制也有了明显的改善，实施 EoCM 项目的 8 年时间里，3 家公司的污染物排放明显降低，如振龙电源公司减少废水排放约 9 吨/年、废气排放约 30 立方米/年、废渣约为 150 吨/年。国能电控公司减少废水排放约 11 吨/年、废渣约 290 吨/年等。其他资料如表 6-1 所示。

表 6-1　湖州地区实施 EoCM 项目的企业环境成本/效益比较

公司名称	项目总投入/万元	闭环流程改造的产出效益/万元						
		2008 年	2009 年	2010 年	2011 年	2012 年	2013 年	2014 年
振龙电源公司	213.4	598.5	539	514.9	498.2	503.1	492.8	596
国能电控公司	364.8	631.4	650	552	544.7	615.5	552.9	660
长能电源公司	436.8	742.3	512	690.2	755.6	753.2	751	749.8

公司名称	污染物	控制污染物的产出效益						
		2008 年	2009 年	2010 年	2011 年	2012 年	2013 年	2014 年
振龙电源公司	废水/吨	9	8	9	7	8	9	10
	废气/立方米	30	31	37	41	43	45	41
	废渣/吨	150	161	181	191	140	130	121
国能控公司	废水/吨	11	16	17	17	24	21	14
	废渣/吨	290	218	293	219	290	289	297
长能电源公司	废水/吨	16	17	18	17	19	18	17
	废气/立方米	66	63	58	64	67	68	66
	废渣/吨	194	189	190	193	183	195	193

注：闭环系统投入已包含了控制污染物的相关金额；闭环流程改造中的产出收益包含政府的相关环保奖励（因为金额不大，没有单独加以列示）。

表 6-1 说明，环境经营对集群区域的中小企业环境成本管理而言，效益大于投入；而且，这种生态环境的行为与措施还具有可续性，对于企业获得市场竞争优势具有积极的意义。诚然，环境成本管理不只是减排成本，还需要探索环境成本方

面的其他内容，并据此来反应集群区域企业真正的环境经营价值。[①] 总之，要强化环境成本管理的市场化理念，围绕环境经营纠正以往环境成本核算中存在的遗漏或不足，并通过排污等环境成本管理活动为企业挖掘出新的利润增长空间。

第二节　企业集群变迁中的行为优化：环境成本管理的逆反性与应对策略

"逆反性"表现为一种排斥效应，它是与企业集群变迁相抵触，在集群绿色转型过程中重新赋以环境管制与环境经营等不同观点或行为特征的思维。"逆反性"下的企业集群变迁，需要结合供给侧结构性改革，从宏观环境管制与微观环境成本核算视角强化企业集群变迁的环境经营行为，以提高企业集群变迁的效率与效益。

一、企业集群变迁实践中表现出的"逆反性"

（一）企业集群变迁逆反性的形成原因

1. 对企业集群变迁缺乏有效管理

在企业集群绿色转型的变迁过程中，会遇到一些逆反性问题。以迁移区域对集群企业的排斥性为代表，一是产业本身的环保问题。当地居民反对企业进入，原因是环境可能会被污染。二是隐形的环保问题，现在认为没有影响，日后可能有较大影响。比如，港珠澳大桥原来在香港附近也是从海面上通过的，当地居民有意见，认为噪声等对海洋及人们日常生活有污染等方面的影响。政府不得不建造海底隧道，这样自然极大地增加了建造成本。然而，从长远及战略角度看，这项环境成本投入可能是划算的。三是清洁生产的能力问题。集群企业没能力解决现存的环保问题，仅仅是从一个地区迁移到另一个地区，属于环境的跨区域转移（国与国之间则是跨境转移）。四是对环保宣传的有效性认知问题。人们对环境保护和生产企业的环境能力认识不足，如果宣传较为到位，也许这种排斥效应就会降低或消除，等等。

---

① 江浙一带小企业集群现象比较普遍，且这些企业实施环境经营的积极性很高。有关这方面的研究还可以参考笔者发表在《会计研究》上的《基于环境经营的排污成本管理研究》（2016年第3期），以及其他期刊上的相关文章。

2. 对企业集群变迁的环境成本问题认识不全

企业集群变迁不能只是从一个环境管制严厉的区域转向另一个环境管制偏轻的区域。这种环境成本外部化，通过社会及其他企业来承受本企业集群中的环境成本，从而达到环境效益与经济效益并重的目标要求，是不可取的，也是不长远的。关于此类问题学术界讨论较多(郭晓梅，2003；陈廷辉，2009；常杪等，2009；迟诚，2010；蓝庆新、韩晶，2012)，有的人认为，这种“成本转化”有助于培育企业集群的核心竞争力，使集聚区域的企业在激烈的市场竞争中获得竞争优势(迈克尔·波特，1997)；有的人则认为，这是我国经济社会发展效率低下的重要根源(芮萌，2013)，并且认为：“大家都很忙，且没有效率，因为更多人的付出只是为了少数人降低一点点环境成本。因此，政府应该制定政策和严格的环境法律法规，以保证企业行为能够实现社会福利最大化，而不是帮助少数企业环境成本外部化来实现自身利润的最大化。”从企业集群变迁的实践看，上海棉纺行业整体迁入江苏大丰的行为就是上海市政府采取的环境成本外部化的一种举措。2006年下半年，上海市将100多家排放有害、有毒气体的企业迁至经济相对落后的江西[①]，引起公众舆论的质疑。目前，上海纺织控股(集团)公司旗下的10多家大型棉纺企业已陆续完成迁至大丰的“成本转化”，标志着上海酝酿已久的纺织业大转移进入实施后期，这也是江苏省迄今为止承接的最大规模的一次产业转移。上海纺织控股(集团)公司在大丰投资20亿元建设上海纺织园区，并将搬迁至大丰的企业实施高端纺织提升，建立集培训、研发、制造于一体的长三角重要棉纺织基地。据了解，上海急需通过产业升级转移实现“腾笼换鸟”[②]，以发展高科技行业和现代服务业。上海纺织产业向苏北大举转移只是一个开始，上海的机电、农产品加工、化工等10多个产业也正酝酿向苏北进行提升式大转移(冯巧根，2009)。就上海市而言，诸如棉纺产业的外迁，除了环境成本外，还包括扩张成本(如土地等)、原材料成本以及人工成本等。

产业的转移可能带来污染的转移，如一些发达地区将一些高污染的工业转移到欠发达地区。这样，这些地方又会像长三角和珠三角地区一样被污染，然后需要再花钱来治污。因此，上海市在整体迁移的过程中，需要支付产业升级以及

---

① 2006年7月，具有85年棉纺历史的著名企业上海“17棉”整体搬迁至江苏大丰市。

② “腾笼换鸟”最早见于21世纪初的“两会”报告中，其含义是：在经济发展过程中，把现有传统的制造业“转移出去”，再把先进生产力“转移进来”，以达到经济转型升级目的的一种战略举措。这一政策的有利之处在于，可以较快地提升地区的产业层次以及单位面积的投资强度，更充分地利用有限的资源，尤其是土地等要素资源。

环境优化方面的各项支出。当前宏观经济存在库存压力大、产能过剩等问题，这种“成本转化”方式的政策空间和时间都不会很大。企业集群区域的管理当局，应立足“存量盘活”的思路来推进以低碳经济为主要内容的环境成本管理路径，通过改善企业的经营环境，将要素集中到优势企业，使存量资产产生出经济效益、环境效益与组织效益。总之，经济的发展不可避免会对环境产生影响，政府可通过“干预”、企业可通过“适应”来降低经济快速发展而对环境造成的破坏等负面结果。目前，政府要做的就是强烈而持续的“干预”，企业要做的就是最大而共生的“适应”。

（二）从环境成本约束的意义构建入手强化企业集群变迁管理

充分认识和有效应对企业集群变迁中的逆反性，需要从意义构建入手，在广泛的意义构建支撑下，企业集群变迁才能得到有效管理。意义构建(sensemaking)是组织对内部情境的认知，以及对情境行为过程的集体理解的方式或手段(Gary、Wood，2011)。意义建构理论形成于20世纪60年代，该理论的核心内容是信息不连续性、人的主体性以及情境对信息渠道和信息内容选择的影响。意义构建的“三要素”是促发因素、过程管理和结果评价，它们之间是一个递进的关系，即“促发因素—过程管理—结果评价”(赵剑波，2014)。根据意义构建理论，当企业集群变迁过程中遇到逆反性时，解决问题的过程分为几步：① 确定“逆反现象”并且将其“概念”化；② 找出解决问题的方法；③ 跨越逆反性。结合我国企业集群变迁的情境特征，可以从环境管制与环境成本管理两个视角来分析“逆反性”及其对策，如图6-3所示。

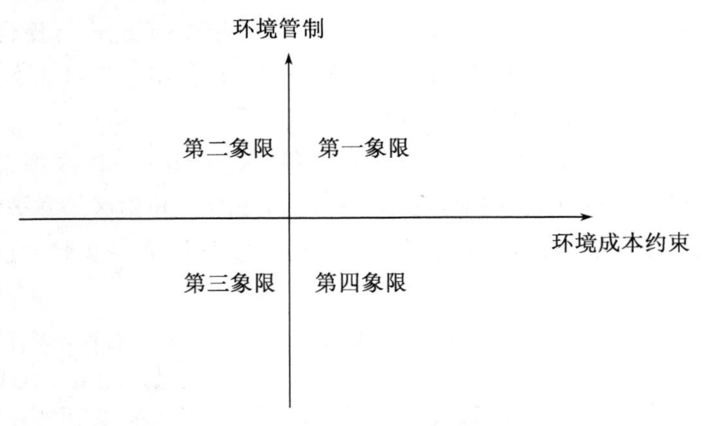

图6-3 企业集群“意义构建”下的变迁管理

图 6－3 表明，第一象限属于“导向明确的意义构建”：其过程特征是高度活跃，控制性强；其结果是能够增进统一的、丰富的企业集群变迁问题理解，实现持续的创新。就集群变迁管理而言，这一象限有助于认识变迁条件、发现变迁机会。在宏观与微观的环境管理层面都很重要，适应开展普遍性的企业集群变迁问题的研究，并从中寻求我国企业集群绿色转型经验或成果。

第二象限属于“受限的意义构建”：其过程特征是活跃度低，控制性强；其结果是能够增进统一性，但对环境成本约束（环境经营与环境成本核算）问题的理解不充分，企业个体的机会主义倾向较强。从集群变迁研究而言，这一象限对于企业集群内部管理更重要，适应于宏观的环境管制的向下传递，增进集群企业内部的环境意识，对于企业集群环境成本约束机制构建具有积极意义，是企业集群区域环境成本内部化的一条重要路径。

第三象限属于“最低程度的意义构建”：其过程特征是活跃度低，控制性差；其结果是表面上统一，环境管理自觉性差。从集群区域的变迁管理研究而言，这一象限在环境管制层面更重要，要强化对企业集群变迁目标的确立，针对集群区域的环境经营等进行权变性的方案设计和制度选择，它可能是企业集群环境成本管理创新的重要源泉。

第四象限属于“分散的意义构建”：其过程特征是活跃度高，宏观环境管制程度低；其结果是理解上多元化，行动上缺乏宏观层面的一致性和协调性。从集群区域变迁管理而言，这一象限的企业集群属于高科技行业或新兴战略领域，宏观的环境管制与中观的环境经营和微观环境成本核算的融合处于探索阶段，适应于集群环境制度变迁，即修补和完善新情境下的环境成本理论与方法的研究。它对于引导集群企业自觉的环境意识、强化环境保护的意义构建具有积极的指导意义，但要在其中形成具有典型意义的环境成本管理经验与方法有一定难度。

结合图 6－3 的结构性动因，可以切实规避企业集群变迁的逆反性，以促进集群区域的绿色转型，即通过意义构建应用，并将其与变迁管理理论有机融合具有一定的理论价值和积极的现实意义。首先，宏观环境管制能够驱动企业集群的绿色变迁，引导企业开展环境经营活动，并有一定的强制性和诱致性。但是，集群区域变迁要取得成效，关键还在于集群组织内部，企业的环境成本核算与控制是驱动企业集群变迁的关键。其次，企业集群变迁的过程管理很重要，这个过程就是一旦企业集群决定绿色转型后，要在集群区域的企业内部创造一种企业成员能够理解和主动实施环境经营的能动性，在这种情境下，集群成员企业才能结合自身的行动在企业集群内部开展环境保护等的讨论，达成一致意见，引导企业集群变迁的实践达成变迁管理的期望。该环节不可或缺，否则企业集群的变迁管理很难有机地整合到个体企业的环境决策过程中，也难以发挥应有的功能与效果。再次，企业集群变迁管理需要做好知识和心态的双重准备。这与变迁管理参与者能力有关，不仅要求集群成员具备一定的知识、具有一定的意义建构能力，而且还需要一个开放的心态，只有这样才能有一个好的变迁管理。最后，变迁管理对变迁过程的重要性。从企业集群绿色转型的需求、动能及进程全方位进行考察，可以确立适合企业集群自身特色的变迁路径与环境成本约束机制。企业集群绿色转型是集群组织与企业成员达成的一致利益的意义建构，是一个持续的过程。变迁管理是对变迁过程的引导、规范与创新，是确保变迁成功的基础和保障，它对于缓解变迁过程中带来的时滞性和连锁效应，强化变迁过程中的效率与效益具有重要意义。总之，企业集群必须强化变迁管理，积极应对"逆反性"产生的绿色转型中的不确定性，并处理好各种环境管制及环境经营过程中遇到的问题。唯有如此，企业集群变迁才能保持环境控制的高效率以及经营活动的高效益。

二、企业集群变迁中环境管制与环境成本约束机制的选择

1. 企业集群整体层面的逆反性：环境管制对变迁的影响

政府基于生态文明建设的需要，强调科技进步，注重对创新导向的功能引导。比如，提倡大力发展战略性新兴产业，鼓励企业发展高端产品，限制传统产业和传统商品。对此，政府往往通过环境管制以及各种补贴等方式来予以推进，并积极实施产业结构调整。从企业集群变迁角度观察，这方面具有代表性的概念就是"腾笼换鸟"，就是在原有集群区域实施产业结构调整。然而，从"换进来"的企业看，一些企业虽然从事新兴产业，但是竞争力并不强，往往处于该产业产品附加值低、资源能耗高的经营层面。它对企业集群绿色转型发展、积极实施环境经营带来一定的阻力(即表现出"逆反性"现象)。从企业集群现状看，集群区域的产业虽"旧"，但在这一行业中可能处于高端，在集聚区域是经济发展的支柱，若能够通过嫁接高科技或融入互联网经济，则有可能演变为具有竞争力的新兴产业。即使在一些发达国家，企业集群区域的传统产业只要经营有效，不仅竞争力和附加值高，且生态文明也能搞得很好。企业集群实施绿色产业的变迁，一方面要加快实施"引进＋旧产业嫁接"的政策；另一方面要处理好新旧产业、市场服务以及经营能力之间的矛盾。通过大力推进清洁生产，提高资源利用效率、生态环保效率等的经营生产率。

宏观环境管制引发的诸如“腾笼换鸟”，在一些集群区域产生出逆反性现象，是由其各种不同性质的环境成本引发的。从外部环境管制的角度观察，它会引发如下逆反成本现象：一是企业集群转型升级的绿色被动成本；二是集群内高污染企业无法有效处置的各种社会成本；三是集群经济发展中的机会损失成本（如可能丧失区域竞争力等）。此外，在企业集群变迁缺乏有效规划，仅仅是迫于环境管制的压力等而开展绿色转型，可能会进一步导致集群区域新的成本负担。比如：① 就业成本。短期内企业集群区域的产业转移过快会对当地的产业或就业形成较大的冲击，即结构调整引起失业增加并可能引发一些新的社会矛盾。② 闲置成本。由于缺乏长期的持续资本流入，可能会存在“笼”腾出来了，而“鸟”无法及时引进的情形。况且，企业集群的竞争力是动态发展的，新入驻的企业也会发生效益下降的情形，这种企业集群变迁的路径有时无法延续。③ 协同成本。企业集群是产业链中的一个“节点”，将部分企业“腾”出去，可能会导致另外一些配套企业无法构建完整的产业链，降低了企业集群之间的集聚效应，影响企业集群区域整体的协同价值。④ 迁移成本。由于原先进入集群区域中的企业获得的土地等资源，其价格极其低廉，政府在面对已经暴涨的土地价格面前，需要付出相当高的“腾挪”价格。集群区域的一些企业看到别的企业已经腾笼子，预感自己的未来前景，可能也不愿意继续投入资金等进行技术改造与产品创新等活动。具体表现在：一是迁移这些企业往往要对其占用的未到期土地按现在的价格支付高额使用费，对这些地方政府来说，主要体现为对引进新的企业给什么样的土地使用政策的问题。如果出于发展高新技术产业的需要，则往往以极度优惠的方式吸引其进入。在这种“腾笼换鸟”的前后期间，地方政府仅这一块就要付出巨额的支出。二是这些需要人为搬迁的厂房大多是在20世纪90年代中后期以及中国加入WTO后建设的，对这些厂房推倒重建或改建是极其严重的浪费。三是迁入地为了竞相吸引这些转移出来的企业，也要付出巨大的代价，如代付迁移费、免费建设厂房、极度优惠的税收甚至倒贴、代招工等（刘志彪，2015）。

尽管以产业结构调整为代表的企业集群变迁，会对“腾笼换鸟”这类政策产生逆反性。然而，我们认为这种逆反性可能是一种正常的反应，即以宏观环境管制为特征的“腾笼换鸟”制度可能需要改进。在当今开放型经济理论中，从全球价值链与产业集聚的交互演进角度思考企业集群变迁，就是要提高生产率的外部性（洪银兴，2017）。因此，集群区域的政府工作重点要围绕环境管制，补充集群区域的环境经营所需的基础设施，创造外部经济的有效性和效率性，同时大力发展混合所有制经济，以市场手段来引导集群区域的企业强化自身的环境成本核算与控制，并大力发展环境职业等的教育培训。企业集群绿色转型需要大量高技能的劳动力，我们要抓住国家今后发展职业教育的机遇，发挥各个层次教育力量的优势，将我国建成像德国一样的职业教育大国和强国。

2. 企业集群内部组织的逆反性：环境成本约束机制对变迁的影响

从企业集群内部组织层面考察，由于缺乏绿色转型的驱动激励，企业集群变迁表现出诸多逆反性现象，使集群变迁人为地产生阻力及影响。探寻其原因，主要表现为：一是由于环境管制的地区性与政策性等差异的存在，一些企业至今仍抱有侥幸心理，认为在企业集群区域还可以无偿使用或消费环境资源，不愿意花钱治理污染，对自身的环境成本管理缺乏动力。二是由于环境技术等原因，集群实施绿色转型，一些企业变迁之后可能无法具备生存与发展的能力。对此，宏观的环境管制政策与产业政策必须加以配合与协调，通过环境技术的同步引进增强企业集群变迁的内生动力。三是缺乏必要的集群变迁方面的环境与经济效益的宣传。一方面，要规划集群内企业的“环境成本”尺度，从战略上满足集群变迁的需要；另一方面，集群变迁管理过程中要为企业算清环境账、算好绿色账，这是增强集群企业内部驱动力的基础。

作为产业集聚的一种典型组织体系，企业集群变迁体现了企业战略联盟、战略协作，虚拟组织协同等理论的支撑。比如，波特著名的“菱形(钻石)结构”理论从国家产业战略的角度，在分析组织间关系以及在集群环境发展问题上强调多次合作博弈的重要性。然而，现实的企业集群发展过程中，组织间的内外部环境往往难以协调与配合。从企业集群变迁的环境管理情况看，目前存在的主要问题集中表现在：① 政府对企业集群的环境政策支持存在认识偏差。比如，忽视企业集群环境成本约束机制的内在规律，不善于从专业化分工和市场细分中发现绿色转型的机遇，难以引导和培育出符合本地经济特色的产业或产品。② 企业集群区域的环境公共产品供给不足，关联产业和辅助产业缺乏，社会化的环境中介服务体系尚待形成。③ 企业集群在绿色转型过程中面临各种困境，如环境技术难以推广、企业之间不够和谐等。总之，从提升企业集群变迁质量的角度考察，焦点主要集中在集群区域的企业组织之间竞争与合作关系的平衡、集群区域企业间社会根植性以及网络复杂性的协调等。

3. 基于集群变迁的企业之间的逆反性博弈

企业集群绿色转型的一项重要使命就是通过环境成本管理手段减弱集群区域企业之间机会主义行为。这种机会主义行为在企业集群中的表现形式很多，一个典型的代表是企业集群内的某家企业实施所谓的“单边学习竞赛”，即力图快速地学会并掌握企业集群区域企业的知识和技能，一旦达成学习目标后就开始减少资本的投入或实施企业外迁等远离企业集群的行为，从而导致企业集群的不稳定性。为了减少企业集群变迁的逆反性，必须强化企业间的交流与沟通，保持企业集群组织间的稳定和信任关系，减少不确定性。同时，提高企业集群组织间的可视性，尤其是环境绩效管理的透明度，使集群内的企业清楚加入企业集群能够给自身带来的效应等，进而提高企业集群组织间团结协作的积极性。

政府宏观层面的环境管制要避免单纯采用优惠政策等措施，从根本上促进企业集群组织内的各利益主体实现内生性的增长。当然，企业集群组织间的具体目标或实力是不对称的，欲实现这些群体内企业的利益一致性，必须构建激励集群绿色转型的环境成本约束机制。本书基于博弈视角，将企业集群的绿色转型做如下假设：

假设 1　绿色转型行为发生在集群参与者 A 和 B 之间，A 和 B 成为博弈的双方。在企业集群变迁过程中，A、B 双方都有两种策略选择：强化环境成本约束和不强化环境成本约束。由于一方在做出选择时并不知道另一方会如何选择其策略，因此形成了“囚徒困境”博弈模型。

假设 2　当 A 选择强化策略时，B 有两种选择：强化环境成本约束和不强化环境成本约束。如果 B 选择强化，则两个企业的收益均为 a，即(a, a)；如果 B 选择不强化，A 由于选择了强化而受到损失，收益为 b，B 则获得收益 c，即(b, c)。

假设 3　当 A 选择不强化策略时，B 选择强化会受到损失，收益为 b，A 获得收益 c，即(c, b)；B 也选择不强化时，两家企业各自受到损失，收益均为 d，即(d, d)。

在囚徒困境博弈中，$c>a>d>b$。A 和 B 博弈收益情况，如表 6－2 所示。

表 6－2　集群区域企业间的环境成本博弈

参与者 B	参与者 A	
	强化	不强化
强化	(a, a)	(c, b)
不强化	(b, c)	(d, d)

结合表 6－2，开展有关重复博弈过程的分析。假定只进行一次合作，博弈结果一定是总收益最少的策略。为寻求长期利益，增加集群绿色转型的总收益，A、B 双方的合作经常会发生，因此存在重复博弈的过程。在此过程中，参与者会根据上一阶段博弈的经验选择本阶段的博弈策略。假设每一阶段博弈的收益对上一阶段博弈收益的折扣系数为 $\delta(0<\delta<1)$。第一阶段博弈结束后，A 选择

了强化策略，而B选择了不强化，因此A受到损失；于是在第二阶段的博弈中，A可能会报复B，选择不强化策略，而B却会因为A第一阶段的表现而选择强化策略；第三阶段就可能会出现双方均选择不强化策略。接下来的阶段会循环出现之前的几种策略。

(1) A对B不强化行为的惩罚策略。如果A在第一阶段博弈过程中选择强化，而B选择不强化，获得收益为c；A在第二阶段博弈中会选择不强化策略来对B进行惩罚，这样B只能选择不强化，B获得的收益为δd；则第三阶段博弈收益是δd^2。以此类推，假设B在长期重复博弈这一情形中的总收益为$G_{B(不强化/惩罚)}$，则

$$G_{B(不强化/惩罚)}=c+\delta d+\delta^2 d+\cdots+\delta^n d=c+\delta d\,\frac{1-\delta^n}{1-\delta}$$

又因为$0<\delta<1$，则

$$G_{B(不强化/惩罚)}=\lim_{n\to\infty}\left(c+\delta d\,\frac{1-\delta^n}{1-\delta}\right)=c+\frac{\delta}{1-\delta}d$$

(2) A和B均选择强化策略。如果A在第一阶段博弈过程中选择强化，B也选择强化，则A和B有同样的收益，即

$$G_{AB(强化/强化)}=a+\delta a+\delta^2 a+\cdots+\delta^n a=a\,\frac{1-\delta^n}{1-\delta}$$

$$G_{AB(强化/强化)}=\lim_{n\to\infty}\left(a\,\frac{1-\delta^n}{1-\delta}\right)=\frac{a}{1-\delta}$$

当A选择对B永久性惩罚时，由于$c>a>d>b$，则

$$\frac{a}{1-\delta}\geqslant c+\frac{\delta}{1-\delta}d$$

所以$\delta\geqslant\dfrac{c-a}{c-d}$，这时B会从不信任转向选择信任策略。

(3) 交替策略。重复博弈过程中，参与者会根据上一阶段博弈的经验选择本阶段的博弈策略，因此A会根据B上一阶段博弈的策略选择这一阶段的策略。当B上一次不强化时，A会报复惩罚，当B上次强化时，A就会选择强化，这时B的收益为

$$\begin{aligned}G_{B(交替/惩罚)}&=c+\delta b+\delta^2 c+\delta^3 b+\delta^4 c+\cdots+\delta^{2n-2}c+\delta^{2n-1}b\\&=c(1+\delta^2+\cdots+\delta^{2n-2})+b(\delta+\delta^3+\cdots+\delta^{2n-1})\\&=c\,\frac{1-\delta^{2n}}{1-\delta^2}+b\delta\,\frac{1-\delta^{2n}}{1-\delta^2}\end{aligned}$$

$$G_{B(交替/惩罚)}=\lim_{n\to\infty}\left(c\,\frac{1-\delta^{2n}}{1-\delta^2}+b\delta\,\frac{1-\delta^{2n}}{1-\delta^2}\right)=\frac{c+\delta b}{1-\delta^2}$$

如果 B 策略选择上反复无常，A 就会对其进行惩罚，则有

$$\frac{a}{1-\delta}\geqslant\frac{c+\delta b}{1-\delta^2}$$

解得 $\delta\geqslant\frac{c-a}{a-b}$，这时 B 会从反复无常转向选择强化策略。

根据“囚徒困境”原理，如果 A 对 B 永久性惩罚，那么 B 的收益为最小值，所以

$$\frac{c+\delta b}{1-\delta^2}\geqslant c+\frac{\delta}{1-\delta}d$$

则 $\delta\leqslant\frac{d-b}{c-d}$，此时 B 可能在强化和不强化策略中反复无常，也可能一直选择不强化策略。

综上可得

$$\frac{a}{1-\delta}\geqslant\frac{c+\delta b}{1-\delta^2}\geqslant c+\frac{\delta}{1-\delta}d$$

即

$$\max G_{\mathrm{B}}=G_{\mathrm{B(强化/强化)}}=\frac{a}{1-\delta}$$

因此，重复博弈的结果是 B 最终会选择强化，参与者之间的长期合作关系就建立了，这就是重复博弈达成的企业集群变迁过程中的环境成本约束机制。因此得出：当集群参与者预期在绿色转型过程中获得的长期收益大于短期内选择不强化环境成本约束而获得的最大收益时，他们会在绿色转型过程中选择强化环境成本约束机制的策略，积极地和其他参与者开展绿色转型。

三、企业集群变迁中的逆反性平衡：分层控制的应对

基于企业集群变迁中的逆反性，借助于宏观层面的环境管制与中观层面的环境经营，以及微观企业层面的环境成本核算与控制，有助于提高集群绿色转型的环境成本约束能力。为了便于系统地设计规避逆反性的操作指南或指引，提升企业集群变迁的可行性和有效性，可以考虑采用分层控制的方法来应对企业集群变迁实践中的逆反性。这种方法不仅可以将环境管制与环境经营等的融合特征体现其中，还可强化集群变迁的环境成本约束机制。或者说，其本身就是一种意义构建的过程。同时，这种分层控制也体现了集群变迁的内在规律，能够提高集群区域企业对环境治理和生态保护工作认识的主观能动性。换言之，这种方法完全有可能达到有效克服逆反性的效果。本章将这种控制分为 5 层，并应用一种以上的方法加以解释，如表 6 - 3 所示。

表 6-3 逆反性平衡化的若干方法

方法	推进	延展
环境信息有效传递	集群变迁的环境成本意义	集群区域价值链重构
集群变迁的目的	环境成本的内部化	
环境成本约束机制的意义构建	企业集群的变迁管理	
集群绿色文化的培育	基于市场的环境责任	横向的环境成本协调委员会
环境预算	清洁生产	环境成本报告

在表 6-3 中，第 1、2、3 层体现了环境管制与企业集群区域环境成本约束行为的统一，且环境管制由强转弱，即环境管制逐步融入企业集群的环境成本约束机制之中；第 4、5 层则完全由集群内部的环境成本约束机制来引导。现分述如下：

第 1 层，“环境信息有效传递—集群变迁的环境成本意义—集群区域价值链重构”

将环境管制信息传递到企业集群，提高企业集群变迁的意义构建，增强企业集群区域对环境成本内部化和环境保护的共同意识。比如，对于微观的企业个体而言，若其充分重视环境成本管理工作，就会在产品的设计、生产、销售等环节适应企业集群价值链的重构，充分满足消费者对环保产品的需求。就企业集群区域与相关产业链的协作观察，环境管制信息的传递是企业间共生合作进行环境成本控制的基础。比如，从价值链角度讲，上游企业生产什么样的产品，这种产品是否满足集群区域企业的控制环境成本的需要，有没有最新的设计需求。再如，下游企业有没有重视环境成本控制和消费者利益问题，能否提供满足该企业回收产品的需要等服务；下游企业能否回收利用该企业产生的废物，实现循环生产等相关信息等。企业集群变迁管理就是要寻求与全产业链绿色转型相一致的价值链共生系统。在产业链体系中，企业集群只是价值链上的一个环节，它以共生理论为指导，通过加强企业集群与上下游的供应商、销售商的生产与市场之间的联系，来实现环境经营的共生战略。换言之，它有助于促进内外环境的更加融洽，使企业集群区域与外部价值链在协作共生的过程中，为降低环境成本提供有效的支撑作用。

第 2 层，“集群变迁的目的——环境成本内部化”

以企业集群变迁的环境管制为目的，通过环境成本约束机制（这里以“环境成本内部化”为代表），来实现集群内外价值增值的目标，是企业集群共生战略的体现。它突破了企业集群区域价值活动的范围，围绕全产业链绿色转型关注外部价值行为，使全球价值链上的供应商、制造商和分销商直至最终用户连成一个整体，从而在企业集群绿色转型过程中，形成互利的战略共生。企业集群区域的企业应重视上游企业提供的绿色服务，从而有助于减轻企业废物处理的负担，降低废弃物处理成本、罚款甚至采购成本，与上游企业保持合作能够提高对产品质量的控制，减少不合规产品的生产与资源浪费。

企业集群绿色转型是建立在集群内企业主体之间高度统一的环保意识和环保行为的基础之上的，环境成本内部化对于群内的经营个体而言，可能会增加一时的环境成本，进而对短期内的企业利润产生影响，但随着企业集群无形要素生产率的提高，企业集群绿色转型的环境声誉和环境公共设施等将为企业利润的健康成长带来显著的正向效果。如果从企业集群视角考察供给侧结构性改革，这种提升集群无形要素的途径就是一种重要的改革成果。环境成本内部化使环境理念与环境行为在集群内的企业中高度统一，企业集群绿色转型作为企业集群变迁的一种重要形式正在展示其积极的作用。从宏观层面看，组织间关系的发展，使企业集群环境经营成为可能，建立在政府环境管制基础上的环境成本管理，使企业集群由不重视环境经营向全面实施环境经营的方向快速推进。[①] 从微观层面观察，企业集群自身的环境成本约束机制，如构建环境经营的价值观体系等，使集群区域的企业提高了环境经营的自觉性与主动性。

第 3 层，“环境成本约束机制的意义构建——企业集群的变迁管理”

企业集群变迁是对企业集群经营体系的形成、发展及其变更和终止的过程与原因的表述。基于环境成本视角的企业集群变迁则是一种绿色转型的变迁，它给集群区域的企业带来的管理理念、经营模式以及文化价值与技术创新等新内容，需要通过引导、规范等方法才能使其进入集群区域制度化的层面，并成为企业集群变迁的新常态。“意义构建”是一种沟通实践模式，结合“意义构建”传递“变迁管理”就是要寻求潜在的利润，通过外在性的变化转化环境与经济效益。企业集群变迁可以理解为一种新的、效益更高的组织形式对另一种旧的、效益低的组织形式的替代过程，所以现实中存在着对效益更高的新的组织形式的需求。如果企业集群变迁的预期收益小于预期成本，则这种变迁很难进行或实现；如果

① 环境经营以提高资源利用效率为目标，将环境保护意识融入组织之中，通过清洁生产等方式优化组织的价值链、供应链等管理流程，通过减少或杜绝污染排放等环境行为实现企业的可持续发展。

变迁的预期收益大于预期成本且这种大于的差额大到足以推动企业集群变迁，则这种变迁就能够顺利实现。

"环境成本约束机制"涉及的内涵较为丰富，既包括清洁生产等的环境经营活动内容，也内含环境成本内部化等核算与控制方面的要求。通过"环境成本约束机制"的意义构建，可以提高环境信息的传递速度与效应，即由宏观的环境管制层面向企业集群及区域企业个体层面渗透。这种环境信息由被动应用向主动获取转化，并最终由集群区域的环境成本约束机制来实现环境管制的最佳效果。一般意义上的企业变迁往往从自身利益出发，较少关注产业链、供应链关系，与上下游企业之间大都处在短期、封闭、竞争的层面之上。由"环境成本约束机制"传导的"变迁管理"使企业之间多维、动态、多边的交易开始形成，所有企业必须从战略高度构建长期的企业集群的环境生态关系，保持企业集群环境利益的一致性。同时，转变环境意识，通过产业链或供应链之间的绿色协作，不断降低环境成本，增强集群内部企业之间的协调能力，即通过集群区域企业间关系的优化将环境成本管理的重点由企业内部转向企业之间，以获得企业发展的核心竞争力。

第 4 层，"集群绿色文化的培育—基于市场的环境责任—横向的环境成本协调委员会"

企业集群区域的绿色文化是由群内的企业环境文化所决定的，因此引导企业制定符合企业集群绿色转型需求的环境文化变得十分重要，这也是企业集群变迁管理的重要内容之一。绿色文化包括企业集群的绿色经营宗旨、绿色价值观念、环境保护和社会责任感，以及绿色经营哲学等深层次的无形要素，是企业集群绿色转型成功与否的重要标志，也是集群企业生存与发展的价值基础。这些无形要素通过企业集群建筑物、区域环境状况、群内企业的品牌商标、图案标志、产品包装等有形的物质表现出来。对企业集群整体形象、供应链与价值链的协作成员乃至社会大众的精神面貌产生持久的影响效果，使企业集群区域的企业一切活动都围绕统一的绿色文化价值观加以引导和展开实施。基于市场的环境责任是这种绿色文化的延伸与保证，集群区域的企业以市场为导向树立环境责任，不仅有助于宏观层面环境管制的贯彻，也能够培育集群区域灵活应用环境成本约束机制的能力，进一步使上下游企业对企业集群区域的环境经营有充分的认识，并引导集群区域采取适当的手段加以配合。

为减少企业集群变迁的逆反性，增强集群区域企业的环境成本约束的主动性，集群区域需要组建相应的组织机构加以保障，如前述的环境成本协调委员会等。组织保障能够使集群内每一家企业了解企业集群的绿色文化,尤其是群内企业在对自己的采购与营销人员进行培训时,必须将这种文化渗透到员工的头脑之中,让合作企业在与他们的交往沟通中增强对企业集群绿色文化的认识,并符合企业集群整体的绿色文化标准,并通过与群内企业的合作嵌入产品设计、生产之中,使全产业链共同实现绿色转型的升级目标。

第5层,"环境预算—清洁生产—环境成本报告"

为了降低企业集群变迁中的逆反性影响,应当鼓励或引导集群组织或集群区域企业编制环境预算。目前,国内尚未形成独立的环境预算实践案例,企业中的环境预算也主要体现在经营预算等的编制活动中。环境预算的编制需要在宏观环境管制的制度层面加快规范步伐,并在环境成本约束的微观执行层面加强引导(潘俊等,2016)。从企业集群变迁视角观察,可以通过清洁生产等经营模式的创新来体现环境预算的积极意义,使环境效益与经济效益、组织效益实现统一。传统的环境成本报告局限于单一企业的报告模式,必须结合企业集群变迁创新环境成本报告模式,一种思路是围绕"环境增值"(Environmental Value-Added, FVA)突出环境投入产出的效益与效率。"环境预算—清洁生产—环境成本报告"对于集群区域的企业认识环境成本约束机制具有重要的理论价值,能够提升企业集群变迁中的绿色转型效果。从企业集群变迁过程中的环境资产考察,优化结构、合理配置关键环境资产,不仅能够提高集群区域的清洁生产能力,也有助于提高环境设备与环境污染的处理能力。若一味强调集群区域企业自行配置或处置,可能会因绿色转型而使企业经营困难。在企业集群变迁过程中,一方面充分利用集群内部的环境资源,另一方面通过外包等形式将部分环境项目委托给外部专业机构或组织(公司)。在供应链与价值链的协调活动中,应关注上游企业的文化、服务和产品等方面能否达到企业集群区域环境成本约束机制的要求,可以借助于环境成本报告将集群的环境信息向供应链传递,促使上游企业发生改变,满足集群变迁的清洁生产需要。要坚持遵循共生、共赢原则,对节约的环境成本可以在补偿合作伙伴的投入,以及减少客户的附加服务或者参与支付费用等方面加以应用。

由于世界各国的环保法律存在把消费者使用产品产生的废物的责任转移到生产企业的趋势,如德国要求企业实行包装物双元回收体系,实行产品生产者责任延伸制度,其目的是在产品的生产和使用过程中尽量减少垃圾的产生,在使用后尽可能重新利用或安全处置。日本也于2000年颁布了《循环型社会形成推进基本法》,并相继实施了废弃物处理,资源有效利用,容器包装、家电、建筑材料、食品和汽车再生利用及 PCB 废弃物处置，特定产业废弃物处置等单项法律。因此，环境成本约束机制在“环境预算—清洁生产—环境成本报告”这一层的控制方面适应了“从消费领域向生产领域拓展”的趋势。此外，要增强资源再利用的能力，通过全产业链绿色经营，充分回收下游价值链各环节排放的废弃物，并使这些回收后的废弃物再次参与资源利用的过程，变单程经济为循环经济，实现集群及企业之间的生态共生，消除企业经济活动给自然界带来的负面影响。

总之，这种分层的“逆反性”控制设计在强化企业集群变迁过程的同时，还能够实现集群区域企业经济效益、环境效益与组织效益的统一，促进企业集群内外价值链的共生与利益的共享。环境管制与环境经营、环境成本核算等的融合，使集群企业充分掌握环境信息的需求，并在绿色文化的引导下突出环境成本约束机制，通过强化清洁生产、物品回收和废物降解，减少环境影响等使各方受益。在企业的环境成本约束机制中，用于生产的资源和生产过程中排放的废物成为集群区域环境治理最重要的两个部分，分层的逆反性控制措施有助于促进资源多极化利用，进而实现循环生产、绿色经营的目的。

第三节　本章小结

企业集群变迁中的环境成本约束机制体现在宏观层面的环境管制和中观环境经营、微观企业的环境成本核算之中。环境成本内部化为企业集群变迁提供了结构性选择的路径与机会。企业集群变迁不仅需要关注集群区域企业个体的环境成本问题，还需要从集群整体视角考虑绿色转型的变迁问题。环境成本管理由管理控制系统和信息支持系统构成，企业集群变迁中的环境成本约束机制是集群区域企业环境成本管理的重要手段，也是环境管制的重要体现。从结构性选择视角考察，环境成本内部化的制度路径主要有征收环境税、实施排污权交易、生态补偿机制、推行环境标志制度和普及 ISO14000 标准。从环境成本信息系统观察，其内部化路径涉及成本核算方法的选择与应用，通过在集群区域推广和应用物料流量成本会计核算方法等，能够为环境成本内部化提供有用信息。同时，必须在企业集群变迁过程中将环境收益内部化，使加入集群的企业能够从中获得实惠。通过集群区域的绿色经营与可持续发展战略，有助于促进企业集群绿色转型和集群企业的环境经营。绿色经营是以显性成本的方式体现集群变迁中的环境成本内部化，而可持续性发展战略则是通过企业集群的绿色转型不断提高环境资源的利用效率，注重挖掘环境的隐性成本。显性成本往往以资源费、排污费、绿化费、ISO 认证费用及环保固定资产的折旧费等形式加以体现，而隐性环境成本则反映在资源损失及单位资源损失的成本 k（转换系数）的内在关联之中。环境成本约束机制中的环境成本内部化不仅要关注集群区域企业的采购、生产、销售等行为，还需要兼顾企业集群变迁的组织行为与顾客的消费行为和社会行为。为了发挥环境成本约束机制的效果，企业集群变迁过程中需要成立环境成本管理机构，该机构作为政府与企业的中介组织，既有助于通过环境管制政策制度规范企业的环境成本管理，也能够更好地适应集群区域的环境经营特征，制定出符合集群区域自身情境特征的环境成本约束机制及相应的规则。

为了优化企业集群变迁中的绿色转型行为，明确逆反性特征并有效地加以应对是生态文明建设的内在要求。企业集群变迁的结构性动因要求环境成本管理突出政府主导性与市场自发性结合的管理控制系统的重要性。企业集群绿色转型的执行性动因表明，单纯强调环境管制的刚性作用，而忽视集群内生的环境成本约束的功效可能会形成环境成本管理的"逆反性"。企业集群变迁中的环境成本约束机制能够充分地揭示环境与经济的关系，使集群区域的企业能够自觉履行社会责任。集群区域的企业树立环境保护意识，积极开展环境经营，是优化宏观环境管制行为、加强环境成本核算的客观需要。企业集群变迁的实践表明，环境成本约束机制能够有机地将宏观的环境管制与中观的环境经营、微观的环境成本核算实现融合，使环境治理和生态保护在宏观、中观与微观实现统一。

第七章　结论与展望

企业集群绿色转型实践是全球经济发展的需要，也是攀升全球价值链分工体系高端过程中的必然选择。加强生态文明建设，将“环境成本”作为权衡企业集群绿色转型的一个重要评价尺度，实现宏观层面的环境管制与中观集群区域的环境经营、微观企业层面的环境成本核算的有机融合，是实现企业集群组织效益、环境效益与经济效益结合的重要前提和基本保证。

第一节　研究结论

企业集群变迁顺应了产业结构调整的新形势，是经济新常态下环境成本管理的战略配置。集群区域的企业在遵循环境管制的前提下强化环境成本约束，能够带来产业的绿色转型和集群区域绿色的环保产品，与其他传统产业或产品相比，它能够获得额外利润(premium returns)，这是企业集群变迁的核心竞争力体现。本书围绕企业集群变迁的环境成本管理，就环境管制以及环境成本约束中的相关概念，如环境经营、环境成本内部化等展开了深入探讨。主要研究结论概括如下：

1. 研究了企业集群变迁的成本基础

企业集群变迁是指企业集群的绿色转型。企业集群的绿色转型是产业绿色转型的基础。在新古典经济学框架下，企业集群的成本被限定为生产成本，并假设交易成本为零；而新制度经济学则十分重视交易成本的作用，并进而将交易成本与生产成本、环境成本等进行相互融合。从企业集群变迁视角考察，单纯依据生产成本或兼顾交易成本的产业转型往往无法实现绿色经营和可持续发展的需要，结合环境成本并将其作为一种“尺度”，且融入集群变迁的生产成本、交易成本与文化成本等实践之中，则能够实现企业集群的绿色转型。企业集群的绿色转型要求企业在生产制造活动中，强化资源利用的效率意识，通过优化生产流程和提高技术水平，借助于集群区域的环境成本约束机制控制污染。比如，积极推行清洁生产、精益生产等，以达到企业经济效益、环境效益和组织效益统一的效果。明确企业集群变迁的成本动因构成，一方面，有助于拓展环境成本管理的创新路径；另一方面，可以进一步加深对企业集群变迁的认识，创新企业集群环境成本管理的理论框架，完善企业集群变迁的成本知识体系。

2. 突出了环境管制与环境成本约束的相关性

在企业集群变迁中，树立环境管制的生态价值意识，就是要使其发挥一种导向作用，明确企业集群变迁的环保价值底线，正确选择集群企业的经营模式，展现出绿色经营与可持续发展的行为特征。从环境成本约束（环境经营与环境成本核算）视角看，环境成本内部化是企业集群变迁中环境成本管理的一项重要内容，是以“环境成本”为尺度衡量企业集群变迁成效的重要举措。环境管制与环境成本约束的一个共同点是要为企业集群绿色转型、集群区域发展提供制度保障，并实现最大限度的价值增值；两者结合体现了绿色经营与可持续发展的统一。环境管制作为政府宏观层面的环境法规及环境治理的行政手段，具有明显的强制性特征，它可以对企业集群变迁产生直接或间接的影响。环境成本约束作为企业集群或集群区域企业环境成本管理的重要手段，一方面，借助于环境成本信息系统与宏观的环境管制实现信息共享；另一方面，运用环境成本控制系统，将传统的环境成本管理的发展从单一的排污成本等费用的控制向成本决策概念框架的综合应用方面转变。传统的依赖环境管制的排污成本控制正在向交易成本、环境成本与文化成本等相融合的环境成本约束机制转变，宏观的环境管制与中观集群区域的环境经营，以及微观企业的环境成本核算的结合，既满足了企业集群变迁过程中环境负荷最小化的追求，也符合可持续发展的循环型社会对集群企业经营活动的需求。

3. 构建了企业集群变迁的环境成本管理框架体系

发挥环境成本管理的管理控制系统和信息支持系统的优势，克服企业集群变迁中的障碍已成为产业绿色转型的重要内容。传统的产业绿色转型往往是从宏观的环境管制视角进行考察的，而基于环境成本管理的企业集群绿色转型则是强调环境经营与环境成本核算（环境成本内部化）的重要性，或者进一步将企业集群层面的环境经营称为中观层面的环境成本管理，传统的环境成本核算称为微观层面企业的环境成本管理，即形成宏观、中观与微观结合的环境成本立体管理体系。构建企业集群变迁的环境成本管理理论框架，应将生态环境保护、提高资源利用效率作为基本目标。从克服企业集群变迁中的障碍入手，可以将企业集群变迁从结构性动因与执行性动因两个视角加以观察，同时借助于两个维度的环境成本管理要素，即环境成本控制系统与环境成本信息系统，从纵横两个方面来实现集群区域的绿色转型。这种创新的环境成本管理框架,既考虑了企业集群外部环境管制的功能作用,也发挥了企业集群内部环境成本约束机制的积极作用。前者是集群区域绿色转型的外在驱动力,后者是实现集群区域企业绿色经营与可持续发展的内在保证。外部宏观的环境管制只有与企业集群内部的环境成本约束机制有机协调与配合,才能顺利实现集群区域企业的绿色转型。

4. 提出了企业集群绿色转型的评价尺度

由于各地区或集群区域资源禀赋及经济发展的不平衡,环境管制存在一定的"地区差异(政策变异等)",将"环境成本"嵌入企业集群绿色转型的小企业群研究之中,可以提高产业转型升级的效率与效果。随着环境成本在产品结构中的比重增大,环境成本的归集直接关系到环境治理与环境投资的决策科学性;环境成本的分配将会影响集群区域企业产品成本的准确计算与污染产品和清洁产品的投资决策。现阶段,以"环境成本"作为尺度已有实践案例,如排污权交易就是一种宏观层面的创新实践。从集群区域企业角度观察,以"环境成本"为尺度,可以将环境成本因素纳入产品成本核算体系之中,可以使商品价值更具客观性。加之,环境成本归集与分配的方法已较为完备,如有作业成本法、生命周期法与物料流量成本管理等,前两者在环境成本核算中的作用更加突出,后者对环境成本管理的效果更为明显。如果采用作业成本法对环境成本进行分配,能更好地体现"环境成本"这一尺度在企业集群绿色转型中的内在联系,有助于企业采取减少环境影响和预防污染的决策,体现了产业集群绿色转型评价尺度的创新。

5. 研究了企业集群变迁的环境成本约束边界

企业集群变迁的环境成本管理受经营规模边界和能力资源边界的影响。从企业集群绿色转型的"尺度"考察,环境成本可以视为企业集群变迁中的一项重要交易成本,它的多少成为决定企业规模边界的重要变量。在决策节能环保等材料时,集群企业是采用外购还是自制的方式,取决于交易成本与自制成本的比较,当交易成本大于自制成本时,企业就会进行纵向一体化以达到内部化生产的目的,在这种情况下企业的规模边界就会扩大。能力边界则是企业集群变迁过程中由集群企业内部培养形成的核心竞争力,若企业集群变迁缺乏能力资源,包括环境治理的能力、清洁生产的能力等,则企业集群变迁的环境成本约束机制就会因能力边界而受到影响。在能力资源边界扩展方面,重点涉及能力的培植与发展的决策。比如,企业集群变迁的环境经营需要从哪些方面扩展能力资源、哪些方面可以从外部获得,如购买环保设备、引进环保技术人才等,并据此确定企业集群变迁中的核心能力资源和辅助能力资源。一项能力能否成为企业集群变迁的核心能力取决于企业集群自身的知识整合成本与市场知识成本的比较。企业集群变迁需要综合考虑规模与能力边界，充分发挥企业集群变迁中的环境成本约束机制及其功能作用。

6. 探讨了企业集群变迁中的环境成本触发机制

触发机制是环境成本约束机制中的一个子机制，另外两个子机制是博弈机制和运作机制。在企业集群变迁的环境成本博弈过程中，只有满足获得性因素和合理性体系两个条件，才能够影响和决定其在博弈中的位置。企业集群变迁不仅要满足宏观层面的环境管制的需要，还必须兼顾环境成本约束能力的需要，只有在满足环境管制的同时，还能够实现集群区域"效益大于成本"的环境成本约束，才能为企业集群的绿色转型提供可持续发展的驱动力。结合企业集群变迁行为的一般规律，可以将企业集群变迁的环境成本博弈设计出两种触发机制：一是当企业集群变迁无法满足环境管制的需要时，无论环境成本能否在企业集群变迁中发挥效应，这种企业集群变迁都无法推进，这是不符合企业集群变迁绿色转型基本要求的；二是当企业集群变迁满足了环境管制的要求，但其环境成本约束能力弱，即企业集群变迁无法在环境效益上满足集群区域经营活动的成本效益原则时，企业集群绿色转型也将面临困境，或无法推进。为了促进集群区域绿色经营和可持续发展的目标要求，企业集群变迁必须同时满足上述两种触发机制下的条件，强化企业集群变迁过程中环境管制与环境成本约束（环境经营与环境成本核算）的创新能力，或者从整个产业链或供应链的角度提升集群内外组织间环境的质量。

7. 揭示了企业集群变迁的"逆反性"现象

"逆反性"是企业集群变迁中的一种排斥效应及惰性思维。充分认识和有效应对企业集群变迁中的逆反性，需要从意义构建（sensemaking）入手，通过广泛的沟通与交流，促进集群整体的企业和组织对集群绿色转型的认知，在达成共识的基础上减少企业集群变迁中的抵触或障碍。对此，要强化企业集群的变迁管理，从传统的静态思维向动态思维转变，纠正以往企业集群绿色转型中存在的传统观念，如"资源节约越多，投入成本就越高""注重环保会使竞争力下降"等的认识。在企业集群变迁的环境成本管理活动中，既要关注由外部环境管制带来的"开源"效应，也要注重通过内部环境成本约束能够获得的"节流"效益。规避企业集群变迁的"逆反性"需要从资源利用效率上入手，如增加技术与工艺更先进的环保设备，从企业集群区域的不同层面丰富和发展环境成本管理的框架结构，并将创新驱动与产业结构升级融入企业集群变迁的具体实践之中。通过清洁生产、绿色经营等环境经营方式节约环境资源，引导企业面向环境保护采取主动、积极的行为，提升企业集群变迁的主动性和积极性。笔者认为，采用分层控制的方法来应对集群变迁中的逆反性是一种有效的手段。这种方法不仅可以将环境管制与环境成本约束的要求体现其中，还可强化集群变迁的战略意图，其本身就是一种意义构建的过程。同时，这种分层控制也体现了集群变迁的内在规律，能够提高集群区域企业对环境保护工作认识的主观能动性。

8. 实证检验了企业集群变迁的环境成本效应

从经济学视角观察，由于市场失灵，从而导致环境污染的存在，而粗放式的经济增长模式又助长了污染的蔓延。排污权交易表明，在污染物排放总量不超过允许排放量的前提下，一定区域的内部各污染源之间通过货币交换的方式相互调剂排污量，可以达到减少排污量、保护环境的目的。目前，我国的排污权交易仅在局部地区进行试行，其研究和应用的前景非常广阔。从环境成本信息的可获得性视角考察，借助于碳信息的披露来反映企业集群变迁的环境成本效应具有一定的可行性和现实性，亦即通过构建协同效应模型，将环境管制及碳信息披露水平共同作为环境成本约束（环境成本内部化）的变量，以企业集群变迁的变量展开分析，能够在一定程度上体现企业集群变迁中的环境成本效应。研究表明，集群变迁区域的企业之间的碳信息披露存在空间相关性，而这种空间相关性在高排放行业的企业集群变迁中要显著高于低排放行业。同时，企业集群变迁下的碳信息披露受外部环境管制的显著影响，低排放的集群企业受到的环境管制要小于高排放企业。因此，企业集群变迁要注重企业间的绿色转型引导，使加入集群内的企业环境效益明显大于未加入集群的其他企业。

第二节　研究展望

通过政府的环境管制与企业集群环境成本约束的融合，可以使环境成本管理产生更加积极的效果，提高企业集群区域绿色转型的积极性和主动性。然而，这种将环境成本管理嵌入企业集群变迁过程的研究还仅仅是一种学术探讨，其在集群区域绿色转型实践中的地位与作用还需要进行深入的总结和提炼。

1. 研究的局限

本书中未能充分展开研究的问题主要有：

（1）没能对企业集群变迁的“环境成本”尺度进行定量分析，也没有开展相关的实证检验。由于缺乏有针对性的企业集群变迁的环境成本制度建设，资本市场上也很难找到相关的数据及统一规范的资料，且人们对企业集群及企业集群变迁也缺乏明确的认识。据此展开研究，会造成比较基准的不一致而变得难以把握；同样地，依靠问卷等调查来获取数据，也会存在系统性不强等内生性问题。当然，最主要的是由于本人学术能力不足及时间与精力的不支等，而未对"环境成本"在企业集群变迁中的评判进行定量的分析。笔者将在今后的学术研究中加强此项研究，并取得期望的成果。

(2) 相关概念的界定仍然需要强化。首先，是对企业集群的认识。由于产业经济与区域经济的实践远远高于理论界的总结与提炼，学术界在产业集群与企业集群的认识上也存在一定的分歧。对此，本书采用了包容的态度，认为企业集群是产业集群的一种特殊形式，并将当前政府倡导并组织构建的特色产业小镇也纳入企业集群的范畴，同时将一些大型的集团公司(产业集中度高的企业集团)也视为企业集群而加以分析与研究。其次，是环境管制与环境成本约束。本书中有关政府层面的环境管制，主要是从环保部门的政策与执行力度视角加以考察的，没能从宏观整体的视角对环境管制做深入与细致的研究与探讨。对于企业集群中的环境成本约束，本书借助于环境经营来丰富与扩展企业集群的绿色转型。其中，一般意义上的环境成本约束主要指的是集群区域倡导的环境经营和企业个体的环境成本核算(环境成本内部化)。从企业集群变迁角度考察的环境成本约束机制，侧重的是基于宏观环境管制与中观环境经营以及微观企业的环境成本核算融合视角的环境管理体系。"环境成本约束机制"是本书的一个创新，即试图构建具有中国特色的宏观(环境管制)、中观(环境经营)与微观(企业环境成本核算)相结合的企业集群变迁中的环境成本"立体"管理体系。

2. 未来的研究方向

企业集群变迁会对社会、经济以及其他产业集聚区域的企业产生外部性，需要从外部性理论的宏观视角分析企业集群绿色转型的管理绩效，同时企业集群内生的环境成本约束将集群企业的经营活动与生态、社会的可持续发展统一起来，需要从宏观环境管制的角度认识企业环境成本管理及其价值运动的客观规律。据此，未来的研究应重点关注以下几个问题：

(1) 环境成本的内部化问题。从理论上讲，排污等外部成本内部化后，环境成本因素进入生产环节而成为一个新的生产要素，即成为同资本、劳动、技术等要素并列和同等重要的生产要素。它对于规范环境成本管理、促进环境成本核算体系的完善、实现企业集群的绿色转型具有积极的意义。然而，排污等环境成本管理在企业实践中的有效性与针对性，需要集群区域的环境成本约束机制来加以保证。否则,排污等环境成本确认与计量将因缺乏明确的经营载体而发生困难。有些情况下的排污等环境成本产生于生产过程中,有时又表现为无形的、未来的形象关系成本或社会成本等,其不可计量性、不可货币化和难以与相应的收入相配比等特性使得现有的环境成本核算方法难以适应或具体应对。在企业集群变迁的环境成本管理框架指引下,这一问题也许能够得到改进。

(2)"环境成本"尺度的评价问题。集群区域的企业作为一个微观经济主体,实施以绿色经营和可持续发展为载体的环境经营可能会对社会、经济以及其他企业产生"外部性",所以需要从外部性理论的宏观视角分析企业的环境成本管理绩效。然而,过分倚重环境管制又会使环境绩效缺乏可信度,以及丧失相应的微观基础。因此,在加强环境管制的同时,将企业的经营活动与生态、社会的可持续发展统一起来,通过"环境成本"这一尺度,进而从绿色经营与可持续发展的角度促进集群区域的企业自觉地将环境经营与价值增值活动相结合,值得进一步研究。

本书力图全面和深刻地研究企业集群变迁中的相关环境成本管理问题。但鉴于企业集群变迁及其变迁管理尚未获得政府及宏观方面的统一规范,且环境成本约束机制的认知还处于普及与推广的适应阶段,同时限于篇幅,本书中也未过多地对案例进行研究,等等。总之,本书还存在许多问题值得未来做深入的探讨。

附录　博弈论、制度经济学与企业集群环境成本管理

博弈论与制度经济学是企业管理领域应用最广泛的两种理论，也是环境成本管理研究的基础理论之一。博弈论对环境成本管理的贡献主要体现在环境保护的决策系统和功能结构之中，而制度经济学对环境成本管理的影响最直接的是环境管理手段与方法的规范及变迁管理。博弈论与制度经济学的融合使企业集群变迁的绿色转型得到极大的推动或促进：一方面，博弈论与制度经济学的结合，可以形成企业集群变迁的环境制度博弈框架；另一方面，与环境约束机制相对应的环境保护机制在环境成本管理的“立体”结构中进一步得到巩固与发展。并且，基于“两山”理念的生态文明建设和实践推动了企业集群环境成本触发机制的完善与发展，并且在制度博弈与环境经营运作机制的协同下，为中国特色的环境成本管理理论与方法体系提供了丰富的素材或构建基础。

第一节　企业集群变迁的环境成本博弈与制度创新

“博弈论”研究的是有关主体的行为直接发生作用时的决策以及这种决策的均衡问题。将博弈论运用到企业集群变迁的绿色转型过程之中，可以提高微观主体生态文明建设的适应性与环境管理工具方法的有效性。基于环境成本约束机制下的环境保护机制，在企业集群绿色转型的环境管理活动中是高度统一的。

一、基于环境成本约束机制的制度博弈

随着企业集群变迁对绿色转型的内在要求，环境成本管理的发展前景日趋广阔。我们应吸取过往的教训，注重人与自然的和谐统一，即由过去的速度、数量转向高质量、优结构的路径上来，主动契合“绿水青山就是金山银山”和生态文明建设的体制改革要求。企业集群变迁是一种产业集群区域的绿色转型，对其实施科学的环境管理，离不开环境成本管理的协助与配合。

企业集群变迁中的环境成本管理，为政府宏观层面的环境管制提供了信息支持，使环境成本控制有了行动的基础，并对集群区域的经济发展，尤其是企业群的绿色转型与环境经营带来了促进作用。

1. 环境成本约束机制下的制度博弈：框架构建

从整个社会来讲，环境问题仍然是困扰着我国经济社会和生态可持续发展的一个难题，尤其以生态保护和经济发展之间的不平衡性为特征，基于生态文明的"两山理论"作为一种顶层设计，与现实中的环境实践往往会存在一定的距离。一方面，不同地区，比如不同的集群区域的资源禀赋、交通基础设施、人才的素质等在一个相当长的时期内，还无法实现平衡；另一方面，我国环境技术的发展与资源耗费的效率与效益之间仍然面临巨大的改进压力，环境保护对经济建设的抑制问题还难以从根本上得到解决。或者说，认识环境保护的重要性比环境污染治理行为更重要。通过环境成本博弈，匹配于环境制度创新，积极构建环境保护机制，既是环境管理本身的内在要求，也是本书在前面章节中提出的"环境成本约束机制"的客观反映。换言之，环境保护机制与环境成本约束机制在环境制度的框架结构上具有共同的要求和基本相同的特征，其基本目标是一致的。如果将环境成本约束机制更多地理解为拥有执行性功能，那么环境成本保护机制则是一种结构性功能的体现。从社会层面进行观察，环境保护机制是一种显性的环境管理措施，而环境成本约束机制则是一种隐性的环境管理政策，是企业集群变迁过程中的一种内在要求。从企业层面看，无论是环境保护机制还是环境成本约束机制，都是一种环境成本控制框架下的制度博弈框架，如图1所示。

图1表明，从执行性层面看，借助于环境成本约束机制将国家的环境政策和制度等管制手段嵌入环境成本管理之中，可以提高我国环境管理的科学性、针对性与效率性，使企业集群变迁沿着供给侧结构性改革的方向，为生态文明建设承担起应有的社会责任，并在区域经济发展中做出每一个企业应有的贡献。从结构性层面看，适应供给侧结构性改革的需要，企业集群区域要围绕环境成本博弈主动培育环境保护动能，通过清洁生产等环境制度创新拓展市场空间。比如，进一步扩大内需，加速新一轮产业梯度转移，构建"互联网＋"等新技术生态的中小企业的"云"平台，再造制造业新优势，通过云产业集群等新的经营模式或新的业态，提升供应链协同化管理水平，尤其是需要加强浙江省提出的"链长制"等的制

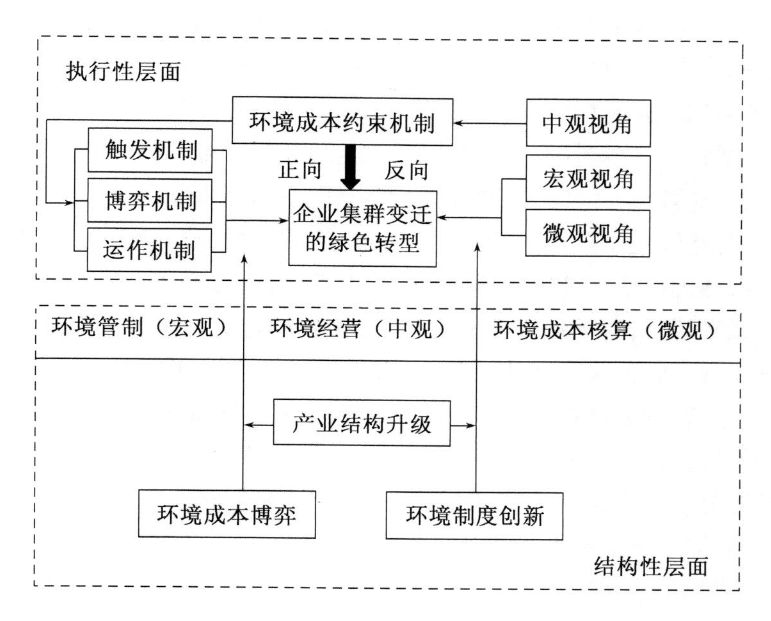

图 1　环境成本控制下的制度博弈框架

度新内涵[①]，聚焦高端产业发展的区域化，实现本土化、多元化发展，打造长三角制造业更高质量发展的新引擎。此外，以智能制造为抓手、以点引线带面，打造智能制造示范引领区，以及通过创新引资扩链、引资补链、引资强链，打造国家级先进制造业集聚高地，建设一批先进制造业集群和世界级制造业基地。

2. 环境成本博弈与环境成本约束机制的相关性

为了对环境成本约束机制有一个全面的认识，需要对环境成本概念做一个全面的认识。根据联合国贸易与发展会议对环境成本的定义，环境成本是指本着对环境负责的原则，为管理企业活动对环境造成影响而被要求采取措施的成本，以及因企业执行环境目标和要求所付出的其他成本。前者指环境污染损失价值和为保护生态应付出的代价，后者指为保护环境而依法实际支付的代价。

① 浙江省作为国内最早在全省范围内系统化、普遍化推进"链长制"的省，其原意是为推动区域块状特色产业做大做强。2019 年 8 月，考虑到复杂国际经贸形势对国内产业链的冲击，浙江省商务厅发布了《浙江省商务厅关于开展开发区产业链"链长制"试点进一步推进开发区创新提升工作的意见》，"链长制"应运而生。该文件要求各开发区确定一条特色明显、有较强国际竞争力、配套体系较为完善的产业链作为试点，链长则建议由该开发区所在市(县、区)的主要领导担任。

从微观实体看，环境成本特指企业在某一项商品生产活动中，从资源开采、生产、运输、使用、回收到处理，治理环境污染和生态破坏所需要的全部费用。从宏观领域看，环境成本是指向一国国民财富增长极限的阈值测定、国民经济核算体系技术修正(源自萨缪尔逊的“经济净福利调整”)和整个自然资源资产与负债的列示方式(袁广达，2020)。需要说明的是，本书强调的环境成本管理，其中的“环境成本”主要是指针对微观实体的定义，涉及的宏观环境成本管理则是政府宏观机构对微观实体的环境管理制定的政策与制度等，是基于环境监管视角的环境成本管理。或者说，所有与环保相关的法规、政策和措施的制定与实施，归根结底是需要环境成本管理来实现的，所以笔者将其称之为宏观的环境成本管理。正是据以此，笔者提出环境成本约束机制与环境保护机制是互相统一的概念，是一个事物的不同侧面。现阶段，我国的经济发展还处于结构型转型的关键时期，环境会计核算与制度规范还不具备“天时、地利、人和”的客观与主观条件。或者说，我国的环境成本信息不可能直接根据现有的会计系统产出。有人将原因归结为“系统存在环保缺失、环保过度、环保不足”等(袁广达，2020)。同时，将这种缺失、过度和不足导致的企业成本不实、收益虚增、可持续风险较大归因为传统会计缺失企业存在的环境污染治理活动、环境污染预防活动和环境改善活动对环境资源、环境成本、环境收益的确认和计量。客观地讲，强调环境成本约束、注重生态环境的自我修复和环境成本的内部化等可能给企业带来机遇，比如提供资源循环利用的成本节约等。从微观企业的环境成本核算而言，主要存在的难题是：① 污染诱因复杂导致经济后果难以确认与计量。也许，未来利用现代科技成果能够不断完善和丰富环境成本的理论与方法体系、创新解决环境难题的方法。② 环境成本内部化在制度与实际运行层面存在协调的困难，无论是产业链、供应链等环节均存在具体边界、责任确认与计量的困难。

环境成本内部化，由过去只反映经济成本的信息转变到反映环境成本在内的社会价值，即将环境成本纳入经营成本的范围，并通过有组织、有计划地进行预测、决策、控制、核算、分析和考核等开展一系列的环境成本管理。这项工作目前已经在推进过程中，比如从生产、技术、经营和产品生命周期成本管理考察，它属于对环境成本实施全方位和全过程系统管理的工作，涉及产品从诞生到消亡的全环节。从传统会计要素上讲，任何形式的环境资产使用、消耗和减损都是环境成本的表象，任何形式的环境负债都是尚未承兑环境成本责任的背书，是尚未付出但又需要承担现实和潜在义务的环境成本；环境收入是未进行环境负荷扣除的环境成本；环境权益就是环境成本的要求权。在微观的集群区域，环境成本管理活动通过推广环境经营方式加以体现，使环境成本管理思想迅速得到普及与推广，环境成本管理系统得到深度运用。在中观的以环境经营为具象的环境成本管理活动中，可以充分利用资本市场的功能对环境保护与环境治理加以修正。资本市场的信息是资源有效配置的基础，但又是企业追名逐利的动因。环境信息作为一种特殊商品，可以通过资本市场中介服务于供需双方，成为市场要素。然而，资源环境产品的公共性决定了环境信息有别于其他信息的一个显著特征：公共信息，不以获取利益为唯一目的，有时甚至一度会带来财富的缩水、收益递减，进而产生负面影响，但它对可持续经营和管理的功能性与不可替代性，以及对生态系统的维护和优化，乃至对生态文明建设与发展和对整个社会财富的增长，无疑能起到牵引作用。

在宏观的环境成本管理中，体现在环境管制中的法律责任、道德责任、经济责任和社会责任，由单一企业向企业集群绿色转型的过程中得到释放，使环境成本管理的“立体”思维发挥出积极的功效。企业集群在环境成本的确认与计量、会计政策的选择与应用，以及环境会计报告的信息披露与充分揭示等诸多方面，充分体现了集群区域环境治理的效率与效益，带来了集群区域企业环境管制、组织变革与技术创新的整合效果，提升了集群区域企业价值增值、声誉增值和形象美化，同时以更积极的姿态维护企业利益相关者的环境契约。随着环境效益、经济效益与组织效益的综合评估逐渐在企业集群变迁实践中的应用，环境成本管理的“立体”思维将变得十分重要。从微观角度讲，环境成本管理促进了环境成本核算的优化与完善；从中观角度讲，环境成本管理使原来不属于微观环境计量的工具被纳入环境成本核算的管理领域，企业集群变迁的绿色转型面临的诸多环境经营问题在环境成本核算的协助下变得更加高效，各种环境信息支持手段更加丰富。环境成本管理的“立体”思维促进了环境费用确认、计量与报告的完善与发展，使企业集群变迁过程中的环境成本管理得到了“动态”的及时调整与优化，包括环境成本的预测、决策与控制和考核职能的建立与健全，以及集群区域开展融资活动中主动将企业经营对环境的影响放在一个重要的地位加以考虑。同时，一套固有的企业集群环境成本管理方式会动态地加以优化与完善，使企业集群变迁过程中的产业或产品的绿色转型获得系统、全面与客观的环境鉴证、环境评价与环境考核。环境成本管理的“立体”思维促进了环境政策制定者、环境实务工作者与环境会计理论研究者形成了一个共同认知的“平台”。环境成本管理应当以生态文明建设战略为目标和宗旨，贴近国家环境治理、环境政策规划和环境经济管理，为国家环境成本政策与制度的制定提供决策支持（袁广达，

2020)。这一层面可以看成是宏观环境成本管理的外延要求。企业集群区域作为中观环境成本管理的载体,应该在政府宏观环境管制的前提下,正确应用相关政策和制度,使环境宏观经济政策与微观环境治理措施相互融合,起到承上启下的作用。这是因为:一是宏观经济政策影响微观企业财务行为和会计决策,而微观企业行动又影响宏观经济的走向,环境政策的制定和实施与企业环境行为之间存在着密切的关系;二是以微观为落脚点的成本理论与实务研究,能更好地满足宏观与微观两个层面的理论与实践工作需求,提高研究成果的质量和贡献,服务生态文明建设。

二、企业集群变迁下的环境保护机制构建:基于“两山”理念的认知

将“绿水青山就是金山银山”理念嵌入环境成本管理的理论与方法体系之中,环境保护机制将为政策制定者和管理者所关注,并成为其决策选择的一项重要内容,企业集群的环境治理前景将会是一片光明。

(一) 环境保护机制与生态文明建设的相关性

“两山”理念是以“绿水青山就是金山银山”为核心构建的话语体系。2005年8月15日,时任浙江省委书记习近平同志在湖州市安吉县余村考察时首次提出这一理念至今,已经过15年的实践。该理念包含着“既要绿水青山,也要金山银山”“绿水青山和金山银山绝不是对立的”和“绿水青山就是金山银山”3个层次的内涵与外延。“两山”理念是中国特色社会主义生态文明建设的理论依据。新时代的中国经济正在从高速增长转向高质量发展,生态文明建设对环境治理提出了新挑战和新要求。

1. “两山”理念与环境保护机制的内在联系

“两山”理念丰富了生态文明建设的制度内涵,展现了“绿水青山”的商品价值,使生态与环境保护之间找到了合理的平衡点。环境资源的保护与利用是生态文明建设的重要内容,是关系国家政治、经济稳定与发展的基础和保障(乔根·兰德斯,2010)。环境成本管理思想是有关污染控制和灾害预防与治理的意识、觉悟和观念,它是客观存在并反映在人的意识中的环境保护的道德、伦理和修养,并经过思维活动而产生结果。宏观的环境政策与制度是政府对中观的企业集群以及微观的企业施加的一项重要管制内容,引导着企业集群实施产业结构的绿色转型,以及优化企业的“三废”管理制度,实施区域能源结构的合理配置等。“两山”理念是符合经济可持续发展以及企业集群环境经营的科学思想(冯圆,2016)。“两山”理念有助于构建资源节约型和环境友好型社会,使生态文明

建设的理念与方法嵌入企业环境经营的各个方面，并由此提高企业良好的经营形象。

2. “绿水青山”的生态文明建设能够为环境保护机制建设提供政策依据

实现金山银山就是要注重企业集群的产业结构调整，通过有效的环境保护机制来推进生态产品价值的形成，努力实现企业的价值增值。“绿水青山”指引着企业集群转向绿色产业链，并在企业经营模式和产品生产等环节上体现绿色发展等的生态文明建设要求。比如，通过利益诱导促进集群区域内企业实施环境经营。同时，基于“两山”理念的生态文明建设能够坚守“不忘初心，牢记使命”的科学发展思想，无论从“绿水青山”的美好环境入手，还是从“金山银山”的生态平衡与价值实现着眼，都必须突出环境保护机制的功能与作用，通过进一步完善环境政策与制度体系，实现生态文明的和谐发展。

3. 构建环境保护机制有助于促进“两山”理念的深入传播

追求“绿水青山”的美好生态与现有的资源禀赋、区域经济发展状况等的不平衡是环境保护机制建设需要强化的动因之一。现实中，不同地区或企业集群区域体现在生态价值中的“金山银山”效果是有差异的。基于“两山”理念的环境保护机制需要正确处理人们对“绿水青山”美好生态与环境治理的利益协调之间的矛盾。当前，我国的环境政策制度主要依靠政府的宏观环境管制，其中行政直接控制型政策配置过多，没有很好地与中观的企业集群环境成本管理相结合，难以充分调动微观经营主体环境经营的积极性。“两山”理念为环境保护机制构建指明了方向，同时反过来也促进了“两山”理念的普及与广泛传播。

（二）环境保护机制是“绿水青山”与“金山银山”的重要载体

“绿水青山”本身蕴含着生态价值、生态效益；“金山银山”是人类开发利用自然资源过程中产生的经济价值、经济效益。“绿水青山”和“金山银山”借助于环境保护机制实现辩证的统一（张波，2019）。

1. 环境保护机制主动服务于生态文明建设

生态文明建设是“两山”理念的重要体现，以牺牲环境为代价换取一时的经济增长的时代已经一去不复返了。企业集群只有走生态优先、绿色可持续发展的道路，才能实现区域经济的繁荣，促进成员企业的和谐共生，成就更加美好的未来。环境保护机制就是要遵循可持续发展原则，从减量化、无害化和再资源化入手强化环境经营。国内外的许多研究成果表明，环境经营离不开环境保护和物料资源等成本管理工具的有效利用。比如，环境作业成本法在企业集群区域中的应用、生命周期环境成本法嵌入企业供产销及售后服务的产品周期，以及开展生产环节中投入产出视角的物料流量成本核算和环境资源消耗成本的核算与控制等。

2. 环境保护机制是“绿水青山”转化为“金山银山”的现实路径

“绿水青山”就是“金山银山”，前提是要有“绿水青山”，环境保护机制是“金山银山”长久维持和发展的动力基础。环境成本管理作为环境保护机制的重要工具，必须主动服务于生态文明建设的需要。比如，单独确认和计量与环境相关的成本与收益，并对未来环境保护方面存在的潜在威胁和可能的机遇等加以充分揭示，并在货币单位计量的基础上，采用实物单位等进行环境事项的记录、跟踪与追溯等。从宏观角度讲，有效开发、利用和保护自然资源是“绿水青山”的内在要求，也是“金山银山”的重要工作内容。环境保护机制作为生态文明建设中良性互动的控制手段和信息纽带，通过反映土地、矿藏、森林、河流等宝贵自然资源的价值及其变动，使“金山银山”能够落到实处。从企业集群区域的发展来看，环境保护机制有助于合理规划产业绿色转型，促进集群区域企业的环境经营。

（三）“绿水青山”与“金山银山”的融合：生态文明导向下的环境保护需要

“两山”理念为解决美好生态与环境治理不平衡与不充分之间的矛盾提供了理论支撑和创新手段，体现了环境保护机制的内在要求。

1. “绿水青山”与“金山银山”的融合有助于形成一种环境治理的长效机制，使绿色经营理念内化为企业的自觉行动

企业作为社会物质和产品的提供者，同时也是污染物排放的主要源头。基于“两山”理念的生态文明制度，通过环境保护税等手段来消除负外部性因素，推进“绿水青山”的生态价值形成。同时，通过对正外部性的环境经营主体给予补贴，提高企业实现“金山银山”的积极性与创造性。

2. 借助于环境保护机制中的“负面清单”管理，可以更好地将“两山”理念应用于环境经营的实践之中

环境保护机制只有与企业集群的环境经营方针有效配合、合理规划，才能在“绿水青山”和“金山银山”之间实现最佳的环境治理效果。嵌入“两山”理念的环境保护机制需要在排污权交易、环境保护税与生态补偿机制等活动中体现“负面清单”管理思想，且从生产者与消费者两个视角开展实物量与货币量等计价方式下的环境经营核算，如生态降解的能量和恢复生态的面积等，进而为生态补偿制度的建设提供基础。

（四）环境保护机制构建：基于“两山”理念的价值创造

环境保护机制是“两山”理念指引下的创新产物。环境保护机制既是一种宏

观、中观与微观控制的统一，也是一种强制与自愿的结合，更是一种经营边界与能力边界的扩展。环境保护机制可以划分为3个子机制。

1. 触发子机制

环境保护机制中的触发机制是权衡“绿水青山”与“金山银山”之间的成本大小来判断的，实践中可以借用“环境成本”这一变量来观察。同时，需要注意3个问题：① 不同行业或不同产品环境成本高低的选择。“两山”理念指引下的生态文明建设必须既满足企业自身要求（经营与能力边界），又符合社会需要。② 不同时点上环境成本高低的选择。企业或集群区域若遵循环境标准的要求，而无法保证企业正常的经营获利，这种由“环境保护限产与环境成本比较”体现出的情境就是一种触发的转型条件，即迫使集群区域企业思考转型的紧迫性与可行性。③ 空间范围上环境成本高低的选择。通过提升行业档次或改变产品品种结构等行为，使企业或集群区域的环境治理空间得到提升。如果以公式 $M=f(C,E)$ 来代表环境保护机制的内在联系（M 代表环境保护机制，C 代表环境成本管理，E 表示环境管制；该公式表明环境保护机制的产生是一个复杂的函数关系，包含双函数的互动过程），则可以形成如下两个条件。

触发条件之一：企业或企业集群无法满足环境管制的需要，即 $E<0$。此时，无论环境成本管理能否在环境保护机制中发挥效应，这种企业或企业集群的环境治理将无法推进，也不符合“绿水青山”的基本要求。

触发条件之二：企业或企业集群满足了环境管制的要求，即 $E>0$；然而，此时环境成本管理能力弱，即 $C<0$。此时，企业集群无法在环境效益上满足区域经营主体遵循的“金山银山”原则，则此时的环境保护机制也将面临困境，或无法推进。

根据上述两种触发机制的设计，只有同时满足 $E>0$ 以及 $C<0$ 的环境保护机制，才是“两山”理念的价值创造行为选择和路径配置。

2. 博弈子机制

企业作为集群区域的经营主体，其所面临的环境资源具有公共属性，宏观层面的环境管制难以对集群生态系统中的经营个体产生环境强制力。通过集群区域的环境管制与环境成本管理的融合，其内生的环境保护机制可以明确区分不同企业环境资源的经营边界，使原本在宏观环境管制与微观企业环境成本管理之间的不合作，转化为集群区域与企业，或企业与企业之间的合作博弈。假定集群区域的某家企业在环境管制与环境成本管理之间投入的精力总量固定，但是两者之间的精力分配是可变的，那么两类投入应受以下的条件约束：“为环境保护机制付出的边际所得(X)=企业在环境约束边际上不作为的所得(Y)”。前一种行为符合环境管制与环境成本管理融合的行为履约条件,后一种被认为是违背了“两山”理念下生态文明建设的不合作行为。以往在环境管制中要求企业严格遵循环境政策与制度的要求,准确计量企业在生态文明建设中的价值付出情况,并予以准确定价。比如,应用政府的环保补贴或治污奖励等形式,而后者作为一种不合作行为,需要采取严格监管和环境成本控制的方法加以解决。但是不合作并不等同于违反环境法规,相反,可能更多地在契约允许的弹性范围之内,其存在的情况更多的是契约不完备形成的产物。政府通过强化宏观层面的环境管制,可能其执行成本大大高于所获得的环境边际收益。此时,环境成本管理也会产生不必要的损失(deadweight loss)。然而,若大幅提高 X,就会让集群区域的企业获得环境效益的期望,并重新调整其在博弈中的位置,增加环境保护过程中的价值或精力付出,减少不合作行为产生的精力支出。这会带来宏观政府层面的价值(V_p)和企业的价值(V_a)的同时变动。假定政府环境管制的价值(V_p)是企业在为区域企业集群(E)和企业自身(A)两类活动之间分配精力的函数,分别为前者的增函数、为后者的减函数,亦即 $V_p=f(E,A,\varepsilon)$,ε 表示代理人以外的其他所有因素。倘若:① $\Delta x-\Delta y>0$,则 $V_a>0$;且② $\Delta V_p+\Delta y-\Delta x>0$,那么,这样的改进就构成一个帕累托改进。

由此可见,“两山”理念下的生态文明建设需要通过政府奖励等方式增强环境保护机制的边际收益,并使其超过不合作行为所产生的边际代价。此时,通过环境补助或奖励等方式减少其不合作的环境行为是可行的。也就是说,欲实现“绿水青山”向“金山银山”的有序转变,可以适当增加环境治理的投入,使企业感受积极开展“绿水青山”活动可以带来“金山银山”的价值收益,环境保护机制的内在积极性和主动性就会大大增强。

3. 运作子机制

环境保护必须从清洁生产、绿色经营及生态共生等环节入手完善自身的运作机制。换言之,将环境保护机制嵌入企业的经营模式之中,使环境经营成为可能(Spaargaren 等, 1992)。环境经营的目的之一是减少由于资源损耗和环境污染等造成的资源浪费和破坏,通过“EoCM”等工具对企业生产设计加以改进,推动技术创新并以此提升企业的生产效率。新时代的“两山”理念为广大中小企业实施环境经营提供了动力,一方面,基于环境保护机制的中小企业集群能够为新时代的“绿水青山”发挥示范效应;另一方面,以生态补偿机制为代表的环境保护手段,可以提高企业或集群区域的环境经营的积极性,并在环境成本内部化的基础上提升“金山银山”的空间维度和时间维度，为企业获取竞争优势提供资源基础和运作保证。

在上述环境保护机制的3个子机制中，触发子机制是“绿水青山”的守护机制，博弈子机制是“绿水青山”与“金山银山”实现生态平衡的衔接机制，运作子机制是“两山”理念指导下企业实现可持续发展的保证机制。

“两山”理念体现的是一种辩证统一思想，“绿水青山”既是生态文明建设的客观要求，也是“金山银山”的内在动力。环境保护机制是连接生态文明建设与企业价值创造和价值增值的重要纽带，是“绿水青山”与“金山银山”有机融合的共生载体。“两山”理念是生态文明制度建设的理论基础，环境保护机制为“两山”理念丰富内涵和扩展外延提供着实践素材。结合“两山”理念，从宏观、中观与微观结合的视角展现生态文明建设的环境保护机制，能够为我国供给侧结构性改革与企业集群绿色转型提供有效的制度保障。

习近平总书记的“两山”理念对于正确认识和把握经济建设和环境保护的关系具有很强的针对性和指导性（张波，2019）。“绿水青山就是金山银山”，是一种思想、一种战略，核心在落实，关键是如何转化。环境保护机制作为一种环境治理的创新产物，促进了企业集群的绿色转型，拓宽了环境成本管理的主体、对象与范围。嵌入“两山”理念的生态文明建设，进一步强化了环境管制的效率与效果，促进了环境成本管理效率与效益的提升。生态文明建设是“两山”理念的制度体现，环境保护机制通过触发子机制、博弈子机制和运作子机制，使集群区域的企业生态意识得到提高，以清洁生产和可持续发展为代表的环境经营，进一步丰富了环境成本管理的内涵与外延，使环境管制更具针对性，环境政策与制度的执行变得更加有效。

三、企业集群变迁的环境制度博弈视角：若干思考

围绕企业集群的绿色转型，运用博弈论的变迁管理思想，企业集群的组织变迁能够为单一企业创造更多的“溢价”，即企业自愿服从企业集群变迁的环境管理要求，主动配合集群实施环境经营。这样，不仅单一企业能够实现可持续的绿色经营，企业集群区域的环境经营也会得到积极的响应，进而获得集群效应。

1. 博弈论视角之一：集群区域企业个体的行为是有目的的

博弈论建立在以下3个理论假设之上：一是个体理性。决策主体是理性的，能最大化自身利益。二是整体理性。整体（完全）理性是一种共识。三是合理预期。每个参与人被假定成为对所处环境及其他参与者的行为能够形成正确的信

念与预期的引导。一般认为，博弈主要可以分为合作博弈和非合作博弈。合作博弈是一种“双赢”策略，它通常能获得较高的效率或效益。非合作博弈强调的是个体理性，注重效率、公正与公平（张维迎，1996）。“制度”本身就是合作博弈的产物，集群区域的制度规则不仅能约束企业个体的行为，而且有助于企业集群提高区域的组织效率和环境效益。在企业集群的形成与发展过程中，企业个体实施绿色转型的各种行动也是为了达成某种目的，其实现目的的愿望就是行动的动机。因此，行动就是改变现状，而之所以要改变现状，或者出于对经营的不满，或者是对某种价值的追求。比如，通过产业结构转型升级，提高产品的科技含量，获取核心竞争力，实现更高的利润等。众所周知，企业的欲望与资源的有限性之间往往存在矛盾。相对于企业的欲望，在任何时间点上，用来满足欲望的资源总是稀缺的。比如，集群区域壮大（生产范围扩大，企业数量增多等），环境承载能力就会变大，环境资源表现出一种稀缺的特征。也许有企业认为，加入企业集群就是感到：大的企业集群不会受环境等各种稀缺资源的困扰。其实不然，尽管集群区域确有一定的优势条件，具有单一企业无法拥有的政策与环境设备投入等资源，但区域经济发展（比如区域面积等）是有限制的，或者说资源也是有边界的。因此，同样会受稀缺性的约束。博弈论视角考察企业行为，不仅要关注企业究竟采取了怎样的环境保护行动，而且更重要的是要关注企业为什么采取这样的行动。唯有如此，我们对整个环境管理的现象才能有更为深刻的理解。

2. 博弈论视角之二：企业个体必须重视集群区域的环境管理问题

企业从事生产经营就会发生与排污相关的各种环境活动，企业集群变迁过程中必须对此有深刻的认识。企业集群的绿色转型不仅需要搜集政府宏观环境管制方面的法律政策等信息，还需要对产业结构转型升级的条件与能力等进行综合分析评判，并在此基础上做出环境保护的相关决策。这些活动需要得到企业个体的重视，或者说只有企业个体努力，环境保护的实践才能有序推进。经济学家米尔顿·弗里德曼曾说过，如果要用一句话概括经济学，那就是“没有免费的午餐”。这里，要为午餐所付的那个“费”，就是环境管制中的机会成本，即企业加入集群，必须严格遵循集群区域的制度规范，并为此付出与环境治理相关的机会成本。当然，在现实中情况可能会比较复杂，人们在选择时还必须考虑很多难以用货币计量的因素。比如，苏州大学新校区建成并顺利运行之后，学生们对校园边上的监狱产生了恐惧和抵触等。政府对此就需要支付更多的成本搬迁监狱。从这个意义上讲，机会成本在更大程度上是一种主观性的结果（比如，江苏的这家监狱，新中国成立之前就存在于此。然而，突然之间有了搬迁的需求）。

换言之，企业集群变迁中的绿色转型必须重视各种应用环境，仅仅依靠中观的产业政策或集群区域的环境保护决策，仍将会出现环境管理效率差等的各种现实问题，需要从博弈论视角加以综合考察，即它是博弈论中集体主义分析视角存在的一种内在局限性，需要从方法论的视角从企业个体主义立场对其进行重新审视，通过"立体"的环境成本约束机制来化解问题和矛盾。需要强调的一点是，虽然集群区域企业个体决策时比较容易理解"没有免费的午餐"，但在考虑公共环境设施的提供与利用等问题时，却很容易使个体的企业忘记了这一点。区域内的企业总是希望政府能够多投资增加一些公共环保设备，加强环境维护的投入力度，并且仿佛这些都是无须成本的。然而，事实上，政府为了增加公共环境投入，就必须通过征税、发行货币以及举借公债等途径获得收入，而无论是哪一种途径，成本最终还是会转嫁到企业身上，即减少企业个体可获得的资源和产品。由于相对于企业，政府在提供公共环境保护时效率往往更低，因此那些本想获取"免费午餐"的人最终得到的往往是一份更加昂贵的午餐。

3. 博弈论视角之三：集群区域企业往往重视边际收益

企业个体之所以愿意加入集群，看重的是集群可以为其带来"溢价"，即边际收益；其动因就是"边际"，即对现有环境保护行动进行的微小调整所能够带来的成本和收益比，即"边际收益"大于"边际成本"的差额。比如，单一企业通过加入企业集群，可以利用集群区域内的环境设备等替代自身的环境投入。环境经济学所要关注的通常不是极端的非此即彼，而是"多一点"还是"少一点"的比较，也就是对"边际成本"和"边际收益"的权衡（张维迎，2019）。这种边际选择，可以用"水和钻石的悖论"加以说明。为什么企业不重视环境保护，从水来看，就是其数量多，取得成本低，或者说水的价值很低。而钻石则不同，由于其量小，获取不易，因此拥有的价值就会很高。或者说，物品的价值是由它带给人的边际效用决定的，即虽然水很重要，但是由于它很多，因此在边际上多一滴、少一滴对效用的影响不大；而钻石虽然无关紧要，但由于它很稀少，因此在边际上多一颗、少一颗对效用的影响就会很大（张维迎，2019）。正是由于这个原因，钻石的价值要远远高于水。了解了边际属性，就能够应用环境成本约束机制来引导集群区域的环境经营行为。比如，由政府出面进行环境处理设施的构建，并提供技术支撑，使环境设施成为与钻石一样珍贵的物品，企业个体加入集群区域可以获得更多的边际收益（包括环境支出减少带来的利润增加、环保技术能力学习的提升、企业产品核心竞争力的提高等）。

4. 博弈论视角之四:结果比动机更重要

企业群的环境成本管理既有动机也有结果,而结果和动机之间往往存在着不一致。那么,当我们评价企业群的环境保护行动时,应该更看重动机还是更看重结果呢?在经济学家看来,应该更看重结果。前文中以“环境成本”作为触发机制,就是表达“结果比动机更重要”观点的体现。在集群区域的经济发展过程中,针对某项经营或投资行为的选择,以其为出发点来判断某项行动的好坏并不一定正确。经济学家认为,即使一项行动的出发点是利己的,只要它的结果是利人的,那么这项行动就符合市场道德,值得肯定。所以,集群区域环境成本管理要从整体主义的观点出发评判个体的企业。换言之,企业集群区域中的各家企业在环境保护的想法存在分歧,且企业发展多多少少可能会带来一些环境污染等问题,只要我们能够应用博弈论理论进行科学分析,就能够实现环境效益远大于环境成本的“结果”,并为区域经济发展做出更大的贡献。相比之下,那些利人的动机导致的损人后果倒是十分值得重视(张维迎,2019)。比如,集群区域政府希望实现环境保护,让所有企业都从事清洁生产,这个转型升级的目标当然是善意的。但是,如果政府为了达到这一目的,规定所有企业一旦出现环境污染现象就进行重罚,那么企业经营的可持续性就会发生困难,群众就业就难以保障。这样,反而让企业集群区域更多的协作企业难以持续开展经营活动的配套工作。“立体”的环境成本管理约束机制就是要遵循“环境中性”的理念。诺贝尔经济学奖得主哈耶克曾说过“通往地狱的道路通常是由善意铺就的”,这一忠告我们应时刻谨记。

四、企业集群变迁中的环境制度创新:制度经济学视角

企业集群变迁的环境制度创新可以从组织、技术等方面加以探讨。从组织层面考察,涉及企业集群变迁过程中的产业结构选择;从技术层面思考,需要围绕高新技术企业的聚集效应提升品种结构和优化经营行为,目的是提升集群区域企业的核心竞争力。

(一) 制度经济学视角之一:环境成本管理制度建设的重要性

当前,需要借助于清洁生产和可持续发展等的环境经营,降低组织的交易成本,推动环境制度的完善与发展,使制度在环境成本管理的实践中发挥出最大的效用。

1. 从制度博弈到制度创新

制度是一种游戏规则、一种激励机制,它在很大程度上决定着选择与结果之

间的关系。在长期的发展过程中，宗教和传统道德哲学多以改变人性为目的，但在经济学家看来，作为人类，我们的人性是很难改变的，但我们可以通过改变制度来改变人的行为。环境成本约束机制强调的环境价值管理，就是要引导企业集群实施绿色转型。通过科学、合理的决策，为集群区域企业带来收益与成本之间的正向差额，即通过转型升级实现绿色的价值创造，并带来企业的价值增值（使正向的差额最大化）。

2. 从单一层面制度向多层面的"立体"制度转变

从单一层面制度向多层面的"立体"制度转变包含两方面的内容：一是环境成本管理从单一的宏观管制（如政策制度中的环境成本约束），向中观的集群区域环境成本管理与微观的环境成本核算相结合，前者以国家的环境政策与规章制度为载体，中间的则以企业集群环境经营为运作基础，后者则是环境成本核算与管理等的内部化与外在化的重要体现。或者说，宏观层面主要是制度规范为主，中观层面是制度与激励相融合，微观层面则主要是以环境成本管理工具的开放与创新应用为特征。二是组织结构的外在变化，主要表现为由单一企业向组织间企业（企业集群）转变，这是制度经济学整体主义或总体主义的客观体现。创建新型的集群产业链体系是企业组织外部变迁的根本目的，它需要借助于新的商业模式和经营业态，不断推动高科技产业向更高的领域拓展。

3. 从静态的制度规则向动态的制度优化转变

比如，随着全球绿色观念的兴起和我国倡议的"一带一路"的实施，企业集群变迁的绿色转型会越来越具体（如环保设计、清洁生产、绿色采购与消费、环境金融以及废弃物回收循环再利用等的管理手段），以及一些具有明确目标的环境资金投向等。面临新时代，这一历史时期的企业集群环境成本管理制度应当包括什么内容？笔者认为，需要采取诸如以"环境成本"为尺度的博弈手段或方式，以引导集群区域企业形成正向的激励机制或管理制度。只有集群企业的经营活动得到了提高、财富得到了有效保护，企业家们才会有积极性去创造财富、才会有各种环境保护技术的推陈出新；而只有在区域企业充分自由的环境经营前提下，技术人员才会愿意将自身的清洁生产技术等转化为社会财富。换言之，一个制度只有在尊重产权的同时，能够调动企业个体环境保护的积极性，这种制度才算是好的环境保护制度。

4. 从单纯的环境成本控制向提高环境资源利用效率转变

通过建立健全各项环境保护制度，使环境成本管理嵌入企业集群之中，而不是从根本上改变企业的环境管理体制。"立体"式的环境成本管理制度使环境成本约束机制产生了强大的动力，即环境成本约束机制不仅给集群区域的企业提供了新的环境保护激励，还使集群区域环境经营积极性得到充分的释放，促进了区域经济的发展，推动了集群企业生产效率与效益的提高。在各种新技术不断推陈出新的今天，环境成本控制的手段和方式发生了巨大改变，基于战略视野的环境成本控制开始注重环境保护机制的应用环境，比如主动将人工智能、大数据、云计算、物联网、区块链等技术应用于环境成本管理的实践之中，使环境成本约束机制的内涵与外延有了新的改变，即从单纯的环境成本控制开始向提高环境资源效率的方向转变，各种新时代的技术创新方式或手段为环境价值管理开辟了新天地，为环境成本管理提供了"从上到下、从左到右"全方位、全领域扩展的新空间。

5. 环境成本管理工具由单一方法向综合利用多种工具方法的方向转变

由于环境成本存在货币和实物两种形式，相应的环境成本管理方法也可以分为两大类：一是基于以环境核算为主的方法，比如作业成本法、产品生命周期成本会计、全部成本会计等；二是基于环境资源管理的方法，比如资源效率成本会计和投入/产出分析、总成本评价，以及物料流量成本会计等。故只要有利于环境控制和环境价值创造的工具均纳入环境成本管理的方法体系。同时，还可以进行各种方法之间的组合，如排污作业成本、产品生命周期评价、资源流与物料投入成本管理、环境成本费用效益分析，以及将传统会计收益公式修正为绿色利润、融入生态型战略管理的绿色固定成本的量本利分析和环境预算执行差异控制、清洁生产成本法，或者应用于环境成本管理并创造价值的现代统计方法、信息与电子技术、数据集成与处理系统、成本控制的网络平台等。上述环境成本管理工具的演进过程表明，传统以单一方法为主的环境成本管理时代已经不再来了，充分认识和掌握环境成本管理工具与方法，加快开发与创新基于企业集群变迁的绿色成本管理工具与方法变得越来越迫切。

（二）经济学视角之二：企业集群变迁中的环境经营

企业集群的制度变迁促进了环境经营的发展。无论是对传统企业集群的嫁接，还是创建新的集群区域，企业集群都应当嵌入环境经营，并积极使绿色产业成为企业集群的支柱产业。

1. 企业集群环境经营的特征

企业集群环境经营可以结合绿色转型与变迁管理的要求，将其划分为绿色经营与可持续经营两个方面。绿色经营是针对环境成本管理中的显性成本进行的企业集群经营模式创新，而可持续性经营是通过企业集群的绿色转型不断优化资源的利用效率，进而提高环境成本管理效率与效果而体现出的经营手段。从环境成本管理角度讲，环境经营的实施就是要将企业的环境问题内部化，如排污成本等环境资源的资本化等。环境作为一种公共物品，其供给并不是无限的，而是稀缺的，人们对其选择与使用必须付出代价，只有以“经营”的姿态去善待环境，才能实现生态平衡与社会文明，进而为企业创造价值，实现经济效益、组织效益与环境效益的统一(普特曼，2000)。环境经营提高了企业经营活动的环境相关性和可靠性，并在排污成本、交易成本和文化成本等的整合与交融下积极履行社会责任，实现社会的公平与效率，亦即环境经营的情境特征促使企业的经营价值观与自然契约观相联结，通过资源集约谋求环境、经济和社会效益的协调发展。企业实践表明，环境经营可以独立运作，也可以与其他经营方式相互融合；同时，环境经营可以在一家企业中推行，也可以在整个产业集聚区域里普及与推广。环境经营能够促使企业以技术创新等手段驱动排污等环境成本管理活动，寻找企业新的市场定位，开发新的产品；而技术与产品的创新必然会给企业带来丰厚的回报，这些收益不仅可以抵偿环境经营的支出，还可以带来净收益的剩余。

2. 企业集群环境经营与绿色转型的关联性

企业集群的绿色转型遇到两个问题：一是政府宏观环境管制与微观企业环境成本核算之间的沟通问题；二是企业集群环境成本管理与群内企业主体环境成本核算的协调问题。前一个问题的解决对策就是嵌入中观层面的环境成本管理，即实施环境经营；后一个问题是如何有效地在企业集群区域内营造环境保护的氛围，涉及企业集群层面的环境制度创新。目前，针对以集团为主体的企业集群，其有关环境管理制度与规范的配置和实施往往具有比较理想的效率与效益。事实上，上述两个问题也是紧密联系的，即环境经营以提高资源利用效率为目标，将环境保护意识融入组织之中，通过清洁生产等方式优化组织的价值链、供应链等管理流程，就能够减少或杜绝集群区域的污染排放等环境行为，进而实现企业集群区域的可持续发展。企业集群作为产业群中的一个重要领域，必须在供应商、顾客与企业生产者之间实施全过程、全方位的绿色转型，而这种转型的竞争优势需要借助于环境经营的普及、提高与完善。近年来，环境经营已经在世界范围内深受重视，针对环境经营的环境成本管理工具也得到了进一步扩展与创新。根据交易成本理论，当环境的外部交易成本大于内部交易成本时，需要将环境成本内部化，即将环境成本控制在环境的自净化能力之内，这种环境契约体现的正是环境经营的客观要求。

3. 环境经营是企业集群绿色转型的保证

从理论上讲,"外部成本内部化"理念便于总结、提炼并设计出外部社会承担的企业"环境成本"数额,能够丰富环境成本管理的理论内涵;从实践上讲,上述理念或观点对实现企业环境负荷的最小化、构建符合可持续发展的循环型社会有积极的现实意义。企业集群绿色转型的前提是集群区域广泛开展环境经营,借助于环境成本管理等手段提升企业集群整体的环境质量,通过末端治理向前端治理的转型,使集群区域企业从产品设计、物料采购、生产控制和废弃物处置等产品全生命周期的视角构建绿色经营的完整体系。目前,"长三角"企业集群常用的环境经营管理工具如表 1 所示。

表 1　企业集群环境经营的管理工具

清洁生产	√
生态效率	
环境生命周期成本	
环境业绩评价和达标	√
对环境有利的采购	√
延伸的生产者/产品责任	√
外部报告	√
环境专门设计(DFE)	√

注:"√"表示得到企业集群普遍采用。

表 1 表明,环境经营可以独立采用某一种管理工具,也可以在集群区域协作采用多种管理工具,加强集群区域企业之间的合作。同时,环境经营可以在一家企业中推行,也可以在整个产业集聚区域里推广及应用。实践表明,环境经营对于经济新常态下的产业结构转型升级具有积极的促进作用,它已成为企业集群绿色转型的必然选择。现阶段,为实现企业集群区域的可持续发展,政府已开始引导企业集群区域在实务层面上实施环境经营,通过环境技术的创新与推广应用,从供应链到消费者的全产业链环节渗透绿色生产、绿色消费的理念。今后,政府将会采取进一步的措施,如财政、税收等手段推动企业集群开展环境成本管理活动,即采取技术性和经济性结合的环境保护措施,引导企业自愿、主动地参与环境经营,使企业在可持续发展中获得来自消费者等利益相关者的公正评价,进而提升企业集群区域的竞争优势。

4. 企业集群环境经营的实践：以“中联水泥”为例

加入企业集群比不加入可以带来更多的好处。比如，推进节能减排和循环经济，实现企业集群生产的可持续发展等。从企业集群整体视角配置先进技术，不断推进环保系统和设备的技术改造与创新。比如，严格按照国际先进标准控制污染物排放，减少对环境和社会的影响等。如果企业在决策时仅仅考虑自身利益，而忽视生态平衡与环境利益，那么就会因为负的外部性，而导致市场的失灵，从而带来巨大的环境代价，随之产生大量的无法也没有动力加以内部化的环境成本，从而造成企业经营成本的失真，这对于遵守环境标准与法律的企业来说是不公平的。因此，企业必须充分认识环境经营的重要性，采取各种积极有效的环境资源利用手段来实现企业的发展。中国政府意识到环境污染的危害和清洁生产对产业发展的促进作用，早在 2003 年 1 月 1 日就实施了《中华人民共和国清洁生产促进法》，工信部等政府部门制定了相关方案，大力推行清洁生产技术的研发和应用，并且明确提出，应用先进适用的技术实施清洁生产技术改造是提升企业技术水平和核心竞争力，从源头预防和减少污染物产生，实现清洁发展的根本途径。在现有企业集群区域，尤其是大型企业集团中，这种既能有效降低污染排放，也能够提高产品质量的技术是普遍存在的。以中国建材集团公司为例，该企业集群包含相关的下属集团与企业十多家，以其中的水泥生产企业为例，通过将高效节能的清洁技术应用于企业集群下属企业，不仅大大减少了水泥生产的污染排放问题，并且在提高资源利用效率和水泥产品质量上发挥了积极作用。

徐州中联是一家位于江苏省徐州市贾汪区的水泥企业，隶属于中国建材集团，是该集团水泥业务板块中的骨干企业，即它是中国联合水泥集团有限公司（以下简称“中联水泥”）的合资子公司，也是中国建材集团规模最大、最具影响力和代表性的水泥工厂之一。徐州中联的前身是徐州海螺水泥有限责任公司，是安徽海螺集团下属企业。2006 年 7 月 1 日，经中联水泥联合重组后成立徐州中联。徐州中联现有资产 35.77 亿元，在职员工 750 人，年产熟料 700 万吨、水泥 200 万吨。水泥行业属于重污染行业，该公司积极推行环境经营，在节能减排和环境保护方面成绩突出，先后被评为“全国水泥行业节能减排达标竞赛活动先进集体”“江苏省节水型企业”“第一批建材行业百家节能减排示范企业”，还被工信部、财政部、科技部等部门列为“资源节约型、环境友好型”创建试点企业，被国土资源部列为“国家级绿色矿山试点单位”。环境经营离不开环境技术的支撑，徐州中联重组之后，中国建材集团加快了自主设计、建设和安装的步伐，将具有完全知识产权的 10 000 t/d 水泥熟料生产线投入徐州中联，投资金额 9.5 亿元，以实现中国建材集团整体环境经营的目标。系统的高效运行是降本增效的关键因素。新设备运转以后，通过一期纯低温余热发电技改，年发电超 1 亿千瓦时；实施变频技术改造，使熟料综合电耗由 62 千瓦时/吨降至 56 千瓦时/吨，每年节约用电 2 280 万千瓦时，确保万吨线能耗指标始终处于全国领先水平。为深入推进“中国制造 2025”规划，发挥智能制造在水泥生产应用中的空间拓展，公司在国内率先引进国际先进的 EO 专家系统，将熟料烧成从人的中央控制提升到自动智能导航模式，实现对生产过程的控制、稳定和优化，使窑产量和质量都得到提升，系统操作进入智能化水平，社会和经济效益显著；磨辊等备件国产化改造，成本节约 50%以上，供货周期缩短 50%以上，减少了备品备件库存占用量。图 2 是徐州中联环境经营过程中实施资源循环利用的流程图。

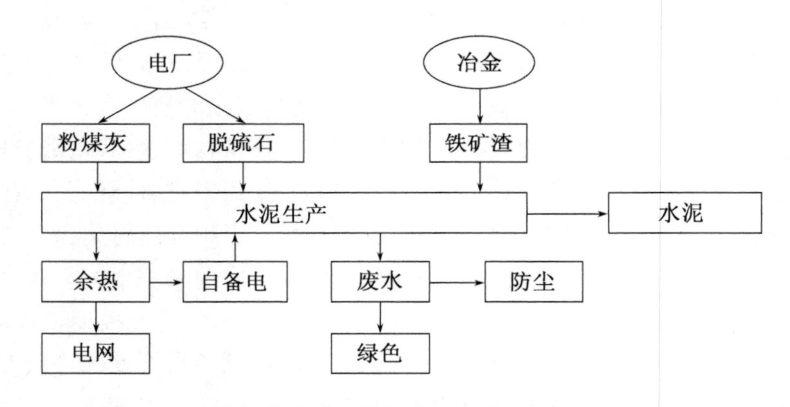

图 2　徐州中联资源循环利用示意图

由图 2 可知，为了减少对生态环境的影响，构建“资源节约型和环境友好型”企业，徐州中联在所有粉尘排放点均安装收尘设施，共有收尘器 110 台，其中电收尘设备 3 台，布袋除尘器 107 台，粉尘排放浓度小于 30 mg/m^3。在进行主机检修时，保证收尘设施与主机同步检修，确保开启后稳定运行与达标排放。同时，安装污染源在线监测设备(CEMS)，每季度与环保部门密切配合，对各排放口进行监测，对重点排放源不定期自测，确保污染物排放 100%达标。2015 年，徐州中联投资 4 000 万元将所有电收尘全部更换为收尘效果更好的袋收尘，在排放达标的基础上继续降低排放浓度。同时，陆续投入 1 亿多元建设原料堆棚，有效控制生产转运过程中粉状物料二次扬尘和无组织排放，有效地改善了现场工作环境。2014 年的窑分解炉改造，改善了窑炉烧成工艺，使空气分组燃烧、燃料分级燃烧、原料分级燃烧成为可能，从根本上减少了氮氧化物生成。投资建设

SNCR脱硝工程，采用选择性非催化还原脱硝技术，氮氧化物排放浓度和排放量可降低至原排放值的35%以下，年减少氮氧化物排放约13 026吨。

煤炭等化石能源消耗和原材料分解过程是水泥工业二氧化碳产生的主要途径，降耗减排、提高能源使用效率是减少二氧化碳排放的最有效途径。近年来，徐州中联持续加大在这方面的投入。从2008年开始，对第一条万吨生产线的纯低温余热发电技术改造之后，又在2010年建设了第二条万吨线，同步配套建设了余热发电系统。低温余热发电技术的有效应用，将排放到大气中占熟料烧成系统热耗35%的废气余热进行回收，使水泥企业能源利用率提高95%以上，所发电力全部用于水泥生产，占到生产用电的近40%。两条18 MW发电机组年可发电达2.15亿千瓦时，减排二氧化碳18万吨。水泥企业大功率电机多，但在生产过程中并不能满负荷运转，势必造成电能损耗和开停机时的电流冲击。徐州中联敏锐地把握住变频技术发展趋势，对具有节能空间的重大电机设备进行改造，采用最先进的变频调整电气传动设备取代传统的调速方式，取得了明显的节能效果，大大降低了熟料电耗，每年可节约用电2 280万千瓦时。通过余热发电、变频改造和专家系统等技术改造项目，徐州中联可节约标煤约8.4万吨，减少CO_2排放22.1万吨，通过了国家首批低碳产品认证。表2为徐州中联节能减排的具体成果。

表2　徐州中联部分技术改造项目节能减排绩效　　单位：吨

项目	节约标煤	减少排放		
		CO_2	SO_2	NO_x
余热发电	69 900.00	183 138.00	5 941.50	5 172.60
变频改造	8 209.50	21 508.89	69.8	60.80
专家系统	6 265.00	16 414.30	53.30	46.40
合计	84 374.50	221 061.20	6 064.50	5 279.80

资料来源：徐州中联水泥有限公司内部资料。

表2中徐州中联的经验表明，基于环境经营实施循环再利用大有可为。或者说，以环境成本为导向的环境经营，就是要通过环境工艺的技术改造来实现废物再利用，使生产经营实现从“污染制造端”向“污染物消耗端”的转变。徐州中联通过窑炉改造，具备了将矿渣、煤矸石、粉煤尘、电石渣以及城市垃圾和危险固体废弃物的无害化处理。一方面，可以替代天然矿产原材料，减少化石能源消

耗;另一方面也减少了处置费用的二次污染,即在原料的选用上,在保证质量、环境和消费者健康的情况下,让工业废弃物物尽其用。在生产过程中,进行无害化处置,实现污染物零排放。从徐州中联来看,该公司积极寻找替代能源,通过试验、对比和市场调研,使用粉煤灰作为水泥生产混合材、使用电厂脱硫石膏100%替代天然石膏、使用铁矿渾代替铁矿石。通过反复试验和改进,目前可实现消纳工业废弃物 90 万吨/年,有效降低了环境负荷,创造了客观的环境效益和社会效益。徐州中联年开采石灰石达 880 万吨,但矿石品位低,品质差异大。若采用采富弃贫方式,可有效降低成本、控制质量,但会造成资源浪费和环境污染。公司按照绿色矿山资源综合利用要求,加大矿石成分的检验密度,全面细致掌握矿石品位,将高品位矿石与低品位矿石搭配使用,开采回采率、选矿回收率和综合利用率达到 100%,实现废料零排放。

环境经营就是要在企业文化价值观下寻找“善”与“恶”的最佳平衡点,将环境成本控制在环境的自净化能力之内。这种使环境成本内部化的经营也就是我们所说的“环境经营”,它有助于实现企业环境负荷的最小化以及构建可持续发展的循环型社会。从徐州中联所在区域的社会责任入手,该公司先后投入3 000多万元美化环境,通过循环用水除尘灌溉、覆土绿化植树种草,建设山水城镇、生态花园工厂的共生系统。通过主要生产设备冷却用水实施循环使用,徐州中联的新水循环率达到了 90%以上,循环冷却水循环利用率达到了 95%以上,年节约用水 100 多万立方米,节约成本 130 多万元。徐州中联的具体经验是,对余热发电使用的锅炉制水、冷凝器循环水,选用新型水处理药剂,提高循环倍率,减少补充水量,保证设备的安全性和经济性。对余热发电废冷凝水进行收集、储存,作为路面防尘洒水用;生活用水在处理后用于清洁、绿化和洒水等,实现了工业、生活污废水的零排放。

(三)制度经济学视角之三:企业集群区域的环境经营责任博弈

环境问题突出使企业有必要提高其环境管制效率。影响环境经营的因素包括激励因素或动机,以及来自市场的压力和环境的风险。消费者对绿色消费品的需求以及产业内核心企业对环境管理的需要,关乎企业的市场份额。企业为了保持其市场份额有时甚至为了生存而与供应商围绕环境因素开展谈判。从风险管理角度考察,企业集群为了规避环境管制等因素对集群区域生产经营的影响,或者避免因为污染或废弃物产生的环境风险以及因市场竞争要素变化而失去竞争优势的风险等,需要加强风险管理。

1. 集群区域环境经营的责任博弈

企业集群区域开展环境经营，第一面临的是成本问题，即由于采取更有效的环境保护措施而使企业成本在短期内有较为明显的上升。第二是沟通问题。企业集群区域中的部分企业环境意识缺乏，加之集群环境制度建设滞后使环境标准不明确，企业相互之间的信息沟通不顺畅等，导致交流与沟通存在障碍。第三是保密问题。集群区域的一些企业担心自身具有竞争优势的技术及商业机密被曝光，不愿意主动开展环境经营。形成这一问题的主要原因是对技术创新缺乏保护机制。此外，如果企业集群中的文化过于一致性，群内企业的更迭减少，缺乏动态变化的激励效果，也会形成集群区域内的惰性和信息不对称，即消费者不能清晰地识别产品的绿色度，市场的无序竞争导致绿色产品不能获取相应的市场利润。此外，环境经营也容易形成一个"悖论"，即环境经营的清洁生产等带来的收益外溢，使一些企业没有动力实施环境保护的经营方式。同时，传统的经营模式因为环境成本的外部化，不必由企业承担，使企业得到了隐性的"实惠"。在这种情况下，企业集群中的个体目标与整体目标之间就会发生冲突，往往不能使环境相容的原则在各成员间得到遵循。一是由于创新收益没有全部内化为创新者所有，因此企业集群区域企业在创新动机上存在激励不足。二是某一成员企业实现了有效的创新，但经济人的理性使其有动机在一定范围内限制创新成果的扩散，往往其成果不能及时并有效地在集群成员中得到共享。三是知识积累、知识本身的复杂程度、企业文化以及组织结构决定了知识在集群内转移的效率。对此，政府首先应提供相关的制度环境。制度的基本功能是促进收益与成本的内部化，为经济主体提供正确的预期。比如，对新的材料与工艺的创新在一定程度上可以认为是公共物品，这些关键性的知识创新有必要由政府来投资。一旦在某方面取得成功，要采取有力措施在制造业内全面推广。其次，要求成员企业在企业理念、企业文化以及企业经营战略上保持高度一致，遵循与环境相容原则；要求其成员具有持续的创新能力、知识的吸收能力和信息交流能力；要求其成员间的核心竞争力具有互补性。

2. 企业集群变迁是一种动态的博弈过程：以环境经营为例

增强信息共享能力是企业集群区域环境经营充分与有效的保障。一方面，是有关市场需求的信息。制造商、供应商与销售商通过对市场绿色需求敏捷的响应能力，能够加快应对措施的形成与完善。另一方面，制造商、供应商与销售商通过有效的信息渠道传播其产品的绿色度，改变消费者的消费偏好。此外，信息的共享还体现在集群企业间与生产工艺、材料、包装等信息的交流与沟通方面。直接的目标是实现显性知识的共享，以及实现各成员企业间隐性知识的显性化，并为集群区域企业所共享。它表明，企业是否适应企业集群变迁而主动开展环境经营，可以视其为一种动态的博弈过程。环境经营责任观念强，是指当博弈参与者甲的行为没有达到自身所承担的责任之时，参与者乙会竭尽所能对甲实施惩罚；当甲的行为超出了自身的责任之时，乙会竭尽所能地赞成并且支持甲。环境经营责任观念弱，是指无论参与者甲的行为怎样，参与者乙都不会考虑，乙的行为是根据自身效用最大化来决定的，乙是理性的。

基于此，可以做如下一系列的假设：

(1) 国家并没有对企业集群环境经营的投入进行明确的规定；

(2) 集群区域的企业符合经济人假设；

(3) 企业集群变迁不仅仅是经济人假设，还要考虑社会人等假设；

(4) 企业主体对环境经营的投入量是依据企业集群的环境保护强度来反映的，即企业个体的环境经营行为存在不确定性。

本节中用 R_1 代表企业实施环境经营带来的直接效用，包括环境设备利用效率提升、排污成本节约以及环境培训收入增加等；C_1 代表环境经营活动发生的一切相关费用；R_2 则代表由于推行环境经营而带来的间接效用，如环境保护的各种行为所产生的投入产出效用，也包括货币性的收益和非货币性的收益，也包括商誉、品牌效应等；C_2 代表投入环境责任的成本效用，即环境成本管理的效果；C_3 代表当环境经营责任观念强时，企业没有完成环保任务，企业集群对企业的惩罚；P 代表当企业集群环境责任强时，企业判断其为强的概率；Q 代表环境经营责任观念弱时，企业判断其为强的概率。所以，当企业集群环境经营责任观念强时，可以得出这样一个企业的总体效用函数为

$$U_a=R_1-C_1+PR_2-PC_2-(1-Q)C_3$$

当环境经营责任观念弱时，企业的效用函数为

$$U_b=R_1-C_1-QC_2$$

当企业集群绿色转型的信息未公开或者信息不充分时，企业是不会进行环境经营方面的投入的，究其原因，无论企业行为如何，都不会影响企业集群组织对个体企业的行为方式，因为此时的信息是无法传递的。故此种情况不予考虑。当企业集群的信息是公开的时候，企业才会考虑到底是否需要进行环境经营投入，因为此时的投入与否已经影响到了企业集群对企业的行为方式。围绕信息公开，企业集群区域内企业个体的环境经营投入情况，可以分两个层面进行讨论。

（1）当环境经营责任观念很强时：企业集群区域公开每家企业环境经营的投入情况，企业的环境经营责任承担程度为企业集群区域所有企业认知，这时的企业集群就会以区域的组织方来支持这家企业，企业因此而获得利益，这样形成了因环境经营投入而获得支出减少的直接效果。

（2）当环境经营责任观念弱时：企业公开环境经营的投入情况，这时企业在环境责任方面进行了投入，也被企业集群所了解，但是这时的企业集群区域不会因此而支持这家企业，这是因为企业集群尚未实施变迁，也没有进行相应的变迁管理，即根据环境经营责任观念弱的假定：企业集群是根据自利原则做出行为选择的，也就是说无论企业是否超过其自身责任多投入，还是达不到基本要求，集群区域的环境保护方式不会因此而改变。因此，企业不会因为环境经营的实施而产生更多的效益，或者因为实施环境经营不充分而受到集群区域的惩罚。

由以上的分析可以知道，企业对环境经营责任的承担情况取决于环境经营责任的强弱以及企业对环境经营责任观念判断的正确与否的概率。所以，如果要使企业能够更倾向于承担环境经营责任，就要改变参数 P 和 Q 的相关影响因素。以上的情况我们可以用表 3 进行概括。

表 3　企业集群环境经营的博弈模型

企业	企业集群	
	环境经营责任观念强	环境经营责任观念弱
实施环境经营	(a,b)	(c,d)
不实施环境经营	(e,f)	(g,h)

表 3 表明，通过对这个模型的分析，我们可以运用数理方式进行分析，据此获得这些参数之间数值大小情况。对此下文用一些简单但是可以代表的数字进行说明，对模型中的变量进行赋值（这里的赋值是代表性的赋值），详见表 4。

表 4　模型变量赋值

企业	企业集群	
	环境经营责任观念强	环境经营责任观念弱
实施环境经营	(10,10)	(－10,12)
不实施环境经营	(－12,8)	(8,8)

由表 3 和表 4 博弈均衡的结果表明，当企业集群开展绿色转型向环境经营责任观念强的方向变迁时，企业会选择进行环境经营的投入，当环境经营责任观

念弱时，企业不会进行环境经营的投入。否则，企业难以适应企业集群区域发展的客观需求。

3. 企业集群变迁中的根植性：责任视角

企业集群使得区域内各个企业面临着共同的外界压力和相同的外界环境，环境经营作为环境成本约束机制的中间环节，是环境成本管理的中观层面的技术方法创新。集群区域的环境经营会透过环境成本相关信息的披露，使这方面的技术方法向外部溢出，被同行业或同类型的非集群成员企业所模仿，从而降低企业集群整体的竞争优势。这种“溢出效应”在企业集群区域，由于地理位置相近等所产生的企业间示范效应和模仿效应的存在而表现得更加明显。必须让集群区域的每一家企业都知道，如果采取利己的单边主义行为或具体倾向，企业集群组织将发起反击，这样会使这些企业的损失远远大于它脱离或寻租集群所获得的利益之和，甚至可能面临倒闭的风险。那么，为什么还会有集群内的企业愿意冒这个风险呢？其实，这是基于企业集群组织环境经营责任观念强的情况下实施的。假设，此时企业的效用函数为

$$U_c = R_1 - C_1 + PR_2 - PC_2 - RC_4$$

这里的参数 C_4 代表企业被发现采用单边主义行为最底线要求时所付出的代价，其绝对值相当大；R 代表企业被发现的概率。因为这种情况是基于企业集群环境经营责任观念强时的效用函数，P 为 1，于是效用函数可以简化为

$$U_c = R_1 - C_1 + R_2 - C_2 - RC_4$$

当企业进行环境经营决策时，到底是进行低成本生产，获得超额利润，之后再贡献所谓的企业集群环境经营责任，为企业赢得声誉，但会冒被发现的风险；还是进行高质量生产，获得正常利润，不对集群区域的环境责任等产生贡献，这样企业就不会获得声誉，但也不会被发现有增加企业集群环境成本的现象，从而导致企业被边缘化或面临破产的可能性。在有些企业集群案例中，一些个体企业之所以选择单边主义倾向，损害集群区域的公共环境，开展污染经营等行为活动，主要原因是这里的 R 相当小，因为集群区域的环境成本管理尚未得到足够重视、组织与制度缺乏规范与创新。正是这种情况的出现，企业才不愿意放弃对自己有利的机会。企业集群变迁离不开环境成本管理，集群区域的环境经营一定要有层次、分步骤地推进，即加强环境成本管理的变迁管理。否则，企业集群变迁过程中，如果清洁生产之类的基础层面的环境责任都未有效开展，就盲目全面推行环境经营，就可能使企业集群变迁陷入一种可怕的发展思维，即企业集群变迁得越快、规模越大，可能对社会的危害性也会越大。

4. 企业集群变迁中的网络复杂性：环境经营责任思考

企业积极融入集群区域的环境经营活动，即承担的环境成本与其从企业集群中获得的收益相比，应是对等的。换言之，企业承担的环境责任的大小应以其行使的产权边界为限。企业必须认清企业集群网络关系的重要性，环境经营责任理念对于集群区域来说至关重要。在企业集群信息充分的网络关系中，企业只有主动实施环境经营，才会获得自身利益的最大化。应用以上博弈模型中企业集群环境经营责任强时的效用函数：

$$U_a = R_1 - C_1 + PR_2 - PC_2 - (1-Q)C_3$$

企业忽视环境经营责任，可能会受到企业集群及其整个集群区域的报复，不仅利润大幅度下降，企业形象、声誉也会受到严重损失，这些均可以看作是企业集群给企业带来的惩罚成本 C_3，企业自己付出的成本 C_2 几乎是零，这样企业除去自身运作的成本与利润，企业在环境经营责任方面的效用是为负的。此时，企业往往逐渐认识到问题的严重性，这时的弥补可能为时已晚。当然，如果企业集群变迁的环境经营责任不强时，集群区域企业不积极履行环境经营责任，可能从自身利益角度来讲是收益最大化的行为，或者说是符合经济学中理性人假设的，因为企业集群变迁不重视环境经营责任，企业无论采取什么经营行为，受到影响的变量都只是 C_2，而此时的 C_3 几乎是为零的。根据理性人假设，会得出这样的博弈均衡结果(不实施环境经营，同时环境经营责任观念弱)。这里我们只能解释为企业对环境经营责任为强的概率估计 P 非常小，而这里的 C_3 相当大，所以可近似将 $PR_2 - PC_2$ 看作是零，这样企业认为 $PR_2 - PC_2 - (1-Q)C_3 < 0$，最终企业选择了不实施环境经营。

企业的环境经营责任理念对企业的成长性而言，首先会从财务指标的正面影响上体现出来(正面会大于负面的影响)。企业集群变迁离不开区域内企业的环境经营，对于企业个体而言，环境经营既是一种竞争压力，也是一种获取优势的手段，企业集群区域一般通过环境成本约束机制来优化自身的环境经营责任行为，以达到提升整个集群区域价值增值的目的。对于企业个体而言，企业承担环境责任对其竞争力有着间接和直接的影响，而且这种影响随着时代的发展，正变得越来越大。基于本节的研究，要设计出一套有效的激励机制，可以从以下几个方面进行考虑：在企业集群变迁及其过程中，加大对环境经营责任理念的普及与推广，这样企业如果没有承担一定的环境经营责任，集群组织就会使该企业付出一定的代价；也可以使企业集群的信息更加公开，这样企业集群变迁管理就更具科学性与有效性。

第二节　企业集群变迁中的环境成本管理边界与理论扩展

近年来,环境管理出现了新的动向,即除了监管力度加大外,环境管制的体系也更加完善。从微观角度讲,"绿水青山就是金山银山"的客观诉求迫使企业环境成本核算逐步转向内部化,集群区域企业开展环境经营的积极性大大增强。

一、企业集群变迁中的环境成本管理边界

传统的组织边界主要有两个视角,一是经营边界,二是能力边界。出于对经营与能力的最佳配置,可以将组织从宏观、中观与微观层面加以划分。环境成本管理作为组织拥有的一项有效的管理工具,其边界也可以从宏观环境成本管理、中观环境成本管理与微观成本管理的不同视角加以规划,以实现环境成本管理效率与效益的提升。

1. 从组织视角认识环境成本管理的"边界"

1937 年,科斯首先提出了企业"组织边界"的概念;随后,威廉姆森在科斯的基础上进一步深化了组织边界理论,即从成本、效率等经济学角度分析组织边界,认为管理层对组织边界的不断整合与调适,其实质是减少边界冗余,提高组织自身的运行效率(Williamson, 1985)。组织边界的研究主要关注组织边界的理论内涵及类型,以及组织边界跨越活动对组织绩效的影响等(郭金山、芮明杰,2004; Deborah、David, 1992)。只有那些能够对环境进行快速反应并创造价值的柔性化组织,才会在动态变化的经营环境中长期生存下来(郑晓明、丁玲、欧阳桃花等,2012)。为了迅速响应动态环境的冲击以及由其带来的相应挑战,企业迫切需要在企业(组织)内部和组织之间开展跨越传统边界的活动(Von Hippel, 1990)。Levina 等(2005)提出了边界跨越理论用于指导组织的边界跨越。从环境成本管理视角引入"边界"理念,便于将组织理论应用于指导环境成本约束机制的形成与构建。Ashkenas 等(1998)依据组织层面和组织内各部门、各层级把组织边界分为垂直、水平、外部和地理边界 4 类,为环境成本管理内涵与外延的扩展提供了理论支持。边界跨越理论认为,边界跨越者是推进边界跨越活动的主体,存在形式可以是个人或组织(Levina、Vaast, 2005),客体则为边界跨越载体(Star, 1989)。环境成本管理正在呈现出"立体化"的格局,传统的环境成本管理需要实现结构重组与行为优化。研究企业集群变迁中的绿色转型特征与环境管理要求,不仅能够丰富环境成本管理的理论实质,而且还能使环境

成本内部的实践具备可操作性。同时，环境成本管理的控制系统与信息系统也将反过来进一步推动自身“边界”的有效管理和具体的功能扩展。

2. 环境成本管理的结构重组

从结构上看，环境成本管理应当包含宏观环境事项的管理以及对中观与微观环境成本的监督。宏观环境成本管理主要通过法律规章等环境监管的制度形式加以体现。从管理内容上看，主要包括能耗成本、碳成本、各种 FTA 中的环境成本等管理内容；从监督角度看，包括环境成本监审制度、对行业与企业的环境管制等。中观环境成本管理主要指行业的环境成本管理问题，涉及组织间的环境成本管理、环境成本协作以及企业集群区域的环境经营与制度建设等。为优化环境成本管理的结构体系，政府会通过各种补贴政策来支持中观层面的环境成本管理，如行业转型升级的财税支持、节能减排的资金补贴等。微观的环境成本管理主要是企业的环境成本核算，如“三废”的成本核算与管理、环境设备投资的核算与管理等。以“环境成本”为尺度的环境成本约束机制的形成与构建，是基于宏观环境管制的不足诱发的。政府的环境管制往往存在以下两个问题：一是环境管制的对象缺乏针对性，很难准确地对不同区域以及基于地方经济发展的实际情况开展及实施环境管制。二是环境管制内容不完备。从制度层面看，目前各国的环境法律制度体系已经相当齐全，惩罚力度也足够强劲。但是，在实践层面，具体的监管内容仍然不清晰。以美国的柯达胶卷为例，尽管政府做出了环境管制的要求，柯达也没有违反环境政策的行为，然而那些隐性的环境侵害，使周围的百姓深受其害。

宏观环境成本是由显性的环境成本与隐性的环境成本组成的。显性的环境成本主要是指企业遵循中央政府和各级地方政府制定和颁布的各类环境法律和法规，所需要追加的成本。隐性的环境成本是指由社会所承担的各种污染物等带来的或有成本。目前，由于各地经济发展的需要，客观上存在一些环境方面的隐性契约，只要不诱致到某种“度”，这一成本是不需要企业来承担的。李思特说过，“生产力”比财富更重要。为了促进中国经济的发展，或者说为了保护中国的产业体系，中国的环境会计准则尚不具备颁布与实施的“天时、地利与人和”的条件。① 随着中国经济发展与环境保护协调和共生需求的增强，在我国的环境制度约束体系之中可以将环境成本内部化等的环境会计规范率先在管理会计体系中加以颁

---

① 从会计准则层面看，尽管 2006 年 2 月财政部颁布了 38 项企业会计准则，但专门的环境会计准则尚未构建，相关准则中涉及的也很少，只有《企业会计准则第 27 号——石油天然气开采》中对企业的矿区废弃物处置义务做了一点说明。

布与实施。当务之急，企业集群区域应抓住这一短暂的机会(指目前尚无具体的环境会计核算规范)，尽快地实施产业的转型升级，积极开展以环境经营为代表的清洁生产等活动，争取在未来的中国环境高质量发展中占据主导地位。换言之，从制度层面上约束环境成本核算与控制迫在眉睫。然而，由于影响会计准则的内外因素非常复杂，具体的实施时机尚未出现，但不会很长。从这个角度讲，由管理会计来承担环境成本管理问题的规范或相关学术研究，可能是一个机遇。因此，从管理控制系统和信息支持系统功能入手，加强环境成本管理理论与方法体系的建设正迎来发展的历史新时遇。

3. 环境成本管理的"立体"思维

狭义地理解，环境成本是因环境而引起的成本，通常可以包括环境预防和保持成本以及环境损失成本。环境成本管理属于微观主体，即企业的事情，政府主要通过环境管制手段来调节和引导企业环境保护，并且严格要求企业遵循环境相关的法律和法规，约束企业开展环境保护工作和清洁生产的行为等，亦即早期的环境成本是宏观主体的政府所关注的。一般认为，可以追溯到福利经济学的创始人庇古(Pigou A. C.)，他在1920年出版的《福利经济学》一书中提出，应当根据污染所造成的危害对排污者征税，即庇古税。1971年比蒙斯(Beams F. A.)撰写的《控制污染的社会成本转换研究》和1973年马林(Marlin J. T.)的文章《污染的会计问题》中有了环境成本的思想。根据可持续发展和循环经济的要求，我国1994年发表了《中国21世纪议程——中国人口、环境与发展白皮书》。在这份报告中提出：将环境成本纳入各项经济分析与决策过程，改变过去无偿使用环境并将环境成本转嫁社会的做法。联合国国际会计和报告标准政府间专家工作组第15次会议《环境会计报告的立场公告》中提出：环境成本是"本着对环境负责的原则，为管理企业活动对环境造成的影响而采取或被要求采取的措施的成本，以及因企业执行环境目标和要求所付出的其他成本"。

目前，环境成本管理正越来越呈现出"立体"思维的特征。或者说，从宏观、中观与微观的环境成本管理主体行为来分析，宏观的环境成本管理强调的是环境保护工作的效率，中观的环境成本管理则是环境保护的效果，微观的企业环境成本则是效益。宏观的环境成本管理以环境管制的形式加以体现，注重效率。由于市场与政府两者之间需要配合，作为行业或企业集群区域，政府往往会利用有形之手加以引导。微观主体企业采用的是市场机制，可能会偏向收益高的化工等行业，不愿意承担环境成本。通常认为，微观企业的环境成本管理是有组织、有计划地对企业的环境成本进行预测、决策、控制、核算、分析与考核等一系列的科学管理工作，着重点是效益。宏观环境管制一旦深入行业或集群区域层面，由于这些领域存在的复杂性与多样性，管制往往容易失效。此时，中观层面的环境成本管理就应运而生，其注重的是环境成本管理的效果。企业在环境成本管理的“立体”思维模式下，通过环境成本保护机制（主要是环境成本约束机制）才能实现企业的组织效益、环境效益与经济效益。或者说，只有环境成本管理实现“立体”运作的结构重构，才能借助于环境成本管理实现 3 种“效益”的统一。

二、企业集群变迁中的环境成本管理理论扩展

环境成本管理是指对企业环境保护活动过程中发生的环境成本，根据企业制定的环境目标和要求，有组织、有意识地进行预测、决策、计划、控制和考核的一系列的管理活动。从组织效率、环保效果与经济效益统一的视角着眼，有人将环境成本分为社会环境成本和企业环境成本（王立彦，2015），即将前者归于宏观环境成本管理与中观环境成本管理的研究领域，后者就是微观的企业的环境成本核算。这与本文的观点是一致的。

1. 环境成本管理的理论创新：环境成本约束机制的学术价值

生态环境具有外部性，环境影响具有长期性，这就要求环境成本管理必须在一个更广阔的时空背景下进行，充分考虑环境成本的外延，才能获得更准确的环境成本信息，从而进行科学的环境绩效考核与评价。长期以来，生态环境成本管理未能全面有效地覆盖企业作用和影响的生态环境各个领域，同时也难以科学评价企业环境成本管理绩效，客观上制约了企业进行全面环境成本管理的主动性。构建“环境成本约束机制”是对环境成本管理理论与方法体系的一种贡献。究其原因，宏观的环境监管视角的环境成本管理，其目的是提高环境保护的效率。各级政府部门通过环境监管工作，围绕制度建设与行为优化付诸各种行动，收获了许多环境监管的成果，但这种环境监管效果的持续性均不强，往往还会形成“上有政策下有对策”的做法。从理论研究角度讲，宏观层面的监管也在不断地改进，在组织与技术，以及制度层面均有许多丰硕的成果。比如，促进科技进步、自然资源科学利用、领导干部离任审计、生态文明建设、整个社会的环境文化弘扬等。

欲使环境成本管理发挥最有效的功能作用，需要整个社会的共同支持，即要重视微观主体企业的环境成本核算以及中观层面企业集群区域以环境经营为代表的环境成本管理。只有宏观、中观与微观共同发力，形成一种“立体”视角的环

境成本管理,整个社会的环境保护机制才能发挥积极的作用。从企业集群变迁的视角讲,就是要形成一种有效的"环境成本约束机制",即宏观层面的环境管制与中观层面的环境成本管理、微观企业的环境成本相联结,通过"环境成本内部化"等路径,将环境成本全面纳入企业经营成本的范围。环境成本约束机制是以"环境成本"为尺度加以判断的,依据"环境成本"这一标准可以形成一种长效机制,且具有动态性特征。或者说,是触发机制、博弈机制与运作机制的融合性产物。从企业集群视角观察,环境成本约束机制寻求的是企业的可持续发展,而不是简单的增加或减少环境成本,是一个不断优化的环境成本管理过程,具体如图3所示。

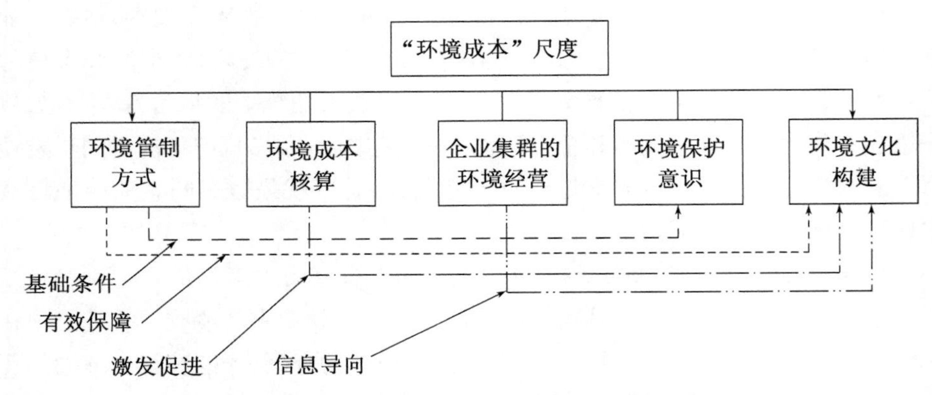

图3 "环境成本"尺度5个维度之间的耦合关系

资料来源:根据 Woermann & Rokka(2015)整理。

由图3表明,由"环境管制方式"所体现的宏观成本管理,侧重的是环境管制,包括环境方面的政策制度规范,即政府的环境规则与监管政策。它对于企业集群区域增强环境保护意识,具有积极的促进作用。然而,如何对企业集群中的成员企业进行环境管制,需要根据商业生态的内在规律寻求环境管制的方式。由环境管制传导的环境文化,包括生态平衡的理念、环境成本制度的完善与发展,以及企业集群区域企业环境保护的共同愿望。"环境成本核算"包括显性与隐性两个方面。显性的环境成本核算一般是微观企业的环境成本核算与管理,主要涉及两项内容:一是环境成本的分类管理,比如排污成本的管理与控制等;二是环境成本管理中的成本/效益分析。隐性的环境成本核算涉及面较宽泛,目前主要通过环境成本内部化等方式在逐步地推进。"企业集群的环境经营"是一种外在形式为中观、而内在形式为区域整体企业实施的清洁生产等可持续发展的环境经营方式，它对于树立集群区域的环境文化具有积极的现实意义。“环境保护意识”和“环境文化构建”反过来会促进宏观、中观与微观环境成本管理的发展，比如废物利用、循环经济等环境文化会促进微观企业更有效地开展环境成本核算。

2. 环境成本管理的创新实践：企业集群环境经营的推广价值

在“环境成本约束机制”中将企业集群开展的环境经营活动理解为中观层面的环境成本管理，即侧重于引导集群区域进行产业结构的转型升级，以及区域企业产品生产的绿色发展，实施企业集群变迁的绿色转型，提高环境资源的利用效率。企业集群区域的环境经营是一个中间环节，起着承上启下的环境保护作用，它通过环境经营体现集群区域企业的环境文化，努力实现环境效益、组织效益与经济效益的统一。作为环境成本管理的创新实践，企业集群区域环境经营具有广泛的示范意义和重要的现实价值，它既是一种“桥梁”，也是一种“践行”。政府对环境经营的引导，最直接的是“清洁生产”法规的颁布。根据联合国工业发展组织（UNIDO）的定义，清洁生产是指通过应用专门技术、改进工艺和改变工作态度来实现原材料和能源利用的节约，淘汰有毒原材料并且减少废物产生量和毒性。对于企业集群而言，有多种手段实现清洁生产，包括减少废物和排放物产生、再生这些废物和排放物。我国的“清洁生产”与环境经营挂钩，最直接的是引进了德国的“有效益的环境成本管理（简称‘EoCM’）”。EoCM是配合2012年2月颁布的《中华人民共和国清洁生产促进法》（2012年7月1日实施）而引入的。它在“长三角”地区的广大中小企业，即企业集群中得到了广泛的普及与应用（冯圆，2016）。

围绕提高资源利用率开展的企业集群环境经营①，对区域企业产品成本的贡献可以从两个方面加以体现：一是由企业流程优化带来的经济效益与组织效益；二是控制污染，提高由资源生产效率带来的环境效益。

第一，企业在流程方面能够获得的收益具体包括：① 由于更充分地加工、材料的替代，以及反复使用或者回收生产投入要素而产生节约所带来的效益；② 优化经营流程而带来的产出效益；③ 通过更严密的监控和维护措施而实现的停

① 企业集群区域的环境经营是将环境成本管理嵌入成员企业的生产经营活动之中的一种形式，它弥补了环境管制难以嵌入环境成本管理活动之中的困境，这是因为环境管制是外生变量，而环境成本管理是自变量。这种企业集群环境经营所体现的绿色转型，是市场化机制下的环境治理，通过由强制性向自觉性的转变，实现了环境保护工作由过去的要我管理，变成我要管理。

工时间减少或压缩所带来的效益;④ 更有效率地利用副产品,从而带来的效益;⑤ 将废物转化为有价值的东西,其本身带来的价值增值;⑥ 降低生产过程中的能耗;⑦ 更安全的工作环境带来的节约;⑧ 消除或降低排放物和废弃物的处理、运输和处置等活动的成本;⑨ 由于流程改造(例如更有效的流程控制)而使产品质量进一步提高所产生的溢价收益。

第二,控制污染带来的收益具体包括:① 产品的质量和稳定性得到提高;② 产品成本降低(例如,替代材料所产生的性价比效益);③ 包装成本的降低;④ 产品对资源的利用更加高效;⑤ 产品更加安全;⑥ 对消费者而言产品处置的净成本降低;⑦ 产品再出售的价值和废料价值得到提高。进一步讲,在企业集群变迁过程中,以环境经营为基础构建"环境成本约束机制",则将使过去集群区域企业必须强制执行环境管制要求,转变为自觉实施环境经营。客观地说,无论是宏观的环境管制,还是中观的企业集群环境经营,均离不开微观层面环境成本核算的支持。环境管制是企业集群绿色转型的外生变量,环境成本核算是企业集群环境经营的内生变量,在经济新常态下,提高企业的环境保护意识、构建环境文化体系是区域经济可持续发展的保证。或者说,提升企业集群环境保护意识和构建环境文化体系,有助于以"环境成本"作为触发机制的"环境成本约束机制"进一步完善与发展,使企业集群变迁管理有序、健康。

3. 环境成本管理的未来:回顾与展望

面对我国社会对环境问题的高度重视,环境成本管理成为近年来研究的热点。国内外环境成本管理研究的重点一般均放在企业层面上,是一种从企业出发由微观向宏观传导的研究范式。比如,有人认为,除了从企业自身的角度考虑,还应该把环境成本管理拓展到宏观环境管理活动之中,因为环境问题的影响不可能只局限于微观企业个体,势必对整个社会产生影响。此外,除了考虑环境成本这类可以量化的指标,环境成本管理还可以考虑"人"对环境的定性研究,通过行为实验等方法,研究"人"的决策对环境的影响,从而控制管理者或员工的环境相关行为等,以此丰富环境成本管理统一规范性框架的研究内容。目前,国内学者有关企业环境成本管理研究主要涉及 4 个方面。

第一,基于生命周期的生态设计的环境成本管理。生态设计是指利用生态学思想,在产品设计开发阶段综合考虑与产品相关的生态环境,将保护环境、人类健康和安全意识有机融入其中的设计。生态设计的环境成本管理要求用户使用产品时不产生或少产生环境污染,减少报废产品回收处理过程中的废弃物污染,即通过环境成本管理,最大限度地利用材料资源,控制使用稀有、昂贵及有毒、有害材料,提高资源利用效率。或者说,通过环境成本管理来最大限度地节约能源。生态设计的环境成本管理应在生命周期的各个环节体现降低能耗、减少能源污染的环境管理思想,并且加强对环境管理的效益评价。

第二,材料层面的环境成本管理。环境材料是指那些具有良好使用性能和与环境良好协调性的材料。环境材料选用的评价,应包括使用、消费和再生处理的环保效果评价和经济效果评价。前者依据其在生命周期内所产生的环境负荷的高低来评判,一般要求环境负荷最低与再生率最高;后者主要通过采用货币手段来评估成本与效益。

第三,以清洁生产为导向的环境成本管理。1989 年,联合国工业与环境规划中心将清洁生产定义为:将综合预防策略持续应用于生产过程和产品中,以减少对人类和环境的风险性的产生。清洁生产的环境成本管理包括:① 提供管理手段,改革工艺设备,调整产品结构,运用先进的环境管理体系;② 经济可行性方案的制定与分析;③ 进行成本效益分析。

第四,污染综合治理层面的环境成本管理。环境污染是指由于企业生产经营活动引起环境质量下降而有害于人类以及其他生物正常生存与发展的现象。企业环境污染综合治理的环境成本管理主要涉及:① 企业污染调查、分析、评估的综合防治管理;② 污染治理费用预测、决策与控制。

以上 4 个方面的环境成本管理内容,是一种由下而上的研究成果。它所涉及的内容也包含了环境成本管理的宏观、中观与微观的客观要求,但立脚点是从微观企业层面加以思考与认识。结合本书提出的"立体"式环境成本管理理念以及"环境成本约束机制"的内在要求,笔者认为,未来的环境成本管理将与社会的环境保护机制紧密融合,并呈现以下特征。

一是环境成本管理从事后向事中、事前推进。从微观层面的企业角度考察,通过生产工艺改进和作业流程优化,将未来可能发生的环境成本支出纳入预算编制之中,进入产品成本的预算体系之中,使环境成本约束机制的规划特征得到体现。

二是单纯的环境成本管理向全过程的环境成本管理转变。在政府宏观层面环境管制的前提下,将企业的环境成本核算与企业集群的环境经营相结合,使采购、生产、技术与营销等环节体现企业集群整体的环境经营要求,也使环境成本管理具有区域协调与共享生态的意识,将环境文化嵌入企业经营管理的全过程,注重微观企业层面的环境污染的预防与事中、事前控制,即从末端治理向全过程环境成本管理转变。

三是将宏观环境管制嵌入企业集群的环境经营之中。本书提出"立体"的环境成本管理,从学理上讲仍然有许多问题难以自圆其说,比如宏观层面的环境成本管理,如何进行环境的核算与管制,若仅仅定位于制度层面的环境控制可能无法称其为"环境成本管理"等。因此,将环境管制嵌入企业集群的环境经营之中,可以丰富环境成本管理的理论内涵及其实践外延。比如,集群区域的企业往往有"搭便车"的意识,并且仅仅注重企业自身的经济效益,难免存在损害社会环境谋求自身利益的冲动,不愿意主动承担集群区域的环境经营责任,从而造成环境污染等的"外部成本"。将宏观的环境管制嵌入集群区域的环境经营活动之中,使微观企业个体的环境成本确认与计量有了直接的制度依据,即基于环境经营的环境成本管理能够合理估计由环境污染及环境破坏带来的"外部不经济成本",使环境成本的模糊性得以改进。

四是进一步优化环境成本管理的结构性动因。本书提出了以环境成本管理的"立体"结构为特征的环境成本约束机制,然而,"环境成本"本身的结构动因尚需进一步明确或统一,即在当前环境会计准则尚未推行的情境特征下,通过环境成本管理的控制系统和信息支持系统优化自身的结构性动因将变得十分必要且非常重要。比如,通过环境成本信息支持系统有效性的提升,传统会计信息系统中存在的环境成本信息不足问题可以得到明显的改进。及时、高效的环境成本信息能够促进集群区域环境经营的发展,使企业个体的经营决策更多地体现环境保护的客观要求,即通过综合考虑环境成本与环境效益的关系,提高环境成本管理的组织效率与经济效益。

五是"环境成本"尺度由以计量属性为主向以控制属性为主转变。"环境成本约束机制"的提出,就是要构建一种科学的环境成本控制标准。长期以来,由于没有将"环境成本"独立出来,企业集群或相关主体无法在产品成本中分解出环境成本耗费的实物量及其金额,环境成本控制的标准缺乏可靠性与针对性,导致宏观的环境管制难以发挥出积极的效率,中观的企业集群环境经营无法得到有序推进,不仅自身无法实现环境成本管理效果,也使企业的环境成本核算难以创造价值增值。强化"环境成本"尺度,突出其控制属性,可以为宏观的环境管制与中观的企业集群环境经营提供一种融合的依据或标准。"环境成本"作为控制属性的标准,其选择依据可以有以下 3 种可能:① 以历史最好水平的环境成本为标准;② 以本行业或先进企业的环境成本为标准;③ 重新加以估算。比如,运用零基预算等方法对实际情况进行调查与分析,并由此加以确认。

第三节　小　结

将博弈论应用于企业集群变迁的环境成本管理研究之中，可以提高环境成本管理的思维层次，加深对生态文明体制建设的理解，以及对“两山”理念的领悟，将博弈论嵌入环境成本管理的功能系统层面，能够提高人们对环境成本管理创新的深层次认识。本书提出的“立体”式环境成本管理体系就是在博弈论的引导下而产生的设计路径。环境成本管理主体在博弈论的理论指引下，借助于“管理控制系统”和“信息支持系统”实现各自不同层面的组织价值、社会价值和经济价值，亦即通过优化社会环境保护意识，激励企业环境保护行为，谋求整个社会的策略均衡，实现企业经营与投资活动的价值创造与价值增值。博弈论不仅是经济学的标准分析工具，也是环境成本管理的重要分析手段之一。“环境成本约束机制”中的“环境成本”尺度就是一种博弈论指导下的分析工具。新制度经济学是以经济学的方法研究制度问题的学科，将其应用于企业集群的环境成本管理研究之中，可以加深对宏观环境管制供给、需求的理解，同时，将博弈论与制度经济学进行有机整合，可以丰富环境管理会计的变迁管理，增强中观层面企业集群环境制度建设的紧迫性。进一步讲，加强博弈论与制度经济学的应用研究，一方面，可以丰富环境成本管理创新的制度基础，使环境成本管理创新不仅关注工具方法的技术应用，也对理论层面的引领效应及影响效果加以重视。环境成本管理工具只有在良好的制度基础上才能体现理性的效果。另一方面，通过博弈论理论的引导寻求环境成本管理的实施机制和完善与发展路径，是企业集群绿色转型的客观需要，也是变迁管理的重要内容。

十九大报告提出：“创新是引领发展的第一动力，是建设现代化经济体系的战略支撑。”企业集群变迁过程中的绿色转型，仅仅靠完善自身还不够，还需要密切关注并理解相关的环境政策并影响进化的周边的企业，加强与其他集群区域的协作，形成环境生态，实现相关企业的共同进化，塑造一个开放的、抵抗力强的环境生态系统。环境成本管理边界的扩展与企业集群的绿色转型，以及构建环境生态系统的要求是一致的。组织生态的绿色要求应结合自身特点、具体情境，采取灵活的策略加以变迁管理。通过组织边界理论的引导，以最低的环境成本(少量的资金支出或者不支付资金)，提升组织在行业内的环境竞争能力，是环境成本管理边界扩展的客观体现。此外，本书提出的“环境成本约束机制”，通过触发机制、博弈机制和运作机制来体现环境成本管理的“立体”结构，虽说在理论上有所创新，但其中的许多与环境成本管理相关的理论与实务问题仍然值得深入研究。因此，回顾与展望环境成本管理的理论与实践，对于环境成本管理学科建设以及未来环境成本管理实践内涵的丰富等均具有重要的理论价值和积极的现实意义。

参考文献

1. Al-Tuwaijri S A, Christensen T E, Hughes Ii K E. The Relations Among Environmental Disclosure, Environmental Performance, and Economic performance: A simultaneous Equations Approach[J]. Accounting, Organizations and Society, 2004, 29(5): 447-471.
2. Adam B. Jaffe. Environmental Regulation and the Competitiveness of U. S. Manufacturing: What Does the Evidence Tell Us? [J]. Journal of Economic Literature, 1995, 33(1): 132-163.
3. Ansari S L, Bell J. Target Costing—The Next Frontier in Strategic Cost Management[M]. Chicago: Irwin Professional Publishing, 1997: 79-97.
4. Arouri M H, Caporale G M, Rault C, Sova R, Sova A. Environmental Regulation and Competitiveness: Evidence from Romania[J]. Ecological Economics, 2012(81): 130-139.
5. Barney J. Strategic Factor Markets: Expectations, Luck, and Business Strategy[J]. Management Science, 1986, 32: 1211-1231.
6. Beck U. The Risk Society: Towards a New Modernity[M]. London: Sage, 1992.
7. Beer P D, Francois F. Environmental Accounting: A Management Tool for Enhancing Corporate Environmental and Economic Performance[J]. Ecological Economics, 2006, 58(3): 548-560.
8. James A. Brimson, Callie Berliner. Cost Management for Today's Advanced Manufacturing, The CAM-I Conceptual Design[M]. Boston: Harvard Business School Press,1988: 237-239.
9. Bebbington J, Larrinaga C. Accounting and Sustainable Development: An Exploration[J]. Accounting, Organizations and Society, 2014, 39(6): 395-413.
10. Joel F. Bruneau. Inefficient Environmental Instruments and the Gains

from Trade[J]. Journal of Environmental Economics and Management, 2005, 49: 536 - 546.

11. Buckley P J, Casson M. The Future of Multinational Enterprise[M]. London: Macmillan, 1976.
12. Burnett R D, Hansen D R. Eco-efficiency: Defining a Role for Environmental Cost Management[J]. Accounting, Organizations and Society, 2008, 33 (6): 551 - 581.
13. Burritt R L, Saka C. Environmental Management Accounting Applications and Eco-efficiency: Case Studies from Japan[J]. Journal of Cleaner Production, 2006(14): 1262 - 1275.
14. Robin Cooper Regine Slagmulder. Supply Chain Development for the Lean Enterprise Inter-organizational Cost Management[M]. Portland: Productivity Press, 1999: 181 - 232.
15. Cole M A, Elliott R J R, Okubo T. Tribe Environmental Regulations and Industrial Mobility: An Industry Level Study of Japan[J]. Discussion Paper,2010,69(10): 1995 - 2002.
16. Cole M A, Elliott R J R, Okubo T, et al. The Carbon Dioxide Emissions of Firms: A Spatial Analysis[J]. Journal of Environmental Economics and Management, 2013, 65(2): 290 - 309.
17. Robin Cooper, Roberts Kaplan. How Cost Accounting Distorts Product Cost[J]. Management Accounting, 1988(3): 20 - 27.
18. Copeland B R, Scott Taylor M. Free Trade and Global Warming: A Trade Theory View of the Kyoto Protocol[J]. Journal of Environmental Economics and Management, 2005, 49: 205 - 234.
19. David A. Maluega, Andrew J. Yates. Citizen Participation in Pollution Permit Markets[J]. Journal of Environmental Economics and Management, 2006(51): 39 - 57.
20. Demurger S. Infrastructure Development and Economic Growth: An Explanation for Regional Disparities in China[J]. Comp Econ, 2001(29): 95 - 117.
21. Dyer J H, Singh H. The Relational View: Cooperative Strategy and Sources of Inter-Organizational Competitive Advantage[J]. Academy of

Management Review, 1998, 23: 660 - 679.

22. Edwin Woerdman. Emissions Trading and Transaction Costs: Analyzing the Flaws in the Discussion[J]. Ecological Economics, 2001, 38(2): 293 - 304.
23. Engels A. The European Emissions Trading Scheme: An Exploratory Study of How Companies Learn to Account for Carbon[J]. Accounting, Organizations and Society, 2009, 34(1): 488 - 498.
24. Farzin Y H, Kort P M. Pollution Abatement Investment with Environmental Regulation is Uncertain[J]. Journal of Public Economic Theory, 2000, 2(2): 183 - 212.
25. Gereffi G. International Trade and Industrial Upgrading in the Apparel Commodity Chain[J]. Journal of International Economics, 1999(48): 92 - 113.
26. Grabher G. The Weakness of Strong Ties: The Lock-in of Regional Development in the Ruhr Area[M]. New York: Routledge, 1993.
27. Grabner I, Moers F. Management Control as a System or a Package? Conceptual and Empirical Issues[J]. Accounting, Organizations and Society, 2013, 38(6/7): 407 - 419.
28. Gray W B, Shadbegian R J. Environmental Regulation, Investment Timing, and Technology Choice[J]. The Journal of Industrial Economics, 1998, 46(2): 235 - 256.
29. Guenther E, Guenther T, Schiemann F, et al. Stakeholder Relevance for Reporting Explanatory Factors of Carbon Disclosure[J]. Business & Society, 2016, 55(3): 361 - 397.
30. Handfield R B, Nichols E L. Introduction to Supply Chain Management [M]. New Jersey: Prentice Hall, Upper Saddle River, 1999.
31. Hart S L. A Natural Resource Based View of the Firm[J]. Academy of Management Review, 1995, 20(5): 986 - 1014.
32. Herbohn K. A Full Cost Environmental Accounting Experiment[J]. Accounting, Organizations and Society, 2005(30): 519 - 536.
33. Humphrey J, Schmitz H. Governance and Upgrading: Linking Industrial Cluster and Global Value Chain Research[R]. Sussex: University of

Sussex，2000.
34. ICF Incorporated. Full Cost Accounting for Decision Making at Ontario Hydro：A Case Study[R]. USEPA,1996：26 - 32.
35. Innes J，Mitchell F. The Process of Change in Management Accounting：Some Field Study Evidence[J]. Management Accounting Research，1990(1)：3 - 19.
36. Jaggi B L. The Impact of the Cultural Environment on Financial Disclosure [J]. International Journal of Accounting，1975(1)：75 - 84.
37. Kajuter P. Proactive Cost Management[M]. Verlag Gable/DUV，Wiesbaden：Theoretical Concept and Empirical Evidence，2000.
38. Ger Klaassen，Andries Nentjes，Mark Smith. Testing the Theory of Emissions Trading：Experimental Evidence on Alternative Mechanisms for Global Carbon Trading[J]. Ecological Economics，2005，53：47 - 58.
39. Lanoie P，Patry M，Lajeunesse R. Environmental Regulation and Productivity：New Findings on the Porter Analysis[R]. Cirano Working Papers，2001.
40. Larry Lohmann. Toward a Different Debate in Environmental Accounting—The Cases of Carbon and Cost-Benefit[J]. Accounting，Organizations and Society，2009，34：499 - 534.
41. Lindhqvist T. Extended Producer Responsibility in Cleaner Production [D]. Sweden：Lund University，2000.
42. Lokamy Smith. Target Costing for Supply Chain manangement：An Economic Framework[J]. The Journal of Corporate Accounting & Finance，2000，12(1)：67 - 78.
43. Lu M，Wang E. Forging Ahead and Falling Behind：Changing Regional Inequalities in Post Reform China[J]. Growth and Change，2002,33(1)：42 - 71.
44. Managi S，Hibiki A，Tsurumi T. Does Trade Openness Improve Environmental Quality Journal of Environmental[J]. Economics and Management，2009(4)：108 - 121.
45. Maxwell J W，Decker C S. Voluntary Environmental Investment and Responsive Regulation[J]. Environmental & Resource Economics，2006，

33(4)：425－439.

46. Michael E. Porter. The Competitive Advantage of Nations[M]. New York：The Free Press，1990.

47. Mitsutsugu H. Environmental Regulation and the Productivity of Japanese Manufacturing Industries[J]. Resource and Energy Economies，2006，28(4)：299－312.

48. Myunghun Lee. Potential Cost Savings from Internal/External CO_2 Emissions Trading in the Korean Electric Power Industry[J]. Energy Policy,2011，39(10)：6162－6167.

49. Nakajima M. Environmental Management Accounting for Cleaner Production：Systematization of Material Flow Cost Accounting (MFCA) into Corporate Management System[R]. Kansai University Review of Business and Commerce，2011.

50. Nicholas Dopuch. A Perspective on Cost Drivers[J]. The Accounting Review，1993，68(3)：615－620.

51. Jyoti P. Painuly. The Kyoto Protocol,Emissions Trading and the CDM：An Analysis from Developing Countries Perspective[J]. Energy Journal，2001，22(3)：147－169.

52. Papaspyropoulos K G，et al. Challenges in Implementing Environmental Management Accounting Tools[J]. Journal of Cleaner Production，2012，29/30(5)：132－143.

53. Patrick de Beer，Francois Friend. Environmental Accounting：A Management Tool for Enhancing Corporate Environmental and Economic Performance[J]. Ecological Economics，2005(3)：69－81.

54. Porter M E，Vander L C. Green and Competitive：Ending the Stalemate[J]. Harvard Business Review，1995(5)：120－134.

55. Porter M E，Vander Linde C. Toward a New Conception of the Environment-Competitiveness Relationship[J]. The Journal of Economic Perspectives，1995，9(4)：97－118.

56. Puxty A G. Social Accounting and Universal Pragmatics[J]. Advances in Public Sector Accounting，1991，4：35－47.

57. Quinn M. Stability and Change in Management Accounting over Time—A

Century or so of Evidence from Guinness[J]. Management Accounting Research, 2014, 25(1): 76 - 92.

58. Coase R H. The Problem of Social Cost[J]. The Journal of Law and Economics, 1960, 3: 1 - 44.

59. Rajiv D. Banker, Holly H. Johnston. An Empirical Study of Cost Drivers in the U. S. Airline Industry[J]. The Accounting Review, 1993, 68(3): 576 - 601.

60. Rebitzer G. Integrating: Life Cycle Costing and Life Cycle Assessment for Managing Costs and Envirenment Impacts in Supply Chains[R]. Cost Management in Supply Chains, Springer Press Ltd. , 2002: 128 - 146.

61. Sancho F H, Tadeo A P, Martinez E. Efficiency and Environmental Regulation: An Application to Spanish Wooden Goods and Furnishings Industry[J]. Environmental and Resource Econonmies, 2000, 15(4): 336 - 378.

62. Schaltegger S, Zvezdov D. Expanding Material Flow Cost Accounting: Framework, Review and Potentials[J]. Journal of Cleaner Production, 2015, 108(12): 1333 - 1341.

63. Govindarajan Vijay, John K. Strategic Cost Management—The New Tool for Competitive Advantage[M]. New York: The Free Press, 1995: 65 - 70.

64. Scott E. Atkinson, Brian J. Morton. Determining the Cost-Effective Size of an Emission Trading Region for Achieving an Ambient Standard[J]. Resource and Energy Economics, 2004, 26(3): 295 - 315.

65. Seuring S A. Framework for Green Supply Chain Costing: A Fashion Industry Example[M]. Sheffield: Greenleaf Publishing, 2001.

66. Shank Govindarajan. Strategic Cost Management—The New Tool for Competitive Advantage[M]. New York: The Free Press, 1993: 65 - 70.

67. Spaargaren G, Mol A P J. Sociology, Environment and Modernity: Ecological Modernization as a Theory of Social Change[J]. Society and Natural Resources, 1992, 5(4): 323 - 344.

68. Strobel M, Redman C. Flow Cost Accounting: Cutting Costs and Relieving Stress on the Environment by Means of an Accounting Approach

Based on the Actual Flow of Materials[R]. IMU,2000.

69. Strobel M. Material Flow Cost Accounting. Eco-efficient Controlling of Material and Energy Flows[D]. University of Augsburg, 2002.
70. Strobel M. Systemic Flow Management, Flow-oriented Communications as a Perspective for Corporate Development in Both Ecological and Economic Terms[D]. University of Augsburg, 2000.
71. Trumpp C, Endrikat J, Zopf C, et al. Definition, Conceptualization, and Measurement of Corporate Environmental Performance: A Critical Examination of a Multidimensional Construct[J]. Journal of Business Ethics, 2015, 126(2): 185 - 204.
72. United Nations. Accounting and Financial Reporting for Environmental Costs and Liabilities[R]. New York: United Nations, 2003.
73. USEPA. An Introduction to Environment Accounting as a Business Management Tool: Key Concepts and Terms[R]. Washington, DC: US Environmental Protection Agency/Office of Pollution Prevention and Toxics, 1995.
74. Vachon Klassen. Carbon Sequestration or Abatement? The Effect of Rising Carbon Prices on the Optimal Portfolio of Greenhouse-Gas Mitigation Strategies[J]. Journal of Environmental Economics and Management,2008, 50: 59 - 81.
75. Walley N, Whitehead B. It's Not Easy Being green[J]. Harvard Business Review, 1994, 72(3): 171 - 180.
76. Wayeru N M. Predicting Changing in Management Accounting Systems [J]. Global Journal of Business Research, 2008, 28(1): 25 - 41.
77. Onishi Y, Kokubu K, Nakajima M. Implementing Material Flow Cost Accounting in a Pharmaceutical Company[J]. Environmental Management Accounting for Cleaner Production, 2009(24): 98 - 112.
78. Yair M. Babad, Bala V. Balachandran. Cost Driver Optimization in Activiy-Based Costing[J]. The Accounting Review, 1993, 68(3): 562 - 575.
79. Yang C H, Tseng Y H, Chen C P. Environmental Regulations, Induced R&D, and Productivity: Evidence from Taiwan's Manufacturing

Industries[J]. Resource and Energy Economics, 2012, 34(4): 514 - 532.

80. Zarzeski M T. Spontaneous Harmonization Effects of Culture and Market Forces on Accounting Disclosure Practise[J]. Accounting Horizons, 1996 (10): 18 - 37.
81. 贝尔.环境社会学的邀请(第3版)[M].昌敦虎,译.北京:北京大学出版社,2010.
82. 比蒙斯(Beams F. A.).控制污染的社会成本转换研究[J].[美]会计学月刊,1971(3):62 - 74.
83. 毕茜,彭珏,左永彦.环境信息披露制度、公司治理和环境信息披露[J].会计研究,2012(7):39 - 47.
84. 曹佳.中美企业环境报告比较研究——以海尔与通用电器环境报告为例[J].文史博览:理论,2010(1):62 - 64.
85. 曹丽莉.供应链管理促进产业集群升级研究[J].管理评论,2010,22(9):105 - 112.
86. 常杪,杨亮,周艺莹,等.企业环境经营概念与框架体系[J].环境与可持续发展,2009,34(2):9 - 11.
87. 程名望,史清华,王吉林.国际贸易中环境成本内在化的经济学分析[J].中国地质大学学报(社会科学版),2005,5(2):65 - 68.
88. 陈董媛.传统产业集群转型升级研究——以海宁市皮革产业集群为例[J].黑龙江对外经贸,2009(11):65 - 69.
89. 陈建军,黄洁,陈国亮.产业集聚间分工和地区竞争优势——来自长三角微观数据的实证[J].中国工业经济,2009(3):130 - 139.
90. 陈树文,聂鸣,梅述恩.基于全球价值链的产业集群能力升级的阶段性分析[J].科技进步与对策,2006(1):72 - 74.
91. 陈廷辉.美国环境政策型立法对我国的启示[J].环境保护,2009(23):77 - 78.
92. 陈毓圭,刘刚.环境成本和负债的会计与财务报告[M].北京:中国财政经济出版社,2003.
93. 陈毓圭.环境会计和报告的第一份国际指南——联合国国际会计和报告标准政府间专家工作组第七次会议记述[J].会计研究,1998(5):2 - 9.
94. 陈华,王海燕,荆新.中国企业碳信息披露:内容界定、计量方法和现状研究[J].会计研究,2013(12):20 - 26.

95. 陈建军,林郁. 农村河湖污染与水生态环境保护研究[J]. 安徽农业科学,2019,47(15):60-63.
96. 迟诚. 我国的环境成本内在化问题研究[J]. 经济纵横,2010(5):41-44.
97. 杜静. 产业集群发展的绿色创新模式研究——以武汉城市圈为例[D]. 长沙:中南大学,2010.
98. 发改委、财政部、农业部等. 国家适应气候变化战略[S]. 北京:国家发展改革委,2013.
99. 傅京燕. 环境规制与产业竞争力关系的研究动态评述[J]. 国外经济管理,2006(4):6-13.
100. 冯巧根,冯圆. 成本会计[M]. 北京:中国人民大学出版社,2013.
101. 冯巧根,冯圆. 企业文化与环境经营价值体系的构建[J]. 会计研究,2013(8):24-31.
102. 冯巧根. 高级管理会计[M]. 南京:南京大学出版社,2009.
103. 冯巧根. 基于环境经营的物料流量成本会计及应用[J]. 会计研究,2008(12):56-60.
104. 冯巧根. 基于企业社会责任的管理会计框架重构[J]. 会计研究,2009(8):80-87.
105. 冯巧根. 中小企业集群成本管理:一种新的探索[J]. 科学学与科学技术管理,2005(1):56-60.
106. 冯巧根. 从KD纸业公司看企业环境成本管理[J]. 会计研究,2011(10):88-96.
107. 冯圆. 环境经营与民营企业成本管理实践[J]. 浙江理工大学学报,2014(4):1-7.
108. 冯圆. 环境经营与排污成本管理[M]. 北京:清华大学出版社,2016.
109. 冯圆. 企业文化、环境经营与民营企业成本创新研究[D]. 南京:南京大学,2013.
110. 冯圆. 成本管理的概念扩展与创新实践[J]. 浙江理工大学学报,2014(6):9-15.
111. 冯圆. "十字型"决策法在成本管理中应用研究[J]. 新会计,2018(11):9-18.
112. 傅代国,田小刚. 基于价值星系的战略成本管理研究——一个企业间的战略视角[J]. 中国工业经济,2008(10):119-128.

113. 傅京燕,李丽莎. 环境规制、要素禀赋与产业国际竞争力的实证研究——基于中国制造业的面板数据[J]. 管理世界,2010(10):87 - 98.
114. 樊纲,王小鲁,张立文,等. 中国各地区市场化相对进程报告[J]. 经济研究,2003(3):9 - 18.
115. 干胜道,钟朝宏. 国外环境管理会计发展综述[J]. 会计研究,2004(10):84 - 89.
116. 高静美. 组织变革中战略张力构建与实施途径——基于管理者"意义行为"的视角[J]. 经济管理,2014(6):180 - 188.
117. 格瑞,贝宾顿. 环境会计与管理(第 2 版)[M]. 王立彦,耿建新,译. 北京:北京大学出版社,2004.
118. 葛家澍,李若山. 九十年代西方会计理论的一个新思潮——绿色会计理论[J]. 会计研究,1992(5):50 - 53.
119. 葛建华. 面向可持续发展:日本环境经营研究综述[J]. 中国人口、资源与环境,2010(20):91 - 197.
120. 葛建华. 企业环境经营与能源管理[M]. 北京:中国人民大学出版社,2012.
121. 盖文启,王缉慈. 全球化浪潮中的区域发展问题[J],北京大学学报(哲学社会科学版),2000(6):23 - 31.
122. 耿建新,焦若静. 上市公司环境会计信息披露初探[J]. 会计研究,2002(1):43 - 47.
123. 郭道扬. 会计制度全球性变革研究[J]. 中国社会科学,2013(6):72 - 90.
124. 郭红燕,刘民权,李行舟. 环境规制对国际竞争力影响研究进展[J]. 中国地质大学学报(社会科学版),2011,11(2):28 - 33.
125. 郭晓梅. 环境管理会计研究:将环境因素纳入管理决策中[M]. 厦门:厦门大学出版社,2003.
126. 郭金山,芮明杰. 论现代企业发展的内在张力[J]. 中国工业经济,2004(10):105—111.
127. 国部克彦,伊坪德宏,水口刚. 环境经营会计(第 2 版)[M]. 葛建华,吴绮,译. 北京:中国政法大学出版社,2014.
128. 韩润娥,张敬花,马晓娟. 环境成本内部化与加工贸易的可持续发展[J]. 对外经贸实务,2010(12):33 - 36.
129. 何平林,石亚东,李涛. 环境绩效的数据包络分析方法——一项基于我国火力发电厂的案例研究[J]. 会计研究,2012(2):70 - 76.

130. 何玉,唐清亮,王开田.碳信息披露、碳业绩与资本成本[J].会计研究,2014(1):79-86.
131. 河野裕司.企业经营与环境保护兼顾的环境会计[J].[日]商业研究,2005(7):19-26.
132. 洪名勇.生态经济的制度逻辑[M].北京:中国经济出版社,2013.
133. 洪银兴.进入新阶段后中国经济发展理论的重大创新[J].中国工业经济,2017(5):5-15.
134. 胡国珠,储丹萍,胡彩平.环境成本内部化对我国出口竞争力的影响研究[J].经济问题探索,2010(9):124-128.
135. 胡靖,王盼盼.碳要素成本内部化与我国出口贸易比较优势[M]//南大商学评论.南京:南京大学出版社,2015.
136. 胡卫东,周毅.产业集群价值链链接模式与升级路径探索[J].工业技术经济,2008(11):112-116.
137. 胡晓彬,朱启贵.节能减排的国际经验及启示[J].上海管理科学,2008(5):75-77.
138. 吉登斯.社会理论的核心问题:社会分析中的行动、结构与矛盾[M].郭忠华,徐法寅,译.上海:上海译文出版社,2015.
139. 吉利,苏朦.企业环境成本内部化动因:合规还是利益[J].会计研究,2016(11):69-75.
140. 贾建霞.环境成本内在化对我国环境敏感产业贸易竞争力的影响[D].青岛:中国海洋大学,2009.
141. 贾建锋,柳森,杨洁,等.透视环境经营——对松下电器产业株式会社的案例研究[J].管理案例研究与评论,2012(8):306-314.
142. 井上寿枝,西山久美子,清水彩子.环境会计的结构[M].贾昕,孙蔚艳,译.北京:中国财政经济出版社,2004.
143. 景维民,张璐.环境管制、对外开放与中国工业的绿色技术进步[J].经济研究,2014(9):34-46.
144. 鞠秋云.基于低碳经济视角的企业环境成本会计核算研究[D].大连:东北财经大学,2011.
145. 蒋琰,罗乐,吴洁演.碳信息披露与权益资本成本——来自标普500强碳信息披露项目的数据分析[C]//中国会计学会环境资源会计专业委员会2014学术年会.南京:中国会计学会环境资源会计专业委员会,2014.

146. 敬彩云. 从传统成本管理到价值星系的研究及拓展[J]. 求索,2011(4):48－50.
147. 凯伊. 公司目标[M]. 孙宏友,郑蔚然,王健,译. 北京:中国人民大学出版社,2014.
148. 库尔特·勒温. 拓扑心理学原理[M]. 竺培梁,译. 北京:北京大学出版社,2011.
149. 蓝庆新,韩晶. 中国工业绿色转型战略研究[J]. 经济体制改革,2012(1):24－28.
150. 李爱军,张勤勋,初翠兰. 菏泽市城区酸雨成因分析与对策[J]. 江苏环境科技,2007,20(Z1):101－103.
151. 李建发,肖华. 我国企业环境报告:现状、需求与未来[J]. 会计研究,2002(4):42－44.
152. 李建发,肖华. 公共财务管理与政府财务报告改革[J]. 会计研究,2004(9):7－10.
153. 李建建,马晓飞. 中国步入低碳经济时代——探索中国特色的低碳之路[J]. 广东社会科学,2009(6):39－46.
154. 李钢. 环境成本对中国制造业国际竞争力的影响[M]. 北京:中国社会科学出版社,2013.
155. 李小平,卢现祥. 国际贸易、污染产业转移和中国工业 CO_2 排放[J]. 经济研究,2010(1):15－22.
156. 李国平,丁建伟. 污水处理厂设计中排放标准的实用性[J]. 水利天地,2004(6):17－18.
157. 李正. 企业社会责任信息披露研究[M]. 北京:经济科学出版社,2008.
158. 李正,官峰,李增泉. 企业社会责任报告鉴证活动影响因素研究——来自我国上市公司的经验证据[J]. 审计研究,2013(3):102－112.
159. 林汉川,王莉,王分棉. 环境绩效、企业责任与产品价值再造[J]. 管理世界,2007(5):56－64.
160. 林万祥,肖序. 环境成本管理论[M]. 北京:中国财政经济出版社,2006.
161. 林万祥. 现代成本管理会计研究[M]. 成都:西南财经大学出版社,2004.
162. 刘明辉,樊子君. 日本环境会计研究[J]. 会计研究,2002(3):58－62.
163. 刘志彪. 在新一轮高水平对外开放中实施创新驱动战略[J]. 南京大学学报(哲学·人文科学·社会科学),2015(2):17－24.

164. 罗珉.价值星系:理论解释与价值创造机制的构建[J].中国工业经济,2006(1):80-93.

165. 罗珉,李亮宇.互联网时代的商业模式创新:价值创造视角[J].中国工业经济,2015(1):95-107.

166. 罗文兵,邓明君,黄丽娟.中日企业环境报告书比较研究——以海尔集团和松下电器为例[J].环境保护,2009(2):20-23.

167. 罗喜英,肖序.物质流成本会计理论及其应用研究[J].华东经济管理,2011(7):78-82.

168. 罗喜英,肖序.基于低碳发展的企业资源损失定量分析及其应用[J].中国人口、资源与环境,2011(2):36-40.

169. 吕丙.产业集群的区域品牌价值与产业结构升级——以浙江省嵊州市领带产业为例[J].中南财经政法大学学报,2009(4):47-52.

170. 路易斯·普特曼.企业的经济性质[M].上海:上海财经大学出版社,2000.

171. 马林(Marlin J. T.).污染的会计问题[J].[美]会计学月刊,1973(2):98-107.

172. 马明冲,赵美玲.基于可持续发展视域下的绿色生态治理研究[J].生态经济,2014(7):175-178.

173. 马小明,赵月炜.环境管制政策的局限性与变革:自愿性环境政策的兴起[J].中国人口、资源与环境,2005(6):192-223.

174. 迈克尔·波特.国家竞争优势[M].北京:中信出版社,2007.

175. 迈克尔·波特.群聚区与新竞争经济学[M].北京:经济科学出版社,1997.

176. 梅述恩,聂鸣.嵌入全球价值链的企业集群知识流动研究[J].科技进步与对策,2007,24(12):201-204.

177. 孟凡利.环境会计的概念与本质[J].会计研究,1997(12):45-46.

178. 潘俊,沈晓峰,蔡飞君.企业环境预算框架设计与应用策略——内嵌于全面预算体系的考量[J].会计与经济研究,2016(6):60-70.

179. 潘煜双,徐攀.企业环境成本控制与评价研究[M].北京:科学出版社,2014.

180. 彭荣胜.区域经济协调发展的内涵、机制与评价研究[D].郑州:河南大学,2007.

181. 彭海珍.所有制结构与环境业绩[J].中国管理科学,2006,12(3):136-140.

182. 曲如晓，张业茹. 协调贸易与环境的最佳途径——环境成本内部化[J]，中国人口资源与环境，2006，16(4)：17-22.
183. 乔根·兰德斯. 2052：未来四十年的中国与世界[M]. 曹雪征，等，译. 南京：译林出版社，2010.
184. 秦颖，武春友，翟鲁宁. 企业环境绩效与经济绩效关系的理论研究与模型构建[J]. 系统工程理论与实践，2004(8)：111-117.
185. 芮萌. 人类发展的最大成本是环境成本[EB/OL]. 和讯网 [2013-12-03] http://news.hexun.com/2013-12-03/160257143.html.
186. 施蒂格勒. 产业组织与政府管制[M]. 上海：上海三联书店，1989.
187. 沈洪涛，冯杰. 舆论监督、政府监管与企业环境信息披露[J]. 会计研究，2012(2)：72-78.
188. 沈洪涛，廖菁华. 会计与生态文明制度建设[J]. 会计研究，2014(7)：12-17.
189. 沈满洪，高登奎. 生态经济学[M]. 北京：中国环境科学出版社，2008.
190. 沈满洪，等. 绿色浙江——生态省建设创新之路[M]. 杭州：浙江人民出版社，2006.
191. 沈满洪，钱水苗，等. 排污权交易机制研究[M]. 北京：中国环境科学出版社，2009.
192. 沈能. 环境效率、行业异质性与最优规制强度——中国工业行业面板数据的非线性检验[J]. 中国工业经济，2012(3)：56-68.
193. 沈芳. 环境规制的工具选择：成本与收益的不确定性及诱发性技术革新的影响[J]. 当代财经，2004(6)：10-12.
194. 孙洛平，孙海琳. 产业集聚的交易费用模型[J]. 经济评论，2006(4)：54-58.
195. 苏良军，王芸. 中国经济增长空间相关性研究——基于"长三角"与"珠三角"的实证[J]. 数量经济技术经济研究，2007(12)：26-38.
196. 唐国平，李龙会，吴德军. 环境管制、行业属性与企业环保投资[J]. 会计研究，2013(6)：83-89.
197. 唐志. 环境成本内部化实现途径探讨[J]. 改革与战略，2010(2)：42-44.
198. 涂正革. 中国的碳减排路径与战略选择：基于八大行业部门碳排放量的指数分解分析[J]. 中国社会科学，2012(3)：78-94.
199. 王成方，林慧，于富生. 政治关联、政府干预与社会责任信息披露[J]. 山西财经大学学报，2013，35(2)：72－82.
200. 王斌，顾惠忠. 内嵌于组织管理活动的管理会计：边界、信息特征及研究未来[J]. 会计研究，2014(1)：13－20.
201. 王缉慈. 创新的空间——企业集群与区域发展[M]. 北京：北京大学出版社，2001.
202. 王树功，周永章，麦志勤，等. 城市群(圈)生态环境保护战略规划框架研究——以珠江三角洲大城市群为例[J]. 中国人口·资源与环境，2003(4)：51－55.
203. 王建明. 环境信息披露、行业差异和外部制度压力相关性研究[J]. 会计研究，2008(6)：54－62.
204. 王立彦，尹春艳，李维刚. 关于企业家环境观念及环境管理的调查分析[J]. 经济科学，1997(4)：35－40.
205. 王立彦，尹春艳，李维刚. 我国企业环境会计实务调查分析[J]. 会计研究，1998(8)：19－23.
206. 王立彦，等. 环境会计[M]. 北京：中国环境出版社，2014.
207. 王立彦. 环境成本核算与环境会计体系[J]. 经济科学，1998(6)：45－48.
208. 王立彦. 环境成本与 GDP 有效性[J]. 会计研究，2015(3)：3－11.
209. 王普查，董阳，宿晓. 基于循环经济的企业环境成本控制研究[J]. 生态经济，2013(9)：116－120.
210. 王晓霞，张轶慧. 产业集群升级：基于网络结构的视角[J]. 求实，2010(12)：46－49.
211. 王瑛. 地方产业集群升级的两维性分析[J]. 科技进步与对策，2009(3)：55－62.
212. 王跃堂，赵子夜. 环境成本管理：事前规划法及其对我国的启示[J]. 会计研究，2002(1)：54－57.
213. 卫龙宝. 产业集群升级、区域经济转型与中小企业成长——基于浙江特色产业集群案例的研究[M]. 杭州：浙江大学出版社，2011.
214. 卫振林，刘冬杰，刘文宇. 基于生命周期评价法的能源草环境影响及综合效益评价 [J]. 北京交通大学学报，2013(2)：138－143.
215. 吴波，贾生华. 网络开放、战略先行与集群企业吸收能力构建——基于浙江产业集群的实证研究[J]. 科学学研究，2009，27(12)：1845－1852.
216. 吴克平，于富生. 制度环境、政治关联与会计信息质量[J]. 山西财经大学学报,2013(11):116-215.
217. 向昀,任健.西方经济学界外部性理论研究介评[J].经济评论,2002(3):58-62.
218. 肖淑芳,胡伟.我国企业环境信息披露体系的建设[J].会计研究,2005(3):47-52.
219. 肖序,周志方.环境管理会计国际指南研究的最新进展[J].会计研究,2005(9):13-18.
220. 肖序.环境成本论[M].北京:中国财政经济出版社,2002.
221. 肖宏伟,易丹辉,张亚雄.中国区域碳排放空间计量研究[J].山西财经大学学报,2013,35(8):53-62.
222. 肖宏伟.中国碳排放测算方法研究[J].阅江学刊,2013(5):48-57.
223. 肖宏伟,易丹辉,张亚雄.中国区域碳排放空间计量研究[J].经济与管理,2013(12):53-62.
224. 谢东明,王平.生态经济发展模式下我国企业环境成本的战略控制研究[J].会计研究,2013(3):88-94.
225. 徐光华.基于共生理论的企业战略绩效评价研究[M].北京:经济科学出版社,2007.
226. 徐家林,蔡传里.中国环境会计研究回顾与展望[J].会计研究,2004(4):87-92.
227. 徐家林,王昌锐.资源会计学的基本理论问题研究[M].上海:立信会计出版社,2008.
228. 徐玲.基于价值星系的我国产业集群升级路径研究[J].科学学与科学技术管理,2011,32(9):95-101.
229. 徐瑜青,王燕祥,李超.环境成本计算方法研究[J].会计研究,2002(3):57-59.
230. 徐玖平,蒋洪强.制造型企业环境成本控制的机理与模式[J].管理世界,2003(4):96-102.
231. 许家林,等.环境会计[M].上海:上海财经大学出版社,2004.
232. 许家林.环境会计:理论与实务的发展与创新[J].会计研究,2009(10):36-43.
233. 许和连,吴钢,张萌.人文地理因素与各国在我国的FDI空间格局[C]//第三届国际投资论坛——中国跨国公司的成长与培育:理论、环境与模式会议. 北京:中国世界经济学会,2012.

234. 许和连,邓玉萍. What Is the Role of FDI in Environmental Pollution? [J]. Evidence ti'om China,2012,7 (04):74 - 90.

235. 尹希果,陈刚,付翔. 环保投资运行效率的评价与实证研究[J]. 当代财经,2005(7):89 - 92.

236. 杨丹萍. 我国出口贸易环境成本内在化效应的实证分析与政策建议[J]. 财贸经济,2011(6):94 - 99.

237. 杨鑫,杨树旺. 我国电子信息产业集群升级路径研究——以“武汉光谷”为例[J]. 工业技术经济,2007(12):11 - 14.

238. 杨志忠,曹梅梅. 宏观环境会计核算体系框架构想[J]. 会计研究,2010(8):9 - 15.

239. 杨青龙. 国际贸易的全成本观:一个新的理论视角[J]. 国际经贸探索,2011,27(2):21 - 27.

240. 杨竞萌,王立国. 我国环境保护投资效率问题研究[J]. 当代财经,2009(9):20 - 25.

241. 姚奕,倪勤. 中国地区碳强度与 FDI 的空间计量分析——基于空间面板模型的实证研究[J]. 经济地理,2011(9):61 - 67.

242. 姚雷,宁俊. 国内环境规制对纺织服装出口贸易影响的实证研究[J]. 纺织学报,2013(6):107 - 112.

243. 殷勤凡. 循环经济会计研究[M]. 上海:立信会计出版社,2007.

244. 于宏兵. 清洁生产教程[M]. 北京:化学工业出版社,2012.

245. 于增彪. 管理会计研究[M]. 北京:中国金融出版社,2007.

246. 余晓泓. 日本企业的环境经营[J]. 中国人口·资源与环境,2003(5):107 - 111.

247. 于左,吴绪亮. 产业组织理论前沿与公共政策[J]. 经济研究,2013(10):151 - 154.

248. 原毅军,耿殿贺. 环境政策传导机制与中国环保产业发展[J]. 中国工业经济,2010(10):65 - 74.

249. 袁广达. 资源环境成本管理功能:基于环境会计方法、条件与信息的支持[J]. 财会月刊,2020(2):3 - 8.

250. 张倩. 环境规制对我国纺织服装业国际竞争力的影响[D]. 天津:天津财经大学,2011.

251. 张成，陆旸，郭路，等. 环境规制强度与生产技术进步经济研究[J]. 经济研究，2011(2)：113－124.
252. 张东光. 环境经济综合核算体系及借鉴意义[J]. 中国软科学，2001(8)：106－111.
253. 张钢，张小军. 国外绿色创新研究脉络梳理与展望[J]. 外国经济与管理，2011(8)：25－32.
254. 张其仔. 比较优势的演化与中国产业升级路径的选择[J]. 中国工业经济，2008(9)：58－63.
255. 张珊. 企业绿色集成对环境创新的影响[M]. 南大商学评论. 南京：南京大学出版社，2015.
256. 张少军. 全球价值链模式的产业转移与区域协调发展[J]. 财经科学，2009(2)：65－73.
257. 张先治，李静波. 环境会计与管理控制整合研究[J]. 财经问题研究，2016(11)：82－89.
258. 张波. 实践验证"两山"理论的科学性——山东省以环境标准倒逼造纸行业转型发展[J]. 中国领导科学，2019(1)：97—99.
259. 张维迎. 博弈与社会[M]. 北京：北京大学出版社，2013.
260. 张维迎. 当下主流经济学存在重大问题垄断理论全是错的[EB/OL]. 腾讯网《原子智库（2019 年 1742 期）》https://finance. qq. com/original/caijingzhiku/zwy112. html.
261. 赵剑波. 管理意象引领战略变革：海尔"人单合一"双赢模式案例研究[J]. 南京大学学报(哲社版)，2014(4)：76－85.
262. 赵君丽，吴建环. 全球生产网络下知识扩散与本地产业集群升级[J]. 科技进步与对策，2009，26(11)：36－40.
263. 赵增耀，章小波，沈能. 区域协同创新效率的多维溢出效应[J]. 中国工业经济，2015(1)：32－44.
264. 赵文军，于津平. 贸易开放、FDI 与中国工业经济增长方式——基于 30 个工业行业数据的实证研究[J]. 经济研究，2012(8)：18－31.
265. 郑玲. 基于资源节约的物质流成本会计核算研究[C]//中国会计学会管理会计与应用专业委员会 2009 年学术研讨会论文集. 南京：中国会计学会，2009.
266. 郑玲，周志方. 全球气候变化下碳排放与交易的会计问题：最新发展与评述

[J]. 财经科学,2010(3):111 - 118.

267. 郑晓明,丁玲,欧阳桃花. 双元能力促进企业服务敏捷化——海底捞发展历程案例研究[J]. 管理世界,2012(2):131 - 149.

268. 智瑞芝. 全球价值链视角下地方产业集群升级路径研究——以慈溪家电产业集群为例[J]. 中国城市经济,2010(11):255 - 257.

269. 中国 21 世纪议程——中国 21 世纪人口、环境与发展白皮书[M]. 北京:中国环境科学出版社,1994.

270. 钟朝宏,干胜道. "全球报告倡议组织"及其《可持续发展报告指南》[J]. 社会科学,2006(9):54 - 58.

271. 周宏,涂晓玲. 日本企业的环境经营及我国所需的借鉴[J]. 生产力研究,2008(18):97 - 100.

272. 周守华,陶春华. 环境会计:理论综述与启示[J]. 会计研究,2012(2):3 - 10.

273. 周守华. 关于会计与财富计量问题的思考[J]. 北京工商大学学报(社会科学版),2011,26(5):1 - 5.

274. 周志方,肖序. 国外环境财务会计发展评述[J]. 会计研究,2010(1):79 - 86.

275. 朱建安,周虹. 发展中国家产业集群升级研究综述:一个全球价值链的视角[J]. 科研管理,2008(1):115 - 121.

276. 朱七光,何米娜. 企业环境成本的演进逻辑及伦理学本质探析[J]. 上海立信会计学院学报,2006(6):18 - 22.

后 记

加强生态文明建设，将“环境成本”作为权衡企业集群绿色转型的一个重要“变量”，实现宏观层面的政府环境管制、中观层面的集群区域环境经营与微观层面的企业环境成本核算之间的有机融合，不仅是环境成本管理自身发展的需要，也是“两山”理念对环境保护机制构建的客观要求。现有的同类文献（论文或著作）大多着眼于政府层面宏观管制的“环境成本”研究，或者局限于企业微观层面的“环境成本”核算。本书构建集宏观、中观与微观三者相融合的“立体”式环境成本管理架构，并将此架构嵌入企业集群绿色转型的机制选择与路径安排中。比如，在环境成本约束机制方面，本书提出了触发子机制、博弈子机制和运作子机制在实现企业集群绿色变迁中的作用机理及内在功能。

本书的研究丰富了环境成本管理的理论内涵与外延，突出了环境成本约束机制的功效，同时提出了企业集群变迁的环境管理“走廊理论”。本书是我在苏州大学博士生学习期间完成的博士论文基础上修改而成，同时也是我主持的一系列课题，如浙江省哲学社会科学重点研究基地课题（20JDZD075）、浙江理工大学科研启动基金项目（19092476-Y）等的研究成果之一。博士学习期间，我得到了许多专家教授和同学的帮助，尤其是我的导师——苏州大学东吴商学院赵增耀教授的悉心指导与帮助。感谢浙江理工大学经济管理学院对我的栽培和支持，特别是浙江省生态文明研究院胡剑锋院长和经济管理学院会计学科负责人胡旭微教授等给予的指点和启发。

最后，我要由衷地感谢我的父母，感谢他们在这30多年里对我的养育之恩。我像“风筝”，一心想要飞上蓝天，而给予我力量并始终做我坚强后盾的正是父母手中握着的那根线，家人的支持和鼓励一直是我前进的强大动力与支撑。感谢夫君，承君默默奉献、相濡以沫，与我共同承担科研路上的几许艰辛和人生旅途中的风风雨雨。谨以此书，献给所有帮助过我的人！

冯　圆

2020年于杭州